Python自动化运维快速入门

郑征 著

清华大学出版社
北京

内 容 简 介

本书是一本从零开始、手把手教你运维的书籍,通过上百个实际运维场景案例,帮助读者理解并掌握自动化运维。

本书分为三篇共 11 章,第一篇是基础运维,介绍自动化运维、Python 基础、文本处理、日志、FTP 服务器、使用 Python 发邮件、微信等。通过本篇的学习,可以达到编写 Python 程序来解决基础运维问题的水平;第二篇是中级运维,介绍自动化运维工具(Ansible)、作业调度工具(APScheduler、Airflow)、分布式任务队列(Celery),目的是为了让运维工作上一个新的台阶;第三篇是高级运维,介绍 Docker 容器技术,现现已成运维人员必备的工具。

本书内容详尽、示例丰富,是广大从事运维开发的读者必备参考书,同时也非常适合学习 Python 的读者阅读,也可作为高等院校计算机及相关专业作为教材使用。

本书封面贴有清华大学出版社防伪标签,无标签者不得销售
版权所有,侵权必究。侵权举报电话:010-62782989　13701121933

图书在版编目(CIP)数据

Python 自动化运维快速入门 / 郑征著. —北京:清华大学出版社,2019(2019.11重印)
ISBN 978-7-302-52580-6

Ⅰ. ①P… Ⅱ. ①郑… Ⅲ. ①软件工具—程序设计 Ⅳ. ①TP311.561

中国版本图书馆 CIP 数据核字(2019)第 043811 号

责任编辑:夏毓彦
封面设计:王　翔
责任校对:闫秀华
责任印制:宋　林

出版发行:清华大学出版社
　　　网　　址:http://www.tup.com.cn,http://www.wqbook.com
　　　地　　址:北京清华大学学研大厦 A 座　　邮　编:100084
　　　社 总 机:010-62770175　　　　　　　　邮　购:010-62786544
　　　投稿与读者服务:010-62776969,c-service@tup.tsinghua.edu.cn
　　　质量反馈:010-62772015,zhiliang@tup.tsinghua.edu.cn
印 刷 者:北京富博印刷有限公司
装 订 者:北京市密云县京文制本装订厂
经　　销:全国新华书店
开　　本:190mm×260mm　　　　印　张:17.5　　　字　数:448 千字
版　　次:2019 年 4 月第 1 版　　　　　　　印　次:2019 年 11 月第 3 次印刷
定　　价:59.00 元

产品编号:081950-01

前 言

随着 IT 技术的进步及业务需求的快速增长,服务器也由几十台上升到成百上千台,IT 运维自动化是一个必然的趋势。Python 是当今最流行的编程语言之一,由于 Python 语言本身的优势,因此在编写自动化程序时简单、高效,实用效果立竿见影。目前开源软件社区优秀的自动化运维软件,如 Ansible、Airflow、Celery、Paramiko 等框架都使用 Python 语言开发,甚至一些大型商用的自动化部署系统都有 Python 的应用。因此,学好 Python,不仅可以自己编写自动化运维程序,而且可以对开源的自动化运维工具进行二次开发,这样才能在就业严峻的市场环境中具备较强的职场竞争力。

目前市场上介绍 Python 自动化运维的图书并不多,真正从实际应用出发,通过各种典型应用场景和项目案例来指导读者提高运维开发水平的图书就更少。本书以实战为主旨,通过 Python 运维开发中常见的典型应用(近百个场景),让读者全面、深入、透彻地学习 Python 在自动化运维领域的各种热门技术及主流开源工具的使用,提高实际开发水平和项目实战能力。

本书特色

1. 从基础讲起,适合零基础学习 Python 运维的读者

为了便于读者理解本书内容,从基础知识开始讲述,并结合实际应用,激发学习兴趣,提高学习效率。

2. 涵盖自动化运维的主流开源工具

本书涵盖 Ansible、APScheduler、Paramiko、Celery、Airflow、Docker 等主流运维工具的架构、原理及详细使用方法。

3. 项目案例典型,实战性强,有较高的应用价值

本书每一篇都提供了大量的实战案例,这些案例来源于作者开发的实际项目,具有很高的应用价值和参考性,而且分别使用不同的框架组合实现。这些案例稍加修改,便可用于实际项目开发中。

本书内容

第 1 章　自动化运维与 Python

本章介绍了自动化运维的背景知识、相关的开源工具及如何构造成熟的自动化运维体系。

第 2 章　基础运维

本章介绍如何使用 Python 处理文件、监控系统信息、监控文件系统、调用外部命令、日

志记录、搭建 FTP 服务器、发送邮件报警等实用基础运维技能。

第 3~5 章 多进程、多线程、协程

第 3~5 章对多进程和多线程中的创建方法、锁、信号量、事件、队列、进程池、线程池、协程的定义和使用、适用场景等进行了详细介绍，并配有示例用于练习和实际使用。

第 7~10 章 开源工具的使用方法

第 7~10 章主要介绍开源工具的使用方法，包括自动化运维工具 Ansible、定时任务框架 APScheduler、执行远程命令架构 Paramiko、分布式任务队列 Celery 及任务调度平台 Airflow。

第 11 章 Docker 容器技术

本章介绍高级运维工具 Docker，包括 Docker 的框架、原理、所能解决的问题、安装部署、使用方法等，同时也对 Docker 中的卷、卷的共享、如何自制镜像、Docker 网络配置等做了详细介绍。

示例源代码

本书示例源代码下载地址请扫描右边的二维码获取。如果下载有问题，请联系 booksaga@163.com，邮件主题为"Python 自动化运维快速入门"。

本书读者

- 需要做运维自动化开发的技术人员；
- 从零开始学 Python 的运维人员；
- 运维工程师、运维经理和网络管理员。

本书由郑征主笔，其他参与创作的还有吴贵文、董山海，在此表示感谢。

著者

2019 年 2 月

目　录

第一篇　Python 与基础运维

第 1 章　自动化运维与 Python 3
- 1.1　自动化运维概述 3
  - 1.1.1　自动化运维势在必行 3
  - 1.1.2　什么是成熟的自动化运维平台 4
  - 1.1.3　为什么选择 Python 进行运维 4
- 1.2　初识 Python 8
- 1.3　Python 环境搭建 8
  - 1.3.1　Windows 系统下的 Python 安装 8
  - 1.3.2　Linux 系统下的 Python 安装 11
- 1.4　开发工具介绍 13
  - 1.4.1　PyCharm 14
  - 1.4.2　Vim 18
- 1.5　Python 基础语法 24
  - 1.5.1　数字运算 24
  - 1.5.2　字符串 25
  - 1.5.3　列表与元组 30
  - 1.5.4　字典 33
  - 1.5.5　集合 35
  - 1.5.6　函数 36
  - 1.5.7　条件控制与循环语句 38
  - 1.5.8　可迭代对象、迭代器和生成器 42
  - 1.5.9　对象赋值、浅复制、深复制 45
- 1.6　多个例子实战 Python 编程 49
  - 1.6.1　实战 1：九九乘法表 49
  - 1.6.2　实战 2：发放奖金的梯度 50
  - 1.6.3　实战 3：递归获取目录下文件的修改时间 51
  - 1.6.4　实战 4：两行代码查找替换 3 或 5 的倍数 53
  - 1.6.5　实战 5：一行代码的实现 53
- 1.7　pip 工具的使用 54

第 2 章 基础运维 57

2.1 文本处理 57
2.1.1 Python 编码解码 57
2.1.2 文件操作 61
2.1.3 读写配置文件 68
2.1.4 解析 XML 文件 70
2.2 系统信息监控 76
2.3 文件系统监控 82
2.4 执行外部命令 subprocess 84
2.4.1 subprocess.run()方法 84
2.4.2 Popen 类 86
2.4.3 其他方法 87
2.5 日志记录 87
2.5.1 日志模块简介 88
2.5.2 logging 模块的配置与使用 89
2.6 搭建 FTP 服务器与客户端 95
2.6.1 搭建 FTP 服务器 95
2.6.2 编写 FTP 客户端程序 99
2.7 邮件提醒 100
2.7.1 发送邮件 100
2.7.2 接收邮件 105
2.7.3 将报警信息实时发送至邮箱 107
2.8 微信提醒 112
2.8.1 处理微信消息 112
2.8.2 将警告信息发送至微信 116

第二篇 中级运维

第 3 章 实战多进程 121

3.1 创建进程的类 Process 121
3.2 进程并发控制之 Semaphore 125
3.3 进程同步之 Lock 126
3.4 进程同步之 Event 128
3.5 进程优先级队列 Queue 130
3.6 多进程之进程池 Pool 131
3.7 多进程之数据交换 Pipe 132

第 4 章 实战多线程 135

4.1 Python 多线程简介 135
4.2 多线程编程之 threading 模块 139
4.3 多线程同步之 Lock（互斥锁） 142

4.4	多线程同步之 Semaphore（信号量）	144
4.5	多线程同步之 Condition	145
4.6	多线程同步之 Event	146
4.7	线程优先级队列（queue）	148
4.8	多线程之线程池 pool	149

第 5 章 实战协程 151

5.1	定义协程	151
5.2	并发	153
5.3	异步请求	154

第 6 章 自动化运维工具 Ansible 159

6.1	Ansible 安装	159
6.2	Ansible 配置	160
6.3	inventory 文件	161
6.4	ansible ad-hoc 模式	163
6.5	Ansible Playbooks 模式	171

第 7 章 定时任务模块 APScheduler 175

7.1	安装及基本概念	175
	7.1.1　APScheduler 的安装	175
	7.1.2　APScheduler 涉及的几个概念	175
	7.1.3　APScheduler 的工作流程	176
7.2	配置调度器	178
7.3	启动调度器	181
7.4	调度器事件监听	185

第 8 章 执行远程命令（Paramiko） 188

8.1	介绍几个重要的类	188
	8.1.1　通道（Channel）类	188
	8.1.2　传输（Transport）类	189
	8.1.3　SSHClient 类	190
8.2	Paramiko 的使用	191
	8.2.1　安装	191
	8.2.2　基于用户名和密码的 SSHClient 方式登录	191
	8.2.3　基于用户名和密码的 Transport 方式登录并实现上传与下载	192
	8.2.4　基于公钥密钥的 SSHClient 方式登录	193
	8.2.5　基于公钥密钥的 Transport 方式登录	194

第 9 章 分布式任务队列 Celery 195

9.1	Celery 简介	195
9.2	安装 Celery	197

9.3 安装 RabbitMQ 或 Redis ... 198
　9.3.1 安装 RabbitMQ ... 198
　9.3.2 安装 Redis ... 199
9.4 第一个 Celey 程序 ... 200
9.5 第一个工程项目 ... 203
9.6 Celery 架构 ... 207
9.7 Celery 队列 ... 208
9.8 Celery Beat 任务调度 ... 211
9.9 Celery 远程调用 ... 212
9.10 监控与管理 ... 215
　9.10.1 Celery 命令行实用工具 ... 215
　9.10.2 Web 实时监控工具 Flower ... 218
　9.10.3 Flower 的使用方法 ... 219

第 10 章 任务调度神器 Airflow ... 223

10.1 Airflow 简介 ... 223
　10.1.1 DAG ... 224
　10.1.2 操作符——Operators ... 224
　10.1.3 时区——timezone ... 225
　10.1.4 Web 服务器——webserver ... 225
　10.1.5 调度器——schduler ... 226
　10.1.6 工作节点——worker ... 226
　10.1.7 执行器——Executor ... 226
10.2 Airflow 安装与部署 ... 226
　10.2.1 在线安装 ... 227
　10.2.2 离线安装 ... 229
　10.2.3 部署与配置（以 SQLite 为知识库）... 229
　10.2.4 指定依赖关系 ... 234
　10.2.5 启动 scheduler ... 234
10.3 Airflow 配置 MySQL 知识库和 LocalExecutor ... 235
10.4 Airflow 配置 Redis 和 CeleryExecutor ... 242
10.5 Airflow 任务开发 Operators ... 244
　10.5.1 Operators 简介 ... 245
　10.5.2 BaseOperator 简介 ... 245
　10.5.3 BashOperator 的使用 ... 245
　10.5.4 PythonOperator 的使用 ... 247
　10.5.5 SSHOperator 的使用 ... 248
　10.5.6 HiveOperator 的使用 ... 249
　10.5.7 如何自定义 Operator ... 250
10.6 Airflow 集群、高可用部署 ... 250
　10.6.1 Airflow 的四大守护进程 ... 250
　10.6.2 Airflow 的守护进程是如何一起工作的 ... 251

10.6.3　Airflow 单节点部署 252
10.6.4　Airflow 多节点（集群）部署 252
10.6.5　扩展 worker 节点 253
10.6.6　扩展 Master 节点 253
10.6.7　Airflow 集群部署的具体步骤 255

第三篇　高级运维

第 11 章　Docker 容器技术介绍 259
11.1　Docker 概述 259
11.2　Docker 解决什么问题 260
11.3　Docker 的安装部署与使用 261
11.3.1　安装 Docker 引擎 261
11.3.2　使用 Docker 262
11.3.3　Docker 命令的使用方法 263
11.4　卷的概念 266
11.5　数据卷共享 267
11.6　自制镜像并发布 267
11.7　Docker 网络 268
11.7.1　Docker 的网络模式 269
11.7.2　Docker 网络端口映射 270
11.8　Docker 小结 270

第一篇

Python与基础运维

第 1 章 自动化运维与Python

随着云计算、自动化及人工智能时代的来临，Python 语言也成为当下最热门的语言之一。本章首先从自动化运维展开，介绍自动化运维的趋势、成熟的自动化运维体系构成、自动化运维相关的优秀开源工具；其次介绍了为什么选择 Python 语言作为自动化运维的必备工具；最后重点讲述 Python 的安装、开发工具、基础语法及相应的实例。

一方面，随着 IT 技术的飞速发展，软/硬件的设施日益复杂，企业的运维压力随之上升，自动化运维相关的人才供不应求；另一方面，国内 Python 方面的人才也非常短缺，学习 Python 及自动化运维，前景自然非常光明。除此之外，学习 Python 不仅可以做自动化工具，还可以做服务器后台、开发网络爬虫、Web 网站等，因此本章关于 Python 的基础知识对 Python 初学者也非常有帮助。

1.1 自动化运维概述

在运维技术还不成熟的早期，都是通过手工执行命令管理硬件、软件资源，但是随着技术的成熟及软/硬件资源的增多，运维人员需要执行大量的重复性命令来完成日常的运维工作。而自动化运维就是将这些原本大量重复性的日常工作自动化，让工具或系统代替人工来自动完成具体的运维工作，解放生产力，提高效率，降低运维成本。可以说自动化运维是当下 IT 运维工作的必经之路。

1.1.1 自动化运维势在必行

自动化运维之所以势在必行，原因有以下几点：

（1）手工运维缺点多。传统的手工执行命令管理软/硬件资源易发生操作风险，只要是手工操作，难免会有失误，一旦执行错误的命令，后果可能是灾难性的。当软/硬件资源增多时，手工配置效率低，增加运维人员的数量也会导致人力成本变高。

（2）传统人工运维难以管理大量的软/硬件资源。试想当机器数目增长到 1000 台以上时，仅靠人力来维护几乎是非常困难的事情。

（3）业务需求的频繁变更。现在的市场瞬息万变，业务唯有快速响应市场的需求才能可持续发展，对工具的需求和变更更是会越来越多，频率也越来越快，程序升级、上线、变更都是需要运维条线来支撑的。同样的，只有借力自动化运维，使用工具才能满足频繁变更的业务需求。

(4）自动化运维的技术已经成熟。自动化运维被广泛关注的一个重要原因就是自动化运维的技术已经非常成熟，技术的成熟为自动化运维提供了智力支持。云计算、大数据一方面刺激着自动化运维的需求，另一方面也助力自动化运维。微服务的软件架构、容器等技术都在推动自动化运维。

（5）工具已经到位。关于自动化运维的工具，无论是开源的工具还是企业级的产品，都是应有尽有，实现自动化运维已经势不可挡。

1.1.2　什么是成熟的自动化运维平台

现在成熟的自动化运维平台都具备哪些要素呢？一般来说，有以下几点：

（1）需要有支持混合云的配置管理数据库（CMDB）。CMDB 存储与管理企业 IT 架构中设备的各种配置信息，它与所有服务支持和服务交付流程都紧密相连，支持这些流程的运转、发挥配置信息的价值，同时依赖于相关流程保证数据的准确性。现在更多的企业选择将服务器资源放在云上，无论是公有云还是私有云都提供资源管理接口，利用这些接口构建一个自动化的 CMDB，同时增加日志审计功能，通过接口对资源的操作都应该记录，供后续审计。

（2）有完备的监控和应用性能分析系统。运维离不开监控和性能分析。资源监控（如服务器、磁盘、网络）和性能监控（如中间件、数据库）都是较为基础的监控，开源工具有 Zabbix、Nagios、OpenFalcon（国产）。应用性能分析，如某些 Web 请求的响应速度、SQL 语句执行的快慢等对于问题的定位是非常有帮助的，开源工具有 pinpoint、zipkin、cat；商业工具有 New Reclic、Dynatrace。

（3）需要具备批量运维工具。如何有效降低运维的成本呢，肯定是更少的人干更多的活。批量运维工具可有效节省大量人力，使用少量的人管理大量的服务器软/硬件资源成为可能。开源的批量运维工具有 ansible、saltstack、puppet、chef，其中 ansible 和 saltstack 纯由 Python 编写，代码质量和社区活跃程度都很高，推荐使用。

（4）需要有日志分析工具。随着服务器的增多，日志的采集和分析成了运维中的难点，试想如何快速地从成百上千台服务中采集日志并分析出问题所在呢？日志采集方面工具有 Sentry，也是纯由 Python 打造，日志分析有 ELK，两者都是开源的。

（5）需要有持续集成和版本控制工具。持续集成是一种软件实践，团队成员经常集成他们的工作，每次集成都通过自动化的构建来验证，从而尽早发现集成错误。持续集成的工具有 Hudson、CruiseControl、Continuum、Jenkins 等。版本控制是软件开发中常用的工具，比较著名的是 svn、git。

（6）还要有漏洞扫描工具。借助商业的漏洞扫描工具扫描漏洞，保护服务器资源不受外界的攻击。

1.1.3　为什么选择 Python 进行运维

为什么选择 Python 作为运维方面的编程语言呢？网络上不乏已经开发好的运维软件，但是运维工作复杂多变，已有的运维软件不可能穷尽所有的运维需求，总有一些运维需求需要运维人员自己去编写程序解决，这样做运维很有必要学会一门编程语言来解决实际问题，让程序代替人力去自动运维，减轻重复工作，提高效率。接下来，选择哪一门语言合适呢？当然是选一门学习成本低、应用效果高的，这方面 Python 的性价比最高，原因是：一方面，大部分的开源运维工具都是由纯 Python 编写的，如 Celery、ansible、Paramiko、airflow 等，学习 Python 后可以更加顺畅地使用这些开源工具提供的 API，可以阅读这些开源工具的源代码，甚至可以修改源代码以满足个性化的运维需求；另一方面，Python 与其他语言相比，有着以下优势。

- 简单、易学。阅读 Python 程序类似读英文，编码上避免了其他语言的烦琐。
- 更接近自然的思维方法，使你能够专注于解决问题而不是语法细节。
- 规范的代码，Python 采用强制缩进的方式使得代码具有较好的可读性。
- Python 拥有一个强大的标准库和丰富的第三方库，拿来即用，无须重复造轮子。
- 可移植性高，Linux、UNIX、Windows、Android、Mac OS 等一次编写，处处运行。
- 实用效果好，学习一个知识点，能够直接实战——用在工作上，立竿见影。
- 潜移默化，学习 Python 能够顺利理解并学习其他语言。

Python 也是最具潜力的编程语言，在 2018 年 IEEE 发布的顶级编程语言排行榜中，Python 排名第一，如图 1.1 所示。而图 1.2 表明，Python 现在已成为美国名校中最流行的编程入门语言。ANSI / ISO C + +标准委员会的创始成员 Bruce Eckel 曾说过："life is short，You need Python。"一度成为 Python 的宣传语，这正是说明 Python 有着简单、开发速度快、节省时间和精力的特点。另外，Python 是开放的，也是开源的，有很多善良可爱的开发者在第三方库贡献了自己的源代码，许多功能都可以直接拿来使用，无须重新开发，这也是 Python 的强大之处。

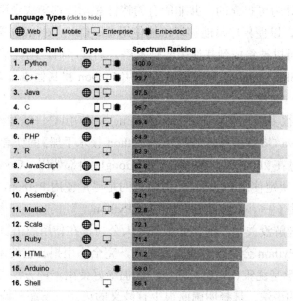

图 1.1　IEEE Spectrum 给出的编程语言排行榜

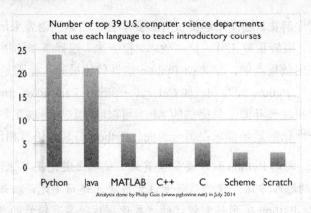

图 1.2　在美国名校编程语言的流行情况

下面摘抄一段 Python 在维基百科中的介绍。

　　Python 是完全面向对象的语言。函数、模块、数字、字符串都是对象，并且完全支持继承、重载、派生、多继承，有益于增强源代码的复用性。由于 Python 支持重载运算符，因此 Python 也支持泛型设计。相对于 Lisp 这种传统的函数式编程语言，Python 对函数式设计只提供了有限的支持。有两个标准库（functools, itertools）提供了 Haskell 和 Standard ML 中久经考验的函数式程序设计工具。

　　虽然 Python 被粗略地分类为"脚本语言"（Script Language），但实际上一些大规模软件开发项目，如 Zope、Mnet 及 BitTorrent 及 Google 也广泛地使用它。Python 的支持者喜欢称它为一种高级动态编程语言，原因是"脚本语言"泛指仅作简单程序设计任务的语言，如 shell script、VBScript 等只能处理简单任务的编程语言，并不能与 Python 相提并论。

　　Python 本身被设计为可扩充的，并非所有的特性和功能都集成到语言核心。Python 提供了丰富的 API 和工具，以便程序员能够轻松地使用 C、C++、Cython 来编写扩充模块。由于 Python 编译器本身也可以被集成到其他需要脚本语言的程序内，因此很多人还把 Python 作为一种"胶水语言"（Glue Language）使用，即使用 Python 将其他语言编写的程序进行集成和封装。

　　在 Google 内部的很多项目中，比如 Google Engine 使用 C++编写性能要求极高的部分，然后使用 Python 或 Java/Go 调用相应的模块。《Python 技术手册》的作者马特利（Alex Martelli）说："这很难讲，不过在 2004 年，Python 已在 Google 内部使用，Google 招募了许多 Python 高手，但在这之前就已决定使用 Python。他们的目的是尽量使用 Python，在不得已时改用 C++；在操控硬件的场合使用 C++，在快速开发时使用 Python。"

　　一些技术术语不理解没关系，Python 是许多大公司都在使用的语言，如 Google、NASA、知乎、豆瓣等，学习 Python 会有很大的用武之地，完全不用担心它的未来。

　　Python 的设计哲学是优雅、明确、简单。提倡最好使用一种方法做一件事，Python 的开发者一般会拒绝花哨的语法，选择明确而很少有歧义的语法。下面再摘一段 Python 格言：

Beautiful is better than ugly.
Explicit is better than implicit.

Simple is better than complex.
Complex is better than complicated.
Flat is better than nested.
Sparse is better than dense.
Readability counts.
Special cases aren't special enough to break the rules.
Although practicality beats purity.
Errors should never pass silently.
Unless explicitly silenced.
In the face of ambiguity, refuse the temptation to guess.
There should be one-- and preferably only one --obvious way to do it.
Although that way may not be obvious at first unless you're Dutch.
Now is better than never.
Although never is often better than *right* now.
If the implementation is hard to explain, it's a bad idea.
If the implementation is easy to explain, it may be a good idea.
Namespaces are one honking great idea -- let's do more of those!

上面的格言来自 Python 官方，也有中文版本，如下：

优美胜于丑陋，明晰胜于隐晦，
简单胜于复杂，复杂胜于繁芜，
扁平胜于嵌套，稀疏胜于密集，
可读性很重要。
虽然实用性比纯粹性更重要，
但特例并不足以把规则破坏掉。
错误状态永远不要忽略，
除非你明确地保持沉默，
直面多义，永不臆断。
最佳的途径只有一条，然而他并非显而易见———谁叫你不是荷兰人？
置之不理或许会比慌忙应对要好，
然而现在动手远比束手无策更好。
难以解读的实现不会是个好主意，
容易解读的或许才是。
名字空间就是个"顶呱呱"的好主意。
让我们想出更多的好主意！

Python 如此优秀，让我们一起来学习吧。

1.2 初识 Python

如果读者已经了解并正在使用 Python，则可以略读本章；如果是第一次听说 Python，那也完全不必担心，Python 是一门优雅而易学的编程语言，即使零基础学 Python，也能丝毫不输于科班出身的程序员。

Python 是一种面向对象的解释型计算机程序设计语言，由荷兰人 Guido van Rossum 于 1989 年发明，第一个公开发行版发行于 1991 年。面向对象如果不理解可先不去理会，在实际使用的过程中去理解它，解释型语言表明 Python 不需要预先编译成字节码而是由 Python 虚拟机直接执行，当然 Python 也完全可以先编译成字节码来适当提高装载速度。总之，Python 是一种高级编程语言，其他高级语言能实现的功能，Python 都能方便、快捷地实现。

Python 目前有两个版本：Python 2 和 Python 3。至于选择哪个版本，完全不用纠结，建议新手选择 Python 3.x，因为 Python 3 是未来，Python 2 将会在 2020 年终止支持（还可以用，但不更新了）；高手也尽可能选择 Python 3，Python 3 与 Python 2 相比有更多的优化。Python 2 与 Python 3 之间区别不是很大，而且有脚本可以直接将 Python 2 的代码转成 Python 3。

1.3 Python 环境搭建

Python 编写的源代码要想得到运行的结果，就需要安装解释 Python 源代码的软件，由其翻译成机器语言并提交操作系统运行，我们通常称之为 Python 解释器或 Python 编程环境。

我们从 Python 官方网站 https://www.python.org/ 的下载页面了解到目前有两个版本，即 Python2.7.x 与 Python3.x。作为初学者，我们要学就学最新的 Python3.x，目前绝大多数 Python2.7.x 的第三方库已经移植到 Python3.x 中了，如果遇到个别仅有 Python2.7.x 支持的，我们也可以对代码稍做修改在 Python3.x 下运行。本书以 Python3.6.5 为例，讲解在 Windows 系统和 Linux 系统下安装 Python 的详细步骤。

1.3.1 Windows 系统下的 Python 安装

在 Windows 系统下安装 Python 非常简单，具体步骤如下。

（1）下载。在 Python 官方网站 https://www.python.org/中下载 Windows 安装包。如果 Windows 操作系统是 64 位，对应的下载链接是 https://www.python.org/ftp/python/3.6.5/python-3.6.5-amd64.exe；如果 Windows 操作系统是 32 位，对应的下载链接是 https://www.python.org/ftp/python/3.6.5/python-3.6.5.exe。

（2）双击下载文件并进行安装，能选择如图 1.3 所示，建议都选择，无非就是多占用一点磁盘空间，对电脑性能没有任何影响。单击 Next 按钮后如图 1.4 所示，将 Python 添加至环境变量中，方便在命令行中快速启动 Python，再单击 Install 按钮，等待安装完毕，如图 1.5 所示。其中 disable path length limit 表示禁用路径长度限制，是设置环境变量 Path 的，可忽略，单击 Close 按钮结束安装。

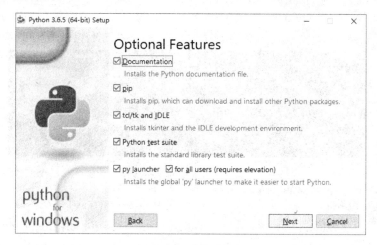

图 1.3　选择功能

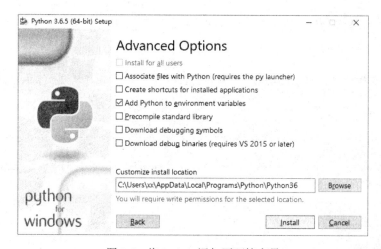

图 1.4　将 Python 添加至环境变量

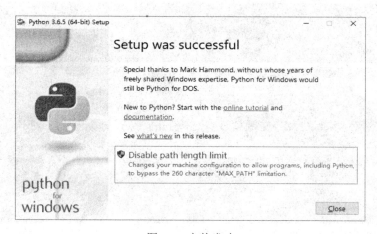

图 1.5　安装成功

（3）验证。在 cmd 命令窗口输入 python，并在>>>提示符后输入 print("hello python")，如果打印出"hello python"信息，就表明安装成功，输入 exit()可退出 Python 解释器环境，在 cmd 命令窗口输入 where python 可查看 python 可执行文件所在的路径，如图 1.6 所示。

图 1.6　验证安装是否成功

（4）创建虚拟环境。前三步已经把 Python 环境安装好了，但是在实际开发 Python 应用程序时可能会遇到这种情形：项目 A 依赖 Django1.10.1，而项目 B 依赖 Django2.0。如果不创建虚拟环境的话，运行项目 A 时安装 Django1.10.1，运行项目 B 时先卸载 Django1.10.1，再安装 Django2.0，然后运行项目 A 时，再次重复操作，这样就会显得很笨拙。Python 已经为您想好了解决方案——创建虚拟环境，每个项目一个独立的环境，这样井水不犯河水，合平共处，互不干扰。

Windows 创建虚拟环境的方法：在 cmd 窗口中顺序执行以下命令（#后面表示注释，执行命令时要去掉）。

```
pip install virtualenv                          #安装 virtualenv 虚拟环境工具
python -m pip install --upgrade pip             #升级 pip
virtualenv projectA_env                         #创建 projectA 的虚拟环境
.\projectA_env\Scripts\activate.bat             #启动 projectA 的虚拟环境，启动成功后命令提
                                                 示符有一个后缀（projectA_env）。
where python                                    #查看可执行文件 python 的位置，第 1 个为当前运行的，
                                                 也可以直接使用绝对路径来运行 projectA
deactivate                                      #退出 projectA 的虚拟环境
```

运行结果如图 1.7 所示。

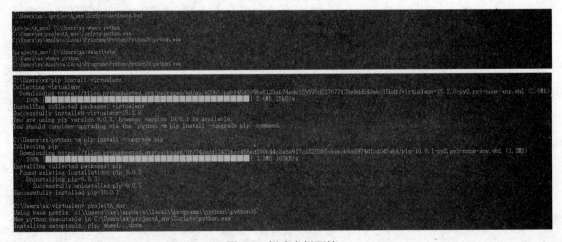

图 1.7　创建虚拟环境

virtualenv 是如何创建独立的 Python 运行环境的呢？原理很简单，就是把系统 Python 复制一份到虚拟环境。使用命令.\projectA_env\bin\activate.bat 进入一个 projectA 虚拟环境时，virtualenv 会修改相关环境变量，让命令 python 和 pip 均指向当前的 projectA 虚拟环境。

1.3.2 Linux 系统下的 Python 安装

大多数 Linux 系统已经预装了 Python，直接在终端窗口输入 python 即可查看版本（见图1.8）。以 Ubuntu16.04 为例，运行 python 命令。

图 1.8 Ubuntu 已预装了 Python2.7.12

Ubuntu16.04 已经预装了 Python3.5.2，如图 1.9 所示。

图 1.9 Ubuntu 已预装 Python3.5.2

 对比图 1.8 和图 1.9 可以看出：Python 2 中 print 是一条语句，Python 3 中 print 是一个函数。

如果想省事，则可以直接使用 Python3.5 来学习；如果喜欢使用自己安装的 Python，则可以按以下步骤进行操作。

步骤 01 下载源代码包：wget http://www.python.org/ftp/python/3.6.5/Python-3.6.5.tgz，如图 1.10 所示。如果下载其他版本，直接把版本号修改一下即可。

图 1.10 下载 Python3.6.5

步骤 02　解压源代码包。

```
tar -zxvf Python-3.6.5.tgz
```

步骤 03　编译与安装。

```
cd Python-3.6.5  #进入解压后的目录
./configure --prefix=/home/aaron/local/python3.6.5 #指定安装目录，一般为/usr/local,
这里改成home下的目录
make&&make install  #编译并安装
```

 如果提示缺少相关的包，如zlib等，请下载后再编译安装。

步骤 04　验证：输入/home/aaron/local/python3.6.5/bin/python3，并打印"hello,python3！"，如图 1.11 所示。

图 1.11　Linux 编译安装 Python 后验证

这样带路径的输入太长，有两种方法可以解决输入麻烦的问题。第一种是将 Python3.6.5 的路径/home/aaron/local/python3.6.5/bin 添加到环境变量中。在 terminal 中顺序执行以下命令，注意#后面的内容是注释，结果如图 1.12 所示。

```
cd ~                                             #切换到主目录
echo "#my python 3.6.5" >>.profile               #在profile末尾添加注释
echo "export PATH=\"$PATH:$HOME/local/python3.6.5/bin\"" >>.profile #在profile
末尾添加环境变量/home/aaron/local/python3.6.5/bin，下次启动自动生效
source .profile                                  #使环境变量立即生效
python3.6                                        #进入Python交互式环境
which python3.6                                  #查看是可执行文件Python3.6所在的位置
```

图 1.12　为 Python 添加环境变量

第二种是建立软链接。在 terminal 中执行：

```
sudo ln -s /home/aaron/local/python3.6.5/bin/python3.6 /usr/bin/python3.6 #建立
python3.6的软连接。
sudo ln -s /home/aaron/local/python3.6.5/bin/pip3.6 /usr/bin/pip3.6 #建立pip3.6
的软连接。
```

步骤 05 创建虚拟环境：在 terminal 中顺序执行以下语句。

```
which pip3.6#查看pip3.6的位置
pip3.6 install virtualenv
```

> **提示**
>
> 如果这一步报/home/aaron/xxx/python3.6 找不到错误，请编辑上一步路径中的 pip3.6 文件，将第一行改为安装路径中的 python3.6，本例中为#!/home/aaron/local/python3.6.5/bin/python3.6。

如果报 subprocess.CalledProcessError: Command 'lsb_release -a' returned non-zero exit status 1 的错误，则执行：

```
ln -s /usr/share/pyshared/lsb_release.py /home/aaron/local/python3.6.5/lib/python3.6/site-packages/lsb_release.py
```

这一步把原有的 lsb_release.py 链接到我们安装的路径下，然后执行：

```
pip3.6 install virtualenv
virtualenv -p python3.6 projectA_env
source projectA_env/bin/activate
```

这里的 -p 参数表示指定 Python 编译器的版本，Python3.6 是指向我们安装的 /home/aaron/local/python3.6.5/bin/python3.6，输入

```
deactivate
```

退出 projectA 的虚拟环境，完整过程如图 1.13 所示。

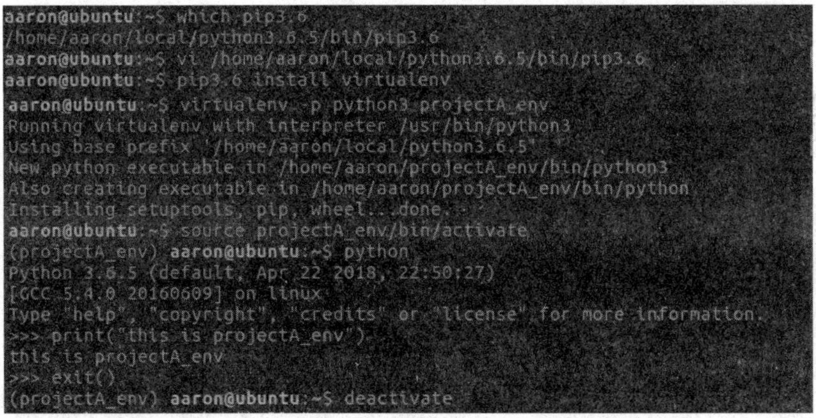

图 1.13 为编译安装的 Python 创建虚拟环境

1.4 开发工具介绍

工欲善其事必先利其器，虽然我们可以通过简单的编辑器来编写 python 代码，但是如果有开发工具的帮助，那么编码效率就会事半功倍。本节介绍两款主流的开发工具 PyCharm 和 Vim。

1.4.1 PyCharm

PyCharm 是由 JetBrains 公司专门为 Python 打造的一款开发工具，具备调试、语法高亮、项目管理、代码跳转、智能提示、自动完成、单元测试、版本控制等功能，而且跨平台，在 Linux、Windows、Mac OS 下面都可以使用，强烈建议初学者选择 PyCharm 作为 Python 开发工具，可以极大地提高编码效率，减少错误出现。

另外，PyCharm 还提供了一些很好的功能用于 Django 开发，同时支持 Google App Engine，更酷的是，PyCharm 支持 IronPython。

PyCharm 有两个版本：专业版（收费）和社区版（免费）。官方下载地址：http://www.jetbrains.com/PyCharm/download/，社区版足以满足日常开发需要。本节以社区版 PyCharm2017.2.3 版本为例，介绍 PyCharm 的基本使用方法。

（1）安装。从官方网站下载，按照提示一步步安装即可，非常简单。

（2）新建项目。启动 PyCharm，如图 1.14 所示，单击 Create New Project，输入项目路径和编译器的路径，编译器我们选择上一节创建的虚拟环境 projectA_env，如图 1.15 所示，以免安装第三方包影响其他应用程序。在项目特别多时，使用虚拟环境是个绝佳的选择。

图 1.14 创建新项目

图 1.15 选择虚拟环境 projectA_env

第 1 章　自动化运维与 Python

（3）添加 Python 文件、编译运行：鼠标右键单击项目名称，选择 New->Python file，输入名称 hellopython.py，添加内容后，编译并运行，如图 1.16~图 1.18 所示。

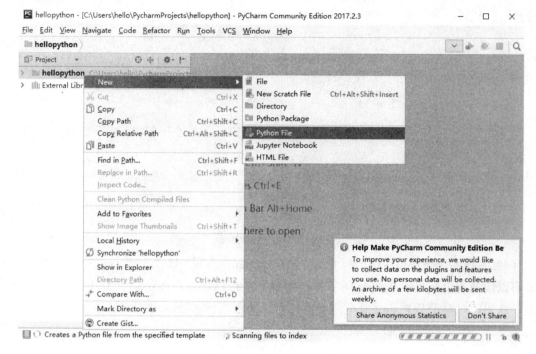

图 1.16　添加 Python 文件

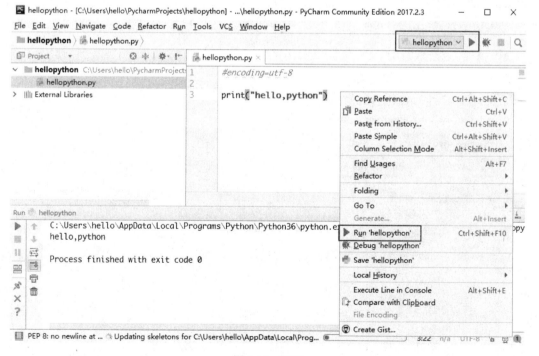

图 1.17　运行

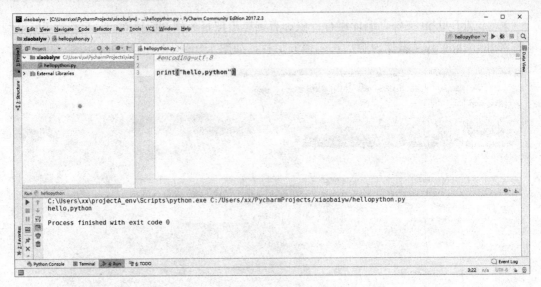

图 1.18　查看运行结果

（4）方便的命令窗口：单击界面下方的 Terminal，出现一个类似于 cmd 命令的窗口，在这里可以快速调用系统命令、pip 等；单击界面下方的 Python Console，出现 Python 解释器的界面，这里可以对一些 Python 语句进行测试等，如图 1.19 和图 1.20 所示。

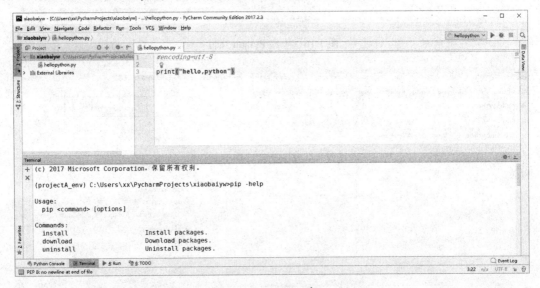

图 1.19　Terminal 窗口

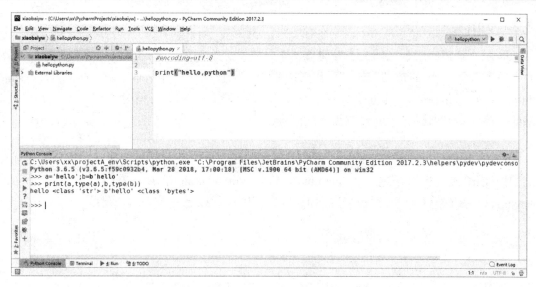

图 1.20　Python Console 窗口

（5）设置：单击菜单 File->Settins，弹出如图 1.21 所示的窗口，从上到下依次是显示设置、键盘映射、编辑器设置（字体、颜色、配色方案）、插件、版本控制工具设置、项目设置（含项目所用编译器，项目结构设置）、编译执行设置、语言&框架、工具设置。

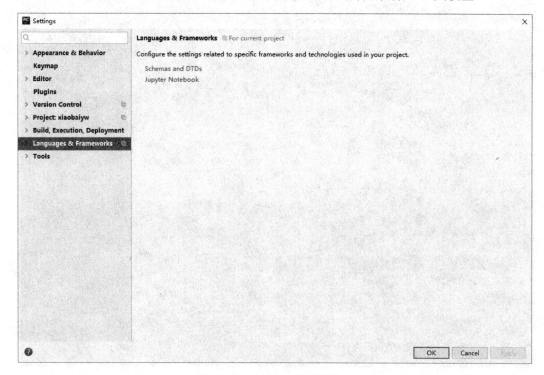

图 1.21　PyCharm 的设置窗口

PyCharm 使用起来十分简单、方便，学习成本也非常低，适合初学者快速入门，但缺点是启动时有些慢，进程运行久了也会变得卡顿。

1.4.2 Vim

Vim 是一款轻量级强大的文本编辑器,本身附带详细的英文帮助文档,初次使用 Vim 的读者可以多查看 Vim 的帮助文档,对我们理解 vim 的快捷命令非常有帮助。vim 的官方网站是 https://www.vim.org/,这里以 Ubuntu16.04 为例介绍如何 Vim 打造为 Python 的编程工具,Windows 系统请参照操作,并没有太大的区别。

(1)安装 Vim:许多 UNIX 衍生系统已经预装了 Vim,我们首先要确认编辑器是否成功安装。按 Ctrl+Alt+T 组合键启动 Terminal,输入 vim –version,如果看到如图 1.22 所示的"+python3"就不需要再手动安装了。如果没有,则运行以下命令手动安装:

```
sudo apt-get remove vim-tiny
apt-get update
apt-get install vim
```

如果是其他版本的 Linux 系统,则可查阅相应的版本管理器文档;如果是 Windows 系统,则下载 gvim80.exe 进行安装,下载链接为 ftp://ftp.vim.org/pub/vim/pc/gvim80-586.exe。

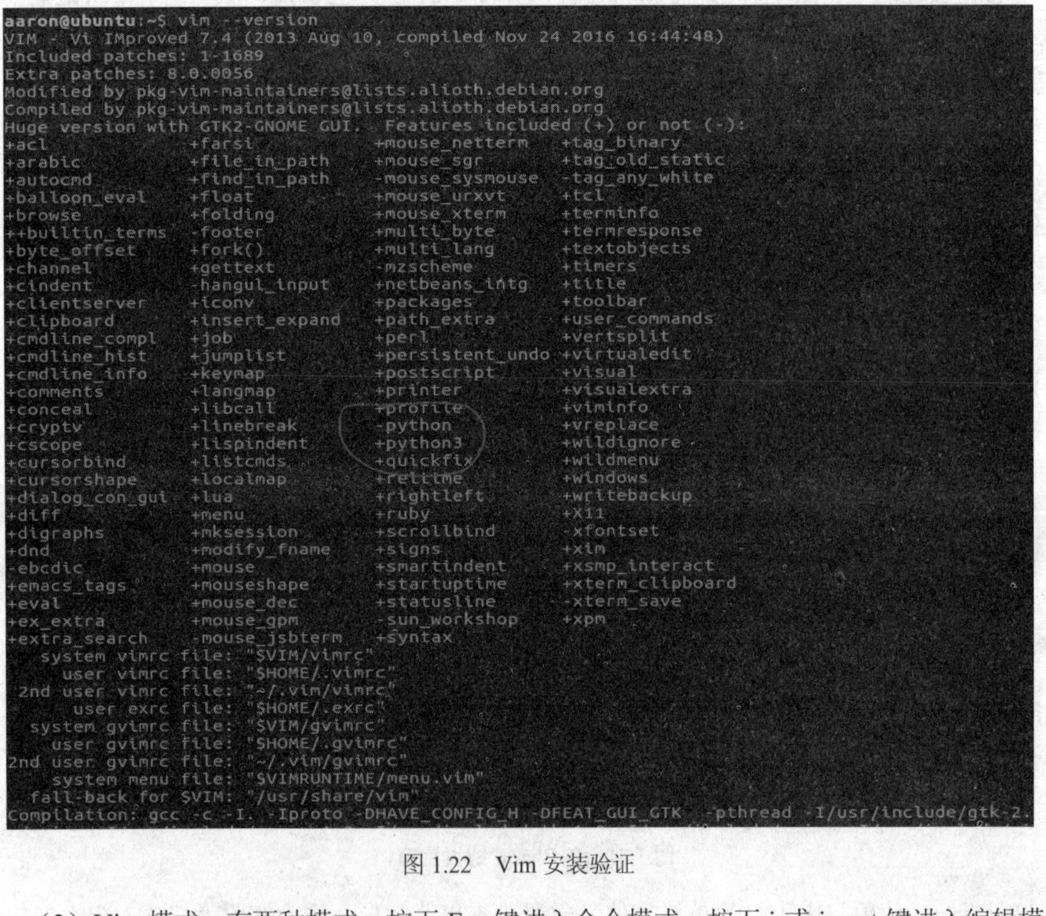

图 1.22 Vim 安装验证

(2)Vim 模式:有两种模式,按下 Esc 键进入命令模式;按下 i 或 insert 键进入编辑模式(插入模式)。Vim 的基本操作,如移动、删除、复制、粘贴、查找、替换等可参考帮助文档,命令模式下输入:help 可查看帮助文档学习基本操作。我们按下 Esc 键进入命令模式，输入：

```
:python3 import sys;print(sys.version)
```

如图 1.23 所示。

图 1.23　命令模式查看 Python 版本

按下 Enter 键后得到的结果如图 1.24 所示。

图 1.24　查看 Vim 使用的 Python 版本

这行命令会输出编辑器当前的 Python 版本。如果报错，编辑器就不支持 Python 语言，需要重装或重新编译。Ubuntu 操作系统可以使用 "sudo update-alternatives --config vim" 来切换 vim 对 Python2 和 Python3 的支持。

（3）Vim 扩展：Vim 本身能够满足开发人员的很多需求，其可扩展性也很强，并且已经有一些高级扩展，可以让 Vim 拥有"现代"集成开发环境的特性。虽然 Vim 有多个扩展管理器，但是笔者强烈推荐 Vundle，可以把它想象成 Vim 的 pip。有了 Vundle，安装和更新包就变得容易多了。现在我们来安装 Vundle：

```
git clone https://github.com/gmarik/Vundle.vim.git ~/.vim/bundle/Vundle.vim
```

该命令将下载 Vundle 插件管理器，并将其放置在 Vim 编辑器 bundles 文件夹中。现在，可以通过.vimrc 配置文件来管理所有扩展了。将配置文件添加到 home 文件夹中：

```
touch ~/.vimrc
```

接下来，将下面的 Vundle 配置代码添加到配置文件~/.vimrc 的顶部。

```
set nocompatible              " required
filetype off                  " required
" set the runtime path to include Vundle and initialize
set rtp+=~/.vim/bundle/Vundle.vim
call vundle#begin()
" alternatively, pass a path where Vundle should install plugins
"call vundle#begin('~/some/path/here')
" let Vundle manage Vundle, required
Plugin 'gmarik/Vundle.vim'
" Add all your plugins here (note older versions of Vundle used Bundle instead of
Plugin)
" All of your Plugins must be added before the following line
call vundle#end()            " required
filetype plugin indent on    " required
```

在 vim 配置文件中以"开头的行为注释行。上面的代码完成了使用 Vundle 前的设置，之后就可以在 call vundle#end() 之前添加希望安装的插件，打开 Vim 编辑器，运行下面的命令。

```
:PluginInstall
```

这个命令告诉 Vundle 自动下载所有插件，表 1-1 列举了 vim 打造 Python IDE 的常用插件，可凭个人爱好选择安装某几个或全部。

表 1-1　各种插件

插件	功能
vim-scripts/indentpython.vim	自动缩进
Valloric/YouCompleteMe	自动补全
scrooloose/syntastic	语法检查/高亮
scrooloose/nerdtree	文件浏览
kien/ctrlp.vim	超级搜索
Lokaltog/powerline	Powerline 状态栏

举个例子：假如要安装自动补全插件 Valloric/YouCompleteMe，可以在配置文件中 Vundle 的内部加入 Plugin 'Valloric/YouCompleteMe'，然后重新启动 vim，并在命令模式下输入:luginInstall（注意是英文冒号）回车，即可自动安装 Valloric/YouCompleteMe。同样地，如果要安装多个，就在配置文件中配置多个，然后执行 vim 命令:luginInstall，vim 会自动安装配置文件中的插件，已安装的不会再次安装，重新启动 vim 即可体验插件的效果。

下面附一段比较详细的 vimrc 配置文件，供读者参考，可修改为自己喜欢的风格。

```
1   "vundle 开始 vundle 代码请放置在最前面
2   set nocompatible
3   filetype off
4   set rtp+=~/.vim/bundle/Vundle.vim
5   call vundle#begin()
6   "请将需要的插件放置在此行之后"
7   Plugin 'VundleVim/Vundle.vim'
8   "git 插件
9   Plugin 'tpope/vim-fugitive'
10  "filesystem
11  Plugin 'scrooloose/nerdtree'
12  Plugin 'jistr/vim-nerdtree-tabs'
13  Plugin 'kien/ctrlp.vim'
14  "html 插件
15  "isnowfy 只兼容 python2
16  Plugin 'isnowfy/python-vim-instant-markdown'
17  Plugin 'jtratner/vim-flavored-markdown'
18  Plugin 'suan/vim-instant-markdown'
19  Plugin 'nelstrom/vim-markdown-preview'
20  "python 语法检查插件
21  Plugin 'nvie/vim-flake8'
22  Plugin 'vim-scripts/Pydiction'
23  Plugin 'vim-scripts/indentpython.vim'
```

```
24 Plugin 'scrooloose/syntastic'
25 "python 自动补全插件
26 "Plugin 'klen/python-mode'
27 ""Plugin 'Valloric/YouCompleteMe'
28 Plugin 'klen/rope-vim'
29 "Plugin 'davidhalter/jedi-vim'
30 Plugin 'ervandew/supertab'
31 "代码折叠
32 Plugin 'tmhedberg/SimpylFold'
33 "颜色插件
34 Plugin 'altercation/vim-colors-solarized'
35 Plugin 'jnurmine/Zenburn'
36 "请将需要的插件放置在此行之前"
37 call vundle#end()
38 "vundle 结束 vundle 代码请放置在最前面
39 filetype plugin indent on    "开启文件类型检测
40 let g:SimpylFold_docstring_preview = 1
41 "自动补全插件设置
42 let g:ycm_autoclose_preview_window_after_completion=1
43 "颜色方案"
44 colorscheme zenburn
45 set guifont=Monaco:h14
46 let NERDTreeIgnore=['\.pyc$', '\~$'] "ignore files in NERDTree
47 "不要生产 swap 文件
48 set noswapfile
49 "设置行号
50 set nu
51 "支持 python 虚拟环境
52 py << EOF
53 import os.path
54 import sys
55 import vim
56 if 'VIRTUA_ENV' in os.environ:
57   project_base_dir = os.environ['VIRTUAL_ENV']
58   sys.path.insert(0, project_base_dir)
59   activate_this = os.path.join(project_base_dir,'bin/activate_this.py')
60   execfile(activate_this, dict(__file__=activate_this))
61 EOF
62 "设置 ctags 文件
63 ":set tags=~/mytags "tags for ctags and taglist
64 "omnicomplete
65 autocmd FileType python set omnifunc=pythoncomplete#Complete
66 "-------------Python PEP 8 风格设置开始------------------
67 "设置 tab 为 4 个空格
68 au BufRead,BufNewFile *py,*pyw,*.c,*.h set tabstop=4
69 "缩进的空格设置
70 au BufRead,BufNewFile *.py,*pyw set shiftwidth=4
71 au BufRead,BufNewFile *.py,*.pyw set expandtab
72 au BufRead,BufNewFile *.py set softtabstop=4
73 "高亮显示 BadWhitespace
74 highlight BadWhitespace ctermbg=red guibg=red
```

```vim
75  "不合法的tab高亮显示
76  au BufRead,BufNewFile *.py,*.pyw match BadWhitespace /^\t\+/
77  "
78  "不合法的空格高亮显示
79  au BufRead,BufNewFile *.py,*.pyw,*.c,*.h match BadWhitespace /\s\+$/
80  "使用UNIX行结束符
81  au BufNewFile *.py,*.pyw,*.c,*.h set fileformat=UNIX
82  "设置默认文件编码为utf-8
83  set encoding=utf-8
84  "语法高亮
85  let python_highlight_all=1
86  syntax on
87  "保持与上一行一致的缩进
88  autocmd FileType python set autoindent
89  " 允许回车键跨行
90  set backspace=indent,eol,start
91  "基于缩进折叠
92  autocmd FileType python set foldmethod=indent
93  "use space to open folds
94  nnoremap <space> za
95  "-------------Python PEP 8 风格设置结束-----------------
96  "F5编译和运行C程序,F6编译和运行C++程序
97  "请注意,下述代码在Windows下使用会报错
98  "需要去掉./这两个字符
99  "C的编译和运行
100 map <F5> :call CompileRun()<CR>
101 func! CompileRun()
102     exec "w"
103     if &filetype == 'c'
104         exec "!gcc % -o %<"
105         exec "! ./%<"
106     elseif &filetype == 'cpp'
107         exec "!g++ % -o %<"
108         exec "! ./%<"
109     elseif &filetype == 'java'
110         exec "!javac %"
111         exec "!java %<"
112     elseif &filetype == 'python'
113         exec "!python %"
114     endif
115 endfunc
116 map <F6> :call CompileOnly()<CR>
117 func! CompileOnly()
118     exec "w"
119     if &filetype == 'c'
120         exec "AsyncRun gcc % -o %<"
121     elseif &filetype == 'cpp'
122         exec "AsyncRun g++ % -o %<"
123     elseif &filetype == 'python'
124         exec "AsyncRun python %"
125     endif
```

```
126 endfunc
127 map <F7> :call RunAsync()<CR>
128 func! RunAsync()
129     exec "w"
130     if &filetype == 'c'
131         exec "AsyncRun gcc % -o %<"
132     elseif &filetype == 'cpp'
133         exec "AsyncRun g++ % -o %<"
134     elseif &filetype == 'python'
135         exec "!start python %"
136     endif
137 endfunc
138 "窗口快速切换
139 nnoremap <C-J> <C-W><C-J>
140 nnoremap <C-K> <C-W><C-K>
141 nnoremap <C-L> <C-W><C-L>
142 nnoremap <C-H> <C-W><C-H>
```

效果如图 1.25 所示。

图 1.25　Vim 配置效果图

开发工具总结：PyCharm 适合新手使用，无须太多配置就可以实现贴心的自动补全、智能提示，打开即用，同时有跨平台的 IDE。如果有一定的 Vim 基础（之前一直是用 Vim 来编写代码），就可以尝试将 Vim 打造为 Python IDE。Vim 的优势在于其小巧，系统资源占用少，启动速度快，完全可以量身定制，编写代码可以脱离低效的鼠标单击。

1.5 Python 基础语法

1.5.1 数字运算

编程是将问题数据化的一个过程,数据离不开数字,Python 的数字运算规则与我们学习的四则运算规则是一样的,即使不使用 Python 来编写复杂的程序,也可以将其当作一个强大的计算器。打开 Python,试运行以下命令:

```
>>> 2 + 2
4
>>> 50 - 5*6
20
>>> (50 - 5*6) / 4
5.0
>>> 8 / 5          # 总是返回一个浮点数
1.6
```

 在不同的机器上浮点运算的结果可能会不一样。

在整数除法中,除法(/)总是返回一个浮点数,如果只想得到整数的结果,就可以使用运算符 //。整数除法返回浮点型,整数和浮点数混合运算的结果也是浮点型。

```
>>> 19 / 3         # 整数除法返回浮点型
6.333333333333333
>>>
>>> 19 // 3        # 整数除法返回向下取整后的结果
6
>>> 17 % 3         # %操作符返回除法的余数
1
>>> 5 * 3 + 2.0
17.0
```

Python 可以使用**操作来进行幂运算。

```
>>> 5 ** 2         # 5 的平方
25
>>> 2 ** 7         # 2 的 7 次方
128
```

在交互模式中,最后被输出的表达式结果被赋值给变量 _ ,这样能使后续计算更方便。例如:

```
>>> tax = 12.5 / 100
>>> price = 100.50
>>> price * tax
12.5625
>>> price + _
```

```
113.0625
>>> round(_, 2)
113.06
```

Python 数字类型转换:

- int(x) 将 x 转换为一个整数。
- float(x) 将 x 转换为一个浮点数。
- complex(x) 将 x 转换为一个复数,实数部分为 x,虚数部分为 0。
- complex(x, y) 将 x 和 y 转换为一个复数,实数部分为 x,虚数部分为 y。x 和 y 是数字表达式。

常用的数学函数可参见表 1-2。

表 1-2 常用的数学函数

函数	返回值(描述)
abs(x)	返回数字的绝对值,如 abs(-10) 返回 10
ceil(x)	返回数字的上舍入整数,如 math.ceil(4.1) 返回 5
exp(x)	返回 e 的 x 次幂(ex),如 math.exp(1) 返回 2.718281828459045
fabs(x)	返回数字的绝对值,如 math.fabs(-10) 返回 10.0
floor(x)	返回数字的下舍入整数,如 math.floor(4.9)返回 4
log(x)	如 math.log(math.e)返回 1.0,math.log(100,10)返回 2.0
log10(x)	返回以 10 为基数的 x 的对数,如 math.log10(100)返回 2.0
max(x1, x2,...)	返回给定参数的最大值,参数可以为序列
min(x1, x2,...)	返回给定参数的最小值,参数可以为序列
modf(x)	返回 x 的整数部分与小数部分,两部分的数值符号与 x 相同,整数部分以浮点型表示
pow(x, y)	x**y 运算后的值
round(x [,n])	返回浮点数 x 的四舍五入值,如给出 n 值,则代表舍入到小数点后的位数
sqrt(x)	返回数字 x 的平方根

1.5.2 字符串

1. 认识简单字符串

Python 中的字符串有几种表达方式,可以使用单引号、双引号或三引号(三个单引号或三个双引号)括起来。例如:

```
>>> 'abc'
'abc'
>>> "abc"
'abc'
>>> '''a\
... b\
... c'''                    #使用 反斜线(\)来续行
```

```
'abc'
>>> '''abc'''
'abc'
```

如果想要字符串含有单引号、双引号该怎么处理呢？有两种方法：一是使用反斜杠转义引号；二是使用与字符串中单引号、双引号不同的引号来定义字符串。例如：

```
>>> a='a\'b\'c'           #定义字符串 a，使用反斜杠转义单引号
>>> print(a)              #打印字符串 a
a'b'c
>>> b="a'b'c"             #定义字符串 b，使用双引号括起含有单引号的字符串
>>> print(b)              #打印字符串 b
a'b'c
```

使用\n 换行或使用三引号。例如：

```
>>> s = 'First line.\nSecond line.'  # \n 意味着新行
>>> print(s)
First line.
Second line.
>>> s='''First line.
... Second line'''          #字符串可以被 """（三个双引号）或者 '''（三个单引号）括起来，
使用三引号时，换行符不需要转义，它们会包含在字符串中
>>> print(s)
First line.
Second line
```

如果需要避免转义，则可以使用原始字符串，即在字符串的前面加上 r。例如：

```
>>> s = r"This is a rather long string containing\n\
... several lines of text much as you would do in C."
>>> print(s)
This is a rather long string containing\n\
several lines of text much as you would do in C.
```

字符串可以使用 + 运算符连接在一起，或者使用 * 运算符重复字符串。例如：

```
>>> word = 'Help' + ' '+ 'ME'
>>> print(word)
Help ME
>>> word="word "*5
>>> print(word)
word word word word word
```

2. 字符串的索引

字符串可以被索引，就像 C 语言中的数组一样，字符串的第一个字符的索引为 0，一个字符就是长度为一的字符串。与 Icon 编程语言类似，子字符串可以使用分切符来指定：用冒号分隔的两个索引，第一个索引默认为 0，第二个索引默认为最后一个位置，s[:]表示整个字符串，s[2:3]表示从第 3 个字符开始，到第 4 个字符结束，不含第 4 个字符。不同于 C 字符串的是，Python 字符串不能被改变。向一个索引位置赋值会导致错误，例如：

```
>>> s="abcdefg"
>>> s[0]
'a'
>>> s[1]
'b'
>>> s[:]              #表示整个字符串
'abcdefg'
>>> s[2:3]
'c'
>>> s[2:]
'cdefg'
>>> s[-1]
'g'
>>> s[-2:]
'fg'
>>> s[0]='f'          #向一个索引位置赋值会导致错误,说明字符串是只读的
Traceback (most recent call last):
  File "<stdin>", line 1, in <module>
TypeError: 'str' object does not support item assignment
```

3. 字符串的遍历

遍历字符串有三种方式:一是使用 **enumerate** 函数,其返回字符串的索引及相应的字符;二是直接使用 for 循环;三是通过字符索引来遍历。例如:

```
>>> for i,a in enumerate(s):
...     print(i,a)
...
0 a
1 b
2 c
3 d
4 e
5 f
6 g
>>> for a in s:
...     print(a)
...
a
b
c
d
e
f
g
>>> for i in range(len(s)):
...     print(i,s[i])
...
0 a
1 b
2 c
```

```
3 d
4 e
5 f
6 g
```

有一个方法可以帮我们记住分切索引的工作方式，想象索引是指向字符之间，第一个字符左边的数字是 0，接着有 n 个字符的字符串最后一个字符的右边是索引 n。例如：

字符串	a	b	c	d	e	f	g
索引 1	0	1	2	3	4	5	6
索引 2	-7	-6	-5	-4	-3	-2	-1

如 s[1:3]代表 bc，s[-2:-1]代表 f。

4. 字符串的格式化

Python 支持格式化字符串的输出。尽管这样可能会用到非常复杂的表达式，但最基本的用法是将一个值插入到一个有字符串格式符 %s 的字符串中。

```
>>> print ("我叫 %s 今年 %d 岁!" % ('小明', 10))#使用%
我叫 小明 今年 10 岁!
>>> print ("我叫 {} 今年 {} 岁!" .format('小明', 10))#使用字符串的format方法
我叫 小明 今年 10 岁!
>>> print ("我叫 {0} 今年 {1} 岁!" .format('小明', 10,20))#使用索引, 整数20未用到
我叫 小明 今年 10 岁!
```

需要在字符中使用特殊字符时，Python 用反斜杠(\\)转义字符，如表 1-3 所示。

表 1-3 转义字符

转义字符	描述
%c	格式化字符及其 ASCII 码
%s	格式化字符串
%d	格式化整数
%u	格式化无符号整型
%o	格式化无符号八进制数
%x	格式化无符号十六进制数
%X	格式化无符号十六进制数（大写）
%f	格式化浮点数字，可指定小数点后的精度
%e	用科学计数法格式化浮点数
%E	作用同%e,用科学计数法格式化浮点数
%g	%f 和%e 的简写
%G	%f 和 %E 的简写
%p	用十六进制数格式化变量的地址

5. 字符串的内建函数

Python 字符串的内建函数可参见表 1-4。

表 1-4 字符串的内建函数

函数	功能
capitalize()	将字符串的第一个字符转换为大写
center(width, fillchar)	返回一个指定的宽度 width 居中的字符串，fillchar 为填充的字符，默认为空格
count(str, beg= 0,end=len(string))	返回 str 在 string 里面出现的次数，如果 beg 或 end 指定，则返回指定范围内 str 出现的次数
bytes.decode(encoding="utf-8",errors="strict")	Python 3 中没有 decode 方法，但我们可以使用 bytes 对象的 decode()方法来解码给定的 bytes 对象，这个 bytes 对象可以由 str.encode()来编码返回
encode(encoding='UTF-8',errors='strict')	以 encoding 指定的编码格式编码字符串，如果出错就默认报一个 ValueError 的异常，除非 errors 指定的是'ignore'或'replace'
endswith(suffix,beg=0,end=len(string))	检查字符串是否以 obj 结束，如果 beg 或 end 指定，则检查指定的范围内是否以 obj 结束，是则返回 True，否则返回 False
expandtabs(tabsize=8)	把字符串 string 中的 tab 符号转换为空格，tab 符号默认的空格数是 8
find(str,beg=0,end=len(string))	检测 str 是否包含在字符串中，如果指定范围 beg 和 end，则检查是否包含在指定范围内，包含返回开始的索引值，否则返回-1
index(str,beg=0,end=len(string))	与 find()方法一样，但是如果 str 不在字符串中，则会报一个异常
isalnum()	如果字符串至少有一个字符并且所有字符都是字母或数字，则返回 True，否则返回 False
isalpha()	如果字符串至少有一个字符并且所有字符都是字母，则返回 True，否则返回 False
isdigit()	如果字符串只包含数字，则返回 True 否则返回 False
islower()	如果字符串中包含至少一个区分大小写的字符，并且所有这些（区分大小写的）字符都是小写，则返回 True，否则返回 False
isnumeric()	如果字符串中只包含数字字符，则返回 True，否则返回 False
isspace()	如果字符串中只包含空白，则返回 True，否则返回 False
istitle()	如果字符串是标题化的（见 title()）则返回 True，否则返回 False
isupper()	如果字符串中包含至少一个区分大小写的字符，并且所有这些（区分大小写的）字符都是大写，则返回 True，否则返回 False
join(seq)	以指定字符串作为分隔符，将 seq 中所有的元素合并为一个新的字符串
len(string)	返回字符串长度
ljust(width[,fillchar])	返回一个原字符串左对齐，并使用 fillchar 填充至长度 width 的新字符串，fillchar 默认为空格
lower()	转换字符串中所有大写字符为小写

（续表）

函数	功能
lstrip()	截掉字符串左边的空格或指定字符
maketrans()	创建字符映射的转换表，对于接受两个参数比较简单的调用方式，第一个参数是字符串，表示需要转换的字符，第二个参数也是字符串，表示转换的目标
max(str)	返回字符串 str 中最大的字母
min(str)	返回字符串 str 中最小的字母
replace(old,new[,max])	将字符串中的 str1 替换为 str2，如果 max 指定，则替换不超过 max 次
rfind(str,beg=0,end=len(string))	类似于 find() 函数，不过是从右边开始查找
rindex(str,beg=0,end=len(string))	类似于 index()，不过是从右边开始
rjust(width,[,fillchar])	返回一个原字符串右对齐，并使用 fillchar（默认空格）填充至长度 width 的新字符串
rstrip()	删除字符串末尾的空格
split(str="",num=string.count(str))	num=string.count(str)) 以 str 为分隔符截取字符串，如果 num 有指定值，则仅截取 num 个子字符串。
splitlines([keepends])	按照行 ('\r','\r\n',\n') 分隔，返回一个包含各行作为元素的列表，如果参数 keepends 为 False，则不包含换行符；如果为 True，则保留换行符
startswith(str,beg=0,end=len(string))	检查字符串是否以 obj 开头，是则返回 True，否则返回 False。如果 beg 和 end 指定值，则在指定范围内检查
strip([chars])	在字符串上执行 lstrip() 和 rstrip()
swapcase()	将字符串中大写转换为小写，小写转换为大写
title()	返回"标题化"的字符串，也就是说所有单词都是以大写开始，其余字母均为小写（见 istitle()）
translate(table,deletechars="")	根据 str 给出的表（包含 256 个字符）转换 string 的字符，要过滤的字符放到 deletechars 参数中
upper()	转换字符串中的小写字母为大写
zfill(width)	返回长度为 width 的字符串，原字符串右对齐，前面填充 0
isdecimal()	检查字符串是否只包含十进制字符，如果是，则返回 true，否则返回 false
int(x)	将 x 转换为一个整数

1.5.3 列表与元组

列表是 Python 常用的数据类型，也是最基本的数据结构。Python 的列表是由方括号"[]"[]括起，使用","分隔的序列，序列中的数据类型不要求一致，序列的索引从 0 开始。

【示例 1-1】创建一个列表，只要把逗号分隔的不同数据项使用方括号括起来即可。

```
>>> list1 = ['Google', 'Huawei', 1997, 2000];
>>> list2 = [1, 2, 3, 4, 5];
>>> list3 = ["a", "b", "c", "d"];
```

```
>>> list4=["all of them",list1,list2,list3]
>>> print ("list1[0]: ", list1[0])
list1[0]:  Google
>>> print ("list2[1:5]: ", list2[1:5])
list2[1:5]:  [2, 3, 4, 5]
>>> print(list4)
['all of them', ['Google', 'Huawei', 1997, 2000], [1, 2, 3, 4, 5], ['a', 'b', 'c', 'd']]
>>> print(list4[1][1])
Huawei
```

【示例 1-2】更新一个列表，可以对列表的数据项进行修改，也可以使用 append()方法添加列表项。

```
>>> list = ['Google', 'Huawei', 1997, 2000]
>>> print ("第三个元素为 : ", list[2])
第三个元素为 :  1997
>>> list[2] = 2001
>>> print ("更新后的第三个元素为 : ", list[2])
更新后的第三个元素为 :  2001
>>> list.append('xiaomi')
>>> print ("追加后的最后一个元素为 : ", list[-1])
追加后的最后一个元素为 :  xiaomi
>>> list.insert(2,'qq')
>>> print ("在第三个位置上插入的元素为 : ", list[2])
在第三个位置上插入的元素为 :  qq
```

【示例 1-3】删除列表中的某个元素。

```
>>> list = ['Google', 'Huawei', 1997, 2000]
>>> del list[0]
>>> print(list)
['Huawei', 1997, 2000]
```

列表还有一些其他操作，如列表对 + 和 * 的操作符与字符串相似，+ 号用于组合列表，* 号用于重复列表。

```
>>> len([1, 2, 3])                    #获取列表元素个数 len()
3
>>> [1, 2, 3] + [4, 5, 6]             #+号用于组合列表
[1, 2, 3, 4, 5, 6]
>>> ['Hi!'] * 10                      # *号用于重复列表
['Hi!', 'Hi!', 'Hi!', 'Hi!', 'Hi!', 'Hi!', 'Hi!', 'Hi!', 'Hi!', 'Hi!']
>>> 3 in [1, 2, 3]                    #判断元素是否在列表中
True
>>> for x in [1, 2, 3]: print(x, end=" ")    #遍历列表元素
...
1 2 3 >>> max([1,2,3])                #返回列表最大值
3
>>> min([1,2,3])                      #返回列表最小值
1
```

列表的常用方法可参见表1-5。

表1-5 列表的常用方法

名称	功能
list.append(obj)	在列表末尾添加新的对象
list.count(obj)	统计某个元素在列表中出现的次数
list.extend(seq)	在列表末尾一次性追加另一个序列中的多个值（用新列表扩展原来的列表）
list.index(obj)	从列表中找出某个值第一个匹配项的索引位置
list.insert(index, obj)	将对象插入列表
list.pop(obj=list[-1])	移除列表中的一个元素（默认最后一个元素），并且返回该元素的值
list.remove(obj)	移除列表中某个值的第一个匹配项
list.reverse()	反向列表中元素
list.sort([func])	对原列表进行排序
list.clear()	清空列表
list.copy()	复制列表

元组与列表类似，用"()"括起，","分隔的序列，不同于列表的是，元组是只读的，无法被修改，在定义时其元素必须确定下来，也可以像列表一样使用索引来访问。

【示例1-4】元组的应用。

```
>>> t = ('Google', 'Huawei', 1997, 2000)    #定义一个元组
>>> t[0]                                     #使用和列表一样的方式访问相应元素
'Google'
>>> t[-1]
2000
>>> t[0]='Baidu'                             #修改元组的值将会抛出异常
Traceback (most recent call last):
  File "<stdin>", line 1, in <module>
TypeError: 'tuple' object does not support item assignment
>>> t=()                                     #定义一个空的元组
>>> t
()
>>> type(t)
<class 'tuple'>
>>> t=(1,)                                   #定义一个只有一个元素的元组，","是元组的特征
>>> (1)==1                                   # 注意（1）等于1，不是元组
True
```

注意，元组元素不变是指元组每个元素指向永远不变，如果元组的某个元素是一个列表，那么这个列表的元素是可以被改变的，但元组指向这个列表永远不变。

【示例1-5】元组的某个元素是列表。

```
>>> a=['a','b']              #定义一个列表a
>>> b=['c','d']              #定义一个列表b
>>> t=('e','f',a)            #定义一个元组t，第三个元素指向列表a
>>> t
```

```
('e', 'f', ['a', 'b'])
>>> t[2][0]='x'              #这一步相当于修改a[0]=x
>>> t[2][1]='y'              #这一步相当于修改a[1]=y
>>> a                        #验证a
['x', 'y']
>>> t
('e', 'f', ['x', 'y'])
>>> t[2]=b                   #t[2]指向的是列表a,这个指向无法被修改
Traceback (most recent call last):
  File "<stdin>", line 1, in <module>
TypeError: 'tuple' object does not support item assignment
```

如果希望元组中的每个元素无法被修改,就必须保证元组的每一个元素本身也不能变,如数字、字符串、元组等不可变数据类型。

1.5.4 字典

一提到字典,我们就会想到中华字典、英语词典等,通过给定的单词(key)查找其含义(value)。在字典里,要查找的单词(key)是唯一的,但不同的单词其含义(value)可能相同。Python里的字典就是键值对(key-value)组成的集合,且可存储任意类型对象。定义一个字典非常简单:使用一对花括号{}括起,键值对之间使用","分隔。例如:

```
>>> dict = { 'hello':'你好','world':'世界',}    #定义一个字典dict
>>> dict
{'hello': '你好', 'world': '世界'}
>>> dict['hello']
'你好'
>>> len(dict)                               #计算字典元素个数,即键的总数
2
>>>str(dict)                                #输出字典,以可打印的字符串表示
"{'hello': '你好', 'world': '世界'}"
```

字典值可以是任何的Python对象,既可以是标准对象,也可以是用户自定义的对象,但键不行。两个重要的点需要记住:

(1)不允许同一个键出现两次。创建时如果同一个键被赋值两次,后一个值就会被记住。

【示例1-6】不允许同一个键出现两次。

```
>>> dict = { 'hello':'你好','world':'世界','hello':'world'} #键hello的值被更新为world
>>> dict
{'hello': 'world', 'world': '世界'}
```

(2)因为键必须不可变,所以可以用数字、字符串或元组充当,用列表则不行,即键必须为不可变数据类型。

【示例1-7】键必须为不可变数据类型。

```
>>> d = { 'a':1,'b':2, ['a']:'abc'}                    #键是列表,会报错
```

```
Traceback (most recent call last):
  File "<stdin>", line 1, in <module>
TypeError: unhashable type: 'list'
```

【示例 1-8】遍历字典。

```
>>> d = { 'a':1, 'b':2, 'c':3, 'd':4, 'e':5, 'f':6 }      #定义一个字典
>>> for key,value in d.items():     #d.items()方法返回一个键值对的元组（key,value）
...     print(key,value)
...
a 1
b 2
c 3
d 4
e 5
f 6
>>> for key in d:                              #以键来取值
...     print(key,d[key])                      #python 强制缩进，与上一行比有 4 个空格
...
a 1
b 2
c 3
d 4
e 5
f 6
>>>
```

【示例 1-9】修改字典。

```
>>> d = { 'a':1, 'b':2, 'c':3, 'd':4, 'e':5, 'f':6 }
>>> d['b']='b'
>>> d
{'a': 1, 'b': 'b', 'c': 3, 'd': 4, 'e': 5, 'f': 6}
```

【示例 1-10】删除字典元素。可以删除单一的元素，也可以一次性删除所有元素，清空字典，显式地删除一个字典用 del 命令。

```
>>> del d['b']    #删除键 b
>>> d             #删除键 b 后
{'a': 1, 'c': 3, 'd': 4, 'e': 5, 'f': 6}
>>> d.clear()   #清空字典
>>> d
{}
>>> del d         #删除字典
>>> d             #删除字典后，字典 d 已不存在
Traceback (most recent call last):
  File "<stdin>", line 1, in <module>
NameError: name 'd' is not defined
```

Python 字典的内置方法可参见表 1-6。

表 1-6 字典的常用方法

名称	功能
radiansdict.clear()	删除字典内所有元素
radiansdict.copy()	返回一个字典的浅复制
radiansdict.fromkeys()	创建一个新字典,以序列 seq 中元素做字典的键,val 为字典所有键对应的初始值
radiansdict.get(key, default=None)	返回指定键的值,如果值不在字典中,则返回 default 值
key in dict	如果键在字典 dict 中,则返回 true,否则返回 false
radiansdict.items()	以列表返回可遍历的元组数组
radiansdict.keys()	以列表返回一个字典所有的键
radiansdict.setdefault(key, default=None)	与 get()类似,但如果键不存在于字典中,则会添加键并将值设置为 default
radiansdict.update(dict2)	把字典 dict2 的键/值对更新到 dict 中
radiansdict.values()	以列表返回字典中的所有值
pop(key[,default])	删除字典给定键 key 所对应的值,返回值为被删除的值。key 值必须给出。 否则,返回 default 值
popitem()	随机返回并删除字典中的一对键和值(一般删除末尾对)

1.5.5 集合

集合 set 是一个无序不重复元素集,基本功能包括关系测试和消除重复元素。集合对象还支持 union(联合)、intersection(交)、difference(差)和 sysmmetric difference(对称差集)等数学运算。

在 Python 中可以使用 "x in set" 来判断 x 是否在集合中,使用 "len(set)" 来获取集合元素个数,使用 "for x in set" 来遍历集合中的元素。但由于集合不记录元素位置,因此集合不支持获取元素位置和切片等操作。

【示例 1-11】集合的定义和常见用法。

```
>>> x=set('abcd')           #创建集合 x 由单个字符组成
>>> y=set(['a','bc','d',10])     #创建集合 y 由列表的元素组成
>>> x,y                #打印 x,y
({'a', 'b', 'd', 'c'}, {'a', 'd', 10, 'bc'})
>>> x & y              #取交集
{'a', 'd'}
>>> x|y                #取并集
{'c', 'bc', 'd', 10, 'b', 'a'}
>>> x-y                #差集,表示 x 里有,y 里没有的
{'b', 'c'}
>>> x^y                #对称差集(项在 x 或 y 中,但不会同时出现在二者中)
{'bc', 'c', 10, 'b'}
```

【示例 1-12】使用集去重元素。

```
>>> a = [11,22,33,44,11,22]
>>> b = set(a)
```

```
>>> b
set([33, 11, 44, 22])
```

集合的基本操作可参见表 1-7。

表 1-7 集合的基本操作

集合	操作
s.add('x')	添加一项
s.update([10,37,42])	在 s 中添加多项
s.remove('H')	使用 remove()可以删除一项
len(s)	set 的长度
x in s	测试 x 是否是 s 的成员
x not in s	测试 x 是否不是 s 的成员
s.issubset(t)	相当于 s<=t 测试是否 s 中的每一个元素都在 t 中
s.issuperset(t)	相当于 s>=t 测试是否 t 中的每一个元素都在 s 中
s.union(t)	相当于 s|t 返回一个新的 set 包含 s 和 t 中的每一个元素
s.intersection(t)	相当于 s&t 返回一个新的 set 包含 s 和 t 中的公共元素
s.difference(t)	相当于 s-t 返回一个新的 set 包含 s 中有是 t 中没有的元素
s.symmetric_difference(t)	相当于 s^t 返回一个新的 set 包含 s 和 t 中不重复的元素
s.copy()	返回集合 s 的一个浅复制
s.discard(x)	如果在 set "s" 中存在元素 x，则删除
s.pop()	删除且返回 set "s" 中的一个不确定的元素，如果为空，则引发 KeyError
s.clear()	删除 set "s" 中的所有元素

union()、intersection()、difference()和 symmetric_difference()的非运算符（non-operator 就是形如 s.union()这样的）版本将会接受任何可迭代对象（iterable）作为参数。相反，它们的运算符版本（&^+-|）要求参数必须是集合对象。

1.5.6 函数

在中学数学中我们知道 y=f(x)代表着函数，x 是自变量，y 是函数 f(x)的值。在程序中，自变量 x 可以代表任意的数据类型，可以是字符串、列表、字典、对象，可以是我们认为的任何东西。

【示例 1-13】以简单的数据计算函数为例，定义函数 fun(a,b,h)来计算上底为 a，下底为 b，高为 h 的梯形面积。

```
>>> def fun(a,b,h):        #def 定义函数 fun, 参数为 a, b, h
...     s=(a+b)*h/2        #使用梯形的面积计算公式，注意此行前有 4 个空格
...     return s           #返回面积
...
>>> fun(3,4,5)             #计算上底为 3，下底为 4，高为 5 的梯形面积
17.5
```

函数的目的是封装,提高应用的模块性及代码的重复利用率。将常用的处理过程写成函数,在需要时调用它,可以屏蔽实现细节,减少代码量,增加程序可读性。

【示例 1-14】假如多个梯形的面积需要计算,那么:

```
>>> for a,b,h in [(3,4,5),(7,5,9),(12,45,20),(12,14,8),(12,5,8)]: #指计算5个梯形面积
...     print("上底{},下底{},高{}的梯形, 面积为{}".format(a,b,h,fun(a,b,h)))  #字符串格式化函数format
...
上底3,下底4,高5的梯形, 面积为17.5
上底7,下底5,高9的梯形, 面积为54.0
上底12,下底45,高20的梯形, 面积为570.0
上底12,下底14,高8的梯形, 面积为104.0
上底12,下底5,高8的梯形, 面积为68.0
```

上例中的调用方法 fun(3,4,5)并不直观,为了增加可读性,这里我们稍做调整。

```
>>> def trapezoidal_area(upperLength,bottom,height):
...     return (upperLength+bottom)*height/2
...
>>> trapezoidal_area(upperLength=3,bottom=4,height=5)
17.5
>>> trapezoidal_area(bottom=4,height=5,upperLength=3)
17.5
>>>
```

在调用此函数传递参数时使用参数关键字,这样参数的位置可以任意放置而不影响运算结果,增加程序可读性。假如待计算的梯形默认高度均为 5,就可以定义带默认值参数的函数。

```
>>> def trapezoidal_area(upperLength,bottom,height=5):#定义默认值参数
...     return (upperLength+bottom)*height/2
...
>>> trapezoidal_area(upperLength=3,bottom=4)
17.5
>>> trapezoidal_area(3,4)
17.5
>>> trapezoidal_area(3,4,5)
17.5
>>> trapezoidal_area(3,4,10)
35.0
```

 带有默认值的参数必须位于不含默认值参数的后面。

关于函数是否会改变传入变量的值有以下两种情况。

(1)对不可变数据类型的参数,函数无法改变其值,如 Python 标准数据类型中的字符串、数字、元组。

(2)对可变数据类型的参数,函数可以改变其值,如 Python 标准数据类型中的列表、字典、集合。

【示例 1-15】举例说明。

```
>>> def change_nothing(var):
...     var="changed"
...
>>> def change_mabe(var):
...     var.append("new value")
...
>>> param1="hello"
>>> change_nothing(param1)        #传入参数为字符串，param1 的值不会改变
>>> param1
'hello'
>>> param2=["value"]
>>> change_mabe(param2)           #传入参数为列表，param2 的值可以被函数改变
>>> param2
['value', 'new value']
```

1.5.7 条件控制与循环语句

1. 条件控制

Python 的条件控制是通过一条或多条语句的执行结果（True 或 False）来决定执行的代码块。条件控制的流程如图 1.26 所示。

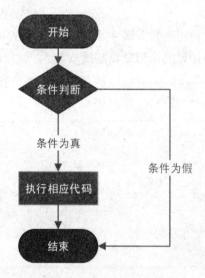

图 1.26　条件控制的流程

if 语句的一般形式如下：

```
if 条件1:
    语句1
elif 条件2:
    语句2
else:
    语句3
```

解释：如果条件 1 为真，则执行语句 1；如果条件 1 不为真，条件 2 为真，则执行语句 2；如果条件 1、条件 2 都不为真，则执行语句 3。其中 elif 和 else 语句不是必需的。

【示例 1-16】将下列代码保存为 lx_if.py。

```
1  def score(num):              #定义一个函数，判断得分属于哪个分类
2      if num>=90:
3          print(num,'excellent')
4      elif num>=80:
5          print(num,'fine')
6      elif num>=60:
7          print(num,'pass')
8      else:
9          print(num,'bad')
10 score(99)  #调用函数，下同
11 score(80)
12 score(70)
13 score(60)
14 score(59)
```

在命令窗口执行 python lx_if.py 后得到如下结果。

```
99 excellent
80 fine
70 pass
60 pass
59 bad
```

if 语句还可以用来实现问题表达式。例如：有整数变量 a、b、c，如果 a<b，那么 c=a，否则 c=b。我们可以用一行代码实现：

```
>>> a,b = 3,4
>>> c = a if a < b else b      # 如果a<b，则c=a，否则c=b
>>> print(c)
3
>>> a,b = 5,4
>>> c = a if a < b else b
>>> print(c)
4
```

2. 循环语句

Python 有两种方式来实现循环：while 语句和 for 语句。

while 语句的结构如下：

```
while 条件判断：
    执行语句1
else:
    执行语句2
```

当条件判断为真时执行语句 1，当条件判断为假时执行语句 2，其实只要不是死循环，语句 2 就一定会被执行。因此，while 语句的结构也可以如下：

```
while 条件判断:
    执行语句1
执行语句2
```

while 语句的流程如图 1.27 所示。

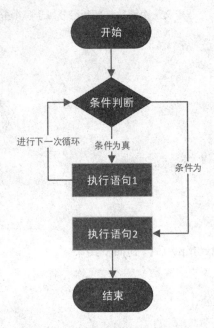

图 1.27 while 语句的流程

【示例 1-17】将下面的代码保存为 lx_while.py。

```
1  flag=True
2  while flag:
3      input_str=input("please input something,'q' for quit.-> ")
4      print("your input is %s" % input_str)
5      if input_str=='q':
6          flag=False
7  print("You're out of circulation.")
```

在命令窗口中执行 python lx_while.py，并尝试输入一些字符，结果如下。

```
please input something,'q' for quit.-> hello
your input is hello
please input something,'q' for quit.-> python
your input is python
please input something,'q' for quit.-> q
your input is q
You're out of circulation.
```

Python for 循环可以遍历任何序列的项目，如一个列表或一个字符串。for 循环的一般格式如下：

```
for <variable> in <sequence>:
    <statements>
```

```
else:
    <statements>
```

【示例 1-18】计算 1~1000 的所有整数的和。

```
>>> sum=0                      #定义求和的结果 sum, 初始为 0
>>> for i in range(1000):      #rang(1000)产生一个 1~1000 的整数列表
...     sum+=i                 #相当于 sum=sum+i 进行累加
...
>>> print(sum)                 #打印结果
499500
```

循环中的 break 语句和 continue 语句：从英文字面意思来理解即可，break 就是中断，跳出当前的循环，不再继续执行循环内的所有语句；continue 就是继续，程序运行至 continue 处时，不再执行 continue 后的循环语句，立即进行下一次循环判断。下面通过一个例子来了解两者的区别。

【示例 1-19】break 语句和 continue 语句的比较（lx_break_continue.py）。

```
1   print("break--------------")
2   count=0
3   while count<5:
4       print("aaa",count)
5       count+=1
6       if count==2:
7           break
8       print("bbb",count)
9
10  print("continue--------------")
11  count=0
12  while count<5:
13      print("aaa",count)
14      count+=1
15      if count==2:
16          continue
17      print("bbb",count)
```

在命令行中运行 python lx_break_continue.py 将得到如下结果。

```
break--------------
aaa 0
bbb 1
aaa 1
continue--------------
aaa 0
bbb 1
aaa 1
aaa 2
bbb 3
aaa 3
bbb 4
```

```
aaa 4
bbb 5
```

我们看到 break 直接跳出了循环，而 continue 只是跳过了其中一步（输出 bbb 2 的那一步）。

1.5.8 可迭代对象、迭代器和生成器

迭代是 Python 最强大的功能之一，是访问集合元素的一种方式。迭代器是一个可以记住遍历位置的对象。迭代器对象从集合的第一个元素开始访问，直到所有的元素被访问结束。迭代器只能往前不会后退。迭代器有两个基本的方法：iter() 和 next()。字符串、列表或元组对象都可用于创建迭代器。

首先来了解一下可迭代对象、迭代器和生成器的概念。

（1）可迭代对象：如果一个对象拥有__iter__方法，这个对象就是一个可迭代对象。在 Python 中，我们经常使用 for 来对某个对象进行遍历，此时被遍历的对象就是可迭代对象，常见的有列表、元组、字典。for 循环开始时自动调用可迭代对象的__iter__方法获取一个迭代器，for 循环时自动调用迭代器的 next 方法获取下一个元素，当调用可迭代器对象的 next 方法引发 StopIteration 异常时，结束 for 循环。

（2）迭代器：如果一个对象拥有__iter__方法和__next__方法，这个对象就是一个迭代器。

（3）生成器：生成器是一类特殊的迭代器，就是在需要时才产生结果，而不是立即产生结果。这样可以同时节省 CPU 和内存。有两种方法可以实现生成器：

- 生成器函数。使用 def 定义函数，使用 yield 而不是 return 语句返回结果。yield 语句一次返回一个结果，在每个结果中间挂起函数的状态，以便下次从它离开的地方继续执行。
- 生成器表达式。类似于列表推导，只不过是把一对大括号[]变换为一对小括号()。但是生成器表达式是按需产生一个生成器结果对象，要想拿到每一个元素，就需要循环遍历。

三者之间的关系如图 1.28 所示。

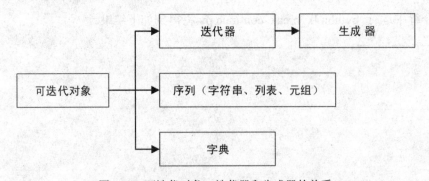

图 1.28　可迭代对象、迭代器和生成器的关系

可迭代对象包含迭代器、序列、字典；生成器是一种特殊的迭代器，下面分别举例说明。

【示例1-20】创建一个迭代器对象（lx_iterator.py）。

```
1  class MyListIterator(object):        # 定义迭代器类，其是MyList可迭代对象的迭代器类
2
3      def __init__(self, data):
4          self.data = data              # 上边界
5          self.now = 0                  # 当前迭代值，初始为0
6
7      def __iter__(self):
8          return self  # 返回该对象的迭代器类的实例；因为自己就是迭代器，所以返回self
9
10     def __next__(self):               # 迭代器类必须实现的方法
11         while self.now < self.data:
12             self.now += 1
13             return self.now - 1       # 返回当前迭代值
14         raise StopIteration           # 超出上边界，抛出异常
```

因为类 MyListIterator 实现了 __iter__ 方法和 __next__ 方法，所以它是一个迭代器对象。由于 __iter__ 方法本返的是迭代器（本身），因此它也是可迭代对象。迭代器必然是一个可迭代对象。

下面使用三种方法遍历迭代器 MyListIterator。

```
1  my_list = MyListIterator（5）         # 得到一个迭代器
2  print("使用for循环来遍历迭代器")
3  for i in my_list:
4      print(i)
5  my_list = MyListIterator（5）         # 重新得到一个可迭代对象
6  print("使用next来遍历迭代器")
7  print(next(my_list))
8  print(next(my_list))
9  print(next(my_list))
10 print(next(my_list))
11 print(next(my_list))
12 my_list = MyListIterator（5）         # 重新得到一个可迭代对象
13 print("同时使用next和for来遍历迭代器")
14 print("先使用两次next")
15 print(next(my_list))
16 print(next(my_list))
17 print("再使用for,会从第三个元素2开始输出")
18 for i in my_list:
19     print(i)
```

输出结果如下：

```
使用for循环来遍历迭代器
0
1
2
3
4
使用next来遍历迭代器
```

```
0
1
2
3
4
同时使用 next 和 for 来遍历迭代器
先使用两次 next
0
1
再使用 for，会从第三个元素 2 开始输出
2
3
4
```

从结果可以看出，for 循环实际上就是调用了迭代器的 __next__ 方法，当捕捉到 MyListIterator 异常时自动结束 for 循环。

【示例 1-21】创建一个可迭代对象。

```
1  class MyList(object):                    # 定义可迭代对象类
2      def __init__(self, num):
3          self.data = num                  # 上边界
4      def __iter__(self):
5          return MyListIterator(self.data) # 返回该可迭代对象的迭代器类的实例
```

因为对象 MyList 实现了 __iter__ 方法返回了迭代器类的实例，所以它是一个可迭代对象。遍历操作可使用 for 循环，不可使用 next()。for 循环实质上还是调用 MyListIterator 的 __next__ 方法。

```
1   my_list = MyList(5)                    # 得到一个可迭代对象
2   print("使用 for 循环来遍历可迭代对象 my_list")
3   for i in my_list:
4       print(i)
5   my_list = MyList(5)                    # 得到一个可迭代对象
6   print("使用 next 来遍历可迭代对象 my_list")
7   print(next(my_list))
8   print(next(my_list))
9   print(next(my_list))
10  print(next(my_list))
11  print(next(my_list))
```

输出结果如下：

```
使用 for 循环来遍历可迭代对象 my_list
0
1
2
3
4
使用 next 来遍历可迭代对象 my_list
   print(next(my_list))
```

```
TypeError: 'MyList' object is not an iterator
```

从运行结果知道,可迭代对象如果没有__next__方法,则无法通过next()进行遍历。

【示例 1-22】创建一个生成器,像定义一般函数一样,只不过使用 yield 返回中间结果。生成器是一种特殊的迭代器,自动实现了迭代器协议,即__iter__方法和 next 方法,不需要再手动实现两个方法。创建生成器:

```
1  def myList(num):                    # 定义生成器
2      now = 0                         # 当前迭代值,初始为 0
3      while now < num:
4          val = (yield now)           # 返回当前迭代值,
5          now = now + 1 if val is None else val  # val 为 None,迭代值自增 1,否则重新
设定当前迭代值为 val
```

遍历生成器:

```
1   my_list = myList(5)                # 得到一个生成器对象
2   print("for 循环遍历生成器 myList")
3   for i in my_list:
4       print(i)
5
6   my_list = myList(5)                # 得到一个生成器对象
7   print("next 遍历生成器 myList")
8   print(next(my_list))               # 返回当前迭代值
9   print(next(my_list))               # 返回当前迭代值
10  print(next(my_list))               # 返回当前迭代值
11  print(next(my_list))               # 返回当前迭代值
12  print(next(my_list))               # 返回当前迭代值
```

运行结果如下:

```
for 循环遍历生成器 myList
0
1
2
3
4
next 遍历生成器 myList
0
1
2
3
4
```

具有 yield 关键字的函数都是生成器,yield 可以理解为 return,返回后面的值给调用者。不同的是 return 返回后,函数会释放,而生成器则不会。在直接调用 next 方法或用 for 语句进行下一次迭代时,生成器会从 yield 下一句开始执行,直至遇到下一个 yield。

1.5.9 对象赋值、浅复制、深复制

Python 中对象的赋值,复制(深/浅复制)之间是有差异的,如果使用时不注意,就可能导致程序崩溃或严重 bug。下面就通过简单的例子来介绍这些概念之间的差别。

【示例1-23】 对象赋值操作（testFuzhi.py）。

```
1   # encoding=utf-8
2   
3   object1 = ["Will", 28, ["Python", "C#", "JavaScript"]]
4   # 对象赋值
5   object2 = object1
6   print(f"id of object1 {id(object1)}")
7   print(object1)
8   print([id(ele) for ele in object1])
9   
10  
11  print(f"id of object2 {id(object2)}")
12  print(object2)
13  print([id(ele) for ele in object2])
14  
15  
16  # 尝试改为object1，然后看object2的变化
17  
18  object1[0] = "Wilber"
19  object1[2].append("CSS")
20  print("更改object1之后")
21  print(f"id of object1 {id(object1)}")
22  print(object1)
23  print([id(ele) for ele in object1])
24  
25  
26  print(f"id of object2 {id(object2)}")
27  print(object2)
28  print([id(ele) for ele in object2])
```

输出结果如图1.29所示。

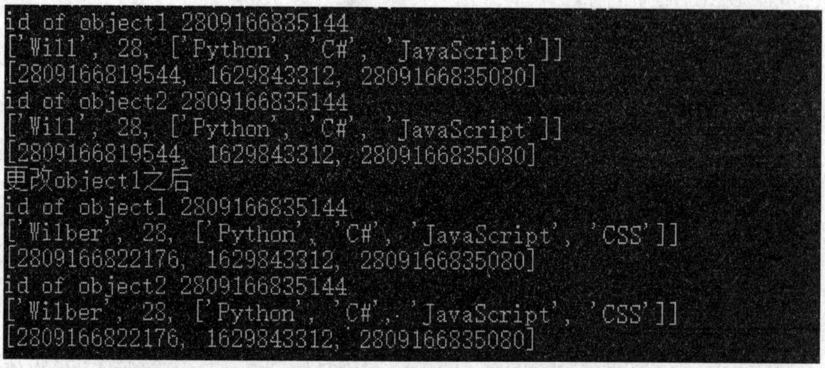

图1.29 对象赋值操作

下面来分析代码：首先第3行创建了一个名为object1的变量，这个变量指向一个list对象，第5行将object1赋给object2，然后打印它们及它们指向的对象在内存中的地址（通过id函数）。第18和19行修改object1，然后分别打印object1与object2在内存中的地址。从运行结果来看，无论是object1还是object2，它们都向同一个内存地址，即指向的都是同一个对象，也就是说"object1 is object2 and object1[i] is object2[i]"，对object1的操作同样会反应到

object2 上，打印 object1 和 object2 的结果始终是显示一致的。

【示例 1-24】浅复制操作（testCopy.py）。

```
1  # encoding=utf-8
2  import copy
3  object1 = ["Will", 28, ["Python", "C#", "JavaScript"]]
4  # 对象复制
5  object2 = copy.copy(object1)
6  print(f"id of object1 {id(object1)}")
7  print(object1)
8  print([id(ele) for ele in object1])
9
10
11 print(f"id of object2 {id(object2)}")
12 print(object2)
13 print([id(ele) for ele in object2])
14
15
16 # 尝试改为object1 ,然后看object2 的变化
17
18 object1[0] = "Wilber"
19 object1[2].append("CSS")
20 print("更改object1之后")
21 print(f"id of object1 {id(object1)}")
22 print(object1)
23 print([id(ele) for ele in object1])
24
25
26 print(f"id of object2 {id(object2)}")
27 print(object2)
28 print([id(ele) for ele in object2])
```

运行结果如图 1.30 所示。

```
id of object1 3181601832072
['Will', 28, ['Python', 'C#', 'JavaScript']]
[3181600370904, 1629843312, 3181601831880]
id of object2 3181601907144
['Will', 28, ['Python', 'C#', 'JavaScript']]
[3181600370904, 1629843312, 3181601831880]
更改object1之后
id of object1 3181601832072
['Wilber', 28, ['Python', 'C#', 'JavaScript', 'CSS']]
[3181600373536, 1629843312, 3181601831880]
id of object2 3181601907144
['Will', 28, ['Python', 'C#', 'JavaScript', 'CSS']]
[3181600370904, 1629843312, 3181601831880]
```

图 1.30 浅复制操作

代码说明：与 testFuzhi.py 不同的是，第 2 行导入 copy 模块，第 5 行调用 copy 模块的 copy 函数来为 object2 进行赋值，也就是浅复制操作。从运行结果来看，object1 与 object2 指向内存中的不同位置，它们属于两个不同的对象，但列表内部仍指向同一个位置。修改了 object1[0] = "Wilber"后，object1 对象的第一个元素指向了新的字符串常量"Wilber"，而 object2 仍指向

"Will"。执行 object1[2].append("CSS")时 object1[2]的地址并未改变,object1 与 object2 的第三个元素仍指向此子列表。

总结一下浅复制:通过 copy 模块中的浅复制函数 copy()对 object1 指向的对象进行浅复制,然后浅复制生成的新对象赋值给 object2 变量。浅复制会创建一个新的对象,这个例子中"object1 is not object2",但是对于对象中的元素,浅复制就只会使用原始元素的引用(内存地址),也就是说,"wilber[i] is will[i]"。当对 object1 进行修改时由于 list 的第一个元素是不可变类型,因此 object1 对应的 list 的第一个元素会使用一个新的对象,但是 list 的第三个元素是一个可变类型,修改操作不会产生新的对象,object1 的修改结果会就相应地反应到 object2 上。

【示例 1-25】深复制操作(testDeepCopy.py)。

```
1  # encoding=utf-8
2  import copy
3  object1 = ["Will", 28, ["Python", "C#", "JavaScript"]]
4  # 对象复制
5  object2 = copy.deepcopy(object1)
6  print(f"id of object1 {id(object1)}")
7  print(object1)
8  print([id(ele) for ele in object1])
9
10 print(f"id of object2 {id(object2)}")
11 print(object2)
12 print([id(ele) for ele in object2])
13
14 # 尝试改为object1,然后看object2的变化
15 object1[0] = "Wilber"
16 object1[2].append("CSS")
17 print("更改object1之后")
18 print(f"id of object1 {id(object1)}")
19 print(object1)
20 print([id(ele) for ele in object1])
21
22
23 print(f"id of object2 {id(object2)}")
24 print(object2)
25 print([id(ele) for ele in object2])
```

运行结果如图 1.31 所示。

```
id of object1 1151605882120
['Will', 28, ['Python', 'C#', 'JavaScript']]
[1151604420824, 1626304368, 1151605881928]
id of object2 1151605989960
['Will', 28, ['Python', 'C#', 'JavaScript']]
[1151604420824, 1626304368, 1151605989896]
更改object1之后
id of object1 1151605882120
['Wilber', 28, ['Python', 'C#', 'JavaScript', 'CSS']]
[1151604423456, 1626304368, 1151605881928]
id of object2 1151605989960
['Will', 28, ['Python', 'C#', 'JavaScript']]
[1151604420824, 1626304368, 1151605989896]
```

图 1.31　深复制操作

从运行结果来看，这个非常容易理解，就是创建了一个与之前对象完全独立的对象。通过 copy 模块中的深复制函数 deepcopy() 对 object1 指向的对象进行深复制，然后深复制生成的新对象赋值给 object2 变量。与浅复制类似，深复制也会创建一个新的对象，这个例子中"object1 is not object2"，但是对于对象中的元素，深复制都会重新生成一份（有特殊情况，下面会说明），而不是简单地使用原始元素的引用（内存地址）。也就是说，" object1[i] is not object2[i]"。

复制有一些特殊情况：

- 对于原子数据类型（如数字、字符串、只含不可变数据类型的元组）没有复制一说，赋值操作相当于产生一个新的对象，对原对象的修改不影响新对象。简言之，赋值操作与浅复制和深复制的效果是一样的。
- 如果元组变量只包含原子类型对象，深复制就不会重新生成对象，这其实是 Python 解释器内部的一种优化机制，对于只包含原子类型对象的元组，如果它们的值相等，就在内存中保留一份，类似的还有小整数从 -5~256。在内存中只保留一份，可节省内存，提高访问速度，如图 1.32 所示。

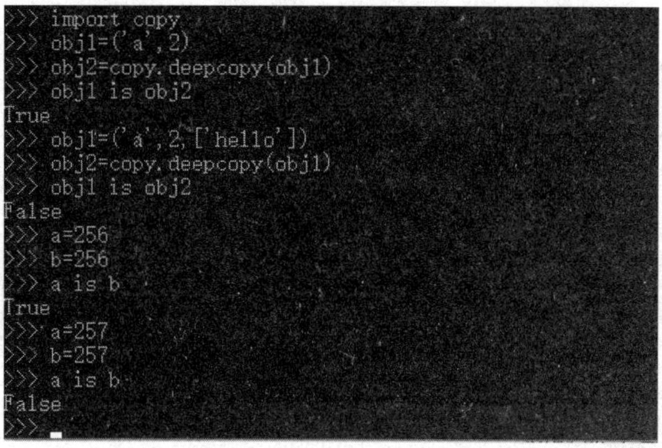

图 1.32 元组的深复制

1.6 多个例子实战 Python 编程

本节通过几个实用的例子来复习 Python 语法。

1.6.1 实战 1：九九乘法表

本例技术点：打印小学乘法口诀表（练习 for 循环、字符串格式化）。
我们看到的九九乘法口诀表一般如图 1.33 所示。

1×1=1								
1×2=2	2×2=4							
1×3=3	2×3=6	3×3=9						
1×4=4	2×4=8	3×4=12	4×4=16					
1×5=5	2×5=10	3×5=15	4×5=20	5×5=25				
1×6=6	2×6=12	3×6=18	4×6=24	5×6=30	6×6=36			
1×7=7	2×7=14	3×7=21	4×7=28	5×7=35	6×7=42	7×7=49		
1×8=8	2×8=16	3×8=24	4×8=32	5×8=40	6×8=48	7×8=56	8×8=64	
1×9=9	2×9=18	3×9=27	4×9=36	5×9=45	6×9=54	7×9=63	8×9=72	9×9=81

图 1.33　九九乘法口诀表

第一步：定义乘数 x，即每一行中不变的那个数；定义被乘数 y，即每一行的乘以乘数 x，依次递增 1，但不超过 x 的数。

第二步：print 被乘数、乘数、积的相关信息，当乘数增加 1 时，输出一个换行。

第三步：格式化输出最大长度为 6 的字符串，右补空格，以显示整齐。

代码如下（example_99.py）：

```
1  # -*- coding: utf-8 -*-
2  for x in range(1,10):                    #x 是乘数
3      for y in range(1,x+1):               #y 是被乘数
4          print(f"{y}x{x}={x*y}".ljust(6),end=' ') #使用新特性格式化字符串，也可以使用 format,%等格式化，其中 ljust(6)左对齐，长度为 6，右补空格
5      print("")                            #打印一个换行
```

保存为 99.py，在命令窗口输入 python example_99.py，运行结果如图 1.34 所示。

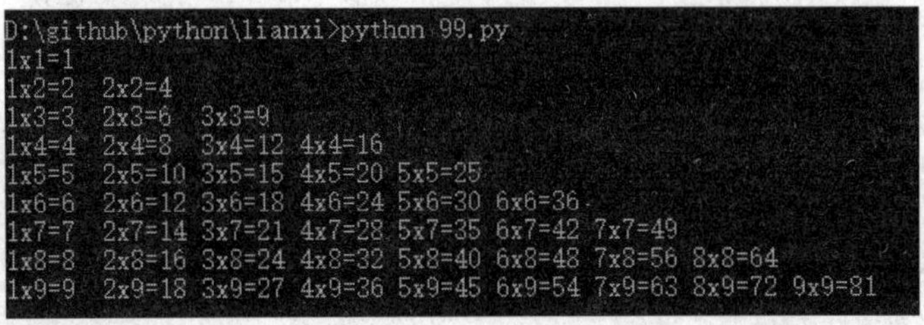

图 1.34　运行结果

1.6.2　实战 2：发放奖金的梯度

企业发放的奖金根据利润提成，利润(I)低于或等于 10 万元时，奖金可提 10%；利润高于 10 万元低于 20 万元时，低于 10 万元的部分按 10%提成，高于 10 万元的部分可提成 7.5%；20 万元到 40 万元之间时，高于 20 万元的部分可提成 5%；40 万元到 60 万元之间时，高于 40 万元的部分可提成 3%；60 万元到 100 万元之间时，高于 60 万元的部分可提成 1.5%；高于 100 万元时，超过 100 万元的部分按 1%提成。计算给定的利润 I，应发奖金总数。

本例技术点：利用数组（列表）来分界和定位。

代码如下（reward_demo.py）：

```
1   # -*- coding: UTF-8 -*-
2
3   arr = [1000000, 600000, 400000, 200000, 100000, 0]  #定义利润列表
4   rat = [0.01, 0.015, 0.03, 0.05, 0.075, 0.1] #定义提成比例列表，与利润列表一一对应
5
6
7   while True:
8       i = input('净利润(q退出)：')          #获取用户输入
9       if i == 'q':
10          exit(0)                              #退出程序
11      if not i.isdigit():                     #如果不是数字，则重新开始循环，重新输入数据
12          continue
13      reward = []                             #定义奖金列表，存放每一区间计算的奖金
14      print("奖金为：",end='')                 #不换行
15      I=int(i)
16      for idx in range(0, 6):
17          if I > arr[idx]:
18              reward.append ((I - arr[idx]) * rat[idx])#将每一区间的奖金存放在奖金列表中
19              I = arr[idx]
20      reward.reverse()                        #逆序奖金列表，目的为方便输出
21      if(len(reward)) == 1:                   #如果只有一个，直接输出
22          print(reward[0])
23      else:
24          print(" + ".join([str(num) for num in reward]),"=",sum(reward))
#输出每个区间的奖金，并求和
```

执行 python reward_demo.py 依次输入利润数据，结果如图 1.35 所示。

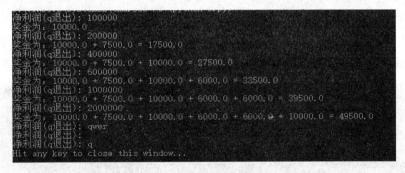

图 1.35　运行结果

通过本例，我们可以练习 Python 的输入输出、列表的运用、continue 的作用、列表推导式等。

1.6.3　实战 3：递归获取目录下文件的修改时间

列出某一文件目录下的所有文件（包括其子目录文件），打印修改时间，距当前时间有几天几时几分。

本例技术点：使用标准库 os 模块的 os.walk 方法，使用 datetime 模拟计算时间差。

代码如下:

```
1   # encoding=utf-8
2
3   import os
4   import datetime
5
6   # 循环 e:\job 目录和子目录，r 表示原始字符串，不含转义字符
7   print(f"当前时间: {datetime.datetime.now().strftime('%Y-%m-%d %H:%M:%S')}")
8   for root, dirs, files in os.walk(r"e:\job"):
9       for file in files:
10          # 获取文件的绝对路径
11          absPathFile = os.path.join(root, file)
12          # 获取修改时间并转化为 datetime 类型
13          modifiedTime = datetime.datetime.fromtimestamp(os.path.getmtime(absPathFile))
14          now = datetime.datetime.now()        # 获取当前时间
15          diffTime = now - modifiedTime        # 获取时间差
16          # 打印相关信息，ljust(25)表示该字符串，若不足 25 字节，则右补空格
17          # diffTime.days 指间隔的天数，diffTime.seconds 表示间隔除了天数外还剩余的秒数，将其转化为时和分
18          # diffTime.seconds//3600：对 3600 秒取整表示小时数
19          # (diffTime.seconds%3600)//60：先对 3600 秒取余，再对 60 秒取整，表示分钟数
20          # print(f"{absPathFile}".ljust(25), f"修改时间[{modifiedTime.strftime('%Y-%m-%d %H:%M:%S')}] \
21          # 距今[{diffTime.days}天{diffTime.seconds//3600}时{(diffTime.seconds%3600)//60}分]")
22          print(
23              f"{absPathFile:<27s}修改时间[{modifiedTime.strftime('%Y-%m-%d %H:%M:%S')}] 距今[{diffTime.days:3d}天{diffTime.seconds//3600:2d}时{(diffTime.seconds%3600)//60:2d}分]"
24          )
```

将上述代码保存为 example_fileModifiedTime.py，在命令窗口执行 python example_fileModifiedTime.py，运行结果如图 1.36 所示。

图 1.36 运行结果

本例稍做修改可以用于运维自动删除 N 天前的文件，读者可自行实践。

1.6.4　实战 4：两行代码查找替换 3 或 5 的倍数

列出 1~20 的数字，若是 3 的倍数就用 apple 代替，若是 5 的倍数就用 orange 代替，若既是 3 的倍数又是 5 的倍数，就用 appleorange 代替。注意，只能使用两行代码。

本例技术点：若是一般的思路，则肯定是一个 for 循环，再加上 if else 等操作。本例的目的是练习使用字符串的切片操作，代码及运行结果如图 1.37 所示。

```
>>> for i in range(1,21):
...     print("apple"[i%3*5:]+"orange"[i%5*6:] or i)
...
1
2
apple
4
orange
apple
7
8
apple
orange
11
apple
13
14
appleorange
16
17
apple
19
orange
```

图 1.37　两行代码实现

其实算法很简单，就是 i 对 3 和 5 取余，如果为 0，则从下标 0*5=0 开始切片，就取到了 apple；如果余数不为 0，则最小是从下标 1*5=5 开始切片，就取到字符串为空。即“apple”[5:] 的结果为空。最后使用了 or 关键字，print(A or B)的含义：如果 A 为 True，则结果为 True；当 A 是 False 再判断 B，如果 B 是 True，则结果是 True。

1.6.5　实战 5：一行代码的实现

本例要求使用一行代码就实现实例 4 的运行结果。

本例技术点：学习使用列表推导式及字符串与列表的 join 操作。

代码及运行结果如图 1.38 所示。

```
>>> print("\n".join([str("apple"[i%3*5:]+"orange"[i%5*6:] or i) for i in range(1,21)]))
1
2
apple
4
orange
apple
7
8
apple
orange
11
apple
13
14
appleorange
16
17
apple
19
orange
```

图 1.38　一行代码实现

1.7 pip 工具的使用

在实际编写 Python 程序时会经常用到第三方库包,如果不依赖工具,我们就需要去 pypi 网站上下载相应的压缩包并解压,执行命令 python setup.py install 进行安装。如果不顺利的话,命令就会提示缺少相应的依赖包,然后下载依赖包,在安装依赖包时,可能还会需要再安装依赖包的依赖包。读者可能会想:这种繁杂重复的过程为什么不交给程序来完成呢?想得没错,pip 工具就是为解决包的问题而生的。

pip 是 Python 最优秀的包管理工具之一,作为 easy_install 工具的升级版,将来完全可以取代 easy_install。

下面从 pip 的安装和使用来做一个简单的介绍。

1. 安装

目前 Python 版本 Python2.7.9 以上或 Python3.4 以上版本都自带 pip 工具,在命令行中输入 pip –version,如果有相关的版本信息,则说明 pip 工具已经安装,可以直接使用。

如果显示没有这个命令,则需要手动安装。安装过程也相当简单,执行下面两步即可:

(1)下载 get-pip.py https://bootstrap.pypa.io/get-pip.py。

(2)执行 Python get-pip.py,即为当前版本的 Python 环境安装 pip。

2. 使用

在命令窗口输入 "pip –help" 可以查看 pip 的帮助文档,如图 1.39 所示。

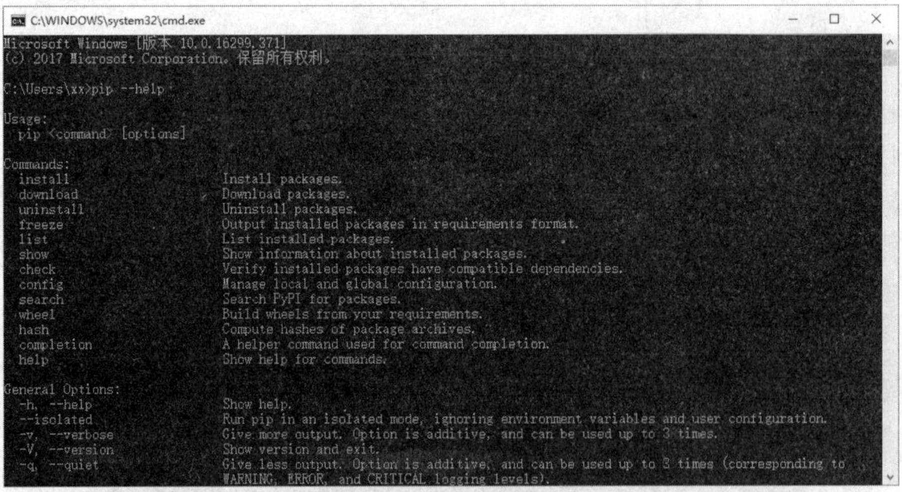

图 1.39 pip 帮助指南

pip 支持命令从上到下依次为安装、下载、卸载、生成 requirements 文件、列出已安装的包、显示安装包的信息、检查、配置、查找、从 requirements 文件生成轮子、计划包 hash 值、命令补全、帮助。

常用的命令为前三个：install、download、uninstall。

如何使用 pip 安装所需要的包呢？请在命令行输入"pip install –help"。如果使用 download 命令，请在命令行输入"pip download –help"进行查看，如图 1.40 所示。

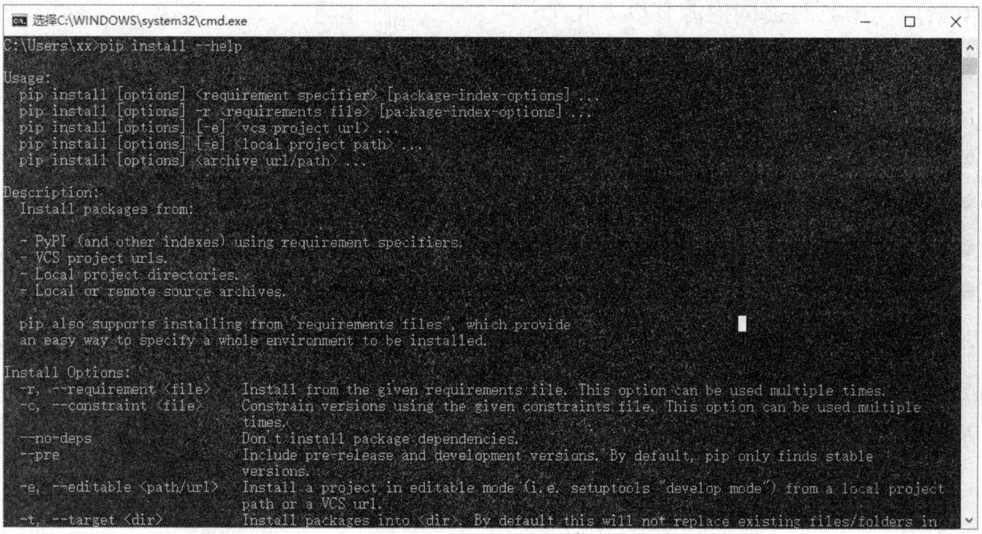

图 1.40 pip 帮助

如果有不认识的单词，请及时查阅字典，查看帮助文档是我们学习工具最快的方法。下面对常用的一些命令进行简单介绍。

（1）在线安装：pip install packgename，例如 pip install watchdog 会自动下载 watchdog 及其依赖的包并自动完成安装。

（2）离线安装：pip install --find-links filepath --no-index packgename，这段话告诉 pip 仅从 filepath 查找相应的包信息并安装。需要我们提前在 filepath 路径准备好待安装的包及其依赖的包。filepath 也可以是一个 url。

（3）卸载包：pip uninstall packgename。

（4）查看已安装的包：pip list。

（5）将已安装的包生成 requirements 文件：pip freeze > re.txt 。requirements 文件有什么用呢？用处非常大。如果你在机器 A 上部署了一个应用，现在你需要在机器 B 上部署同样的应用，再一个包一个包的安装就太低效了。一般的方法是这样的：在 A 上生成 re.txt ，将 re.txt 传到 B 上，在 B 上执行 pip install -r re.txt 即可自动安装 re.txt 中指定的包。

（6）下载包：pip download packagename，该命令下载包至当前路径。如果下载到指定路径 path，可以这样执行：pip download --dest path packagename。如果当前版本是 Python3.6，想下载 Python2.7 相应的软件包，则执行 pip download --dest path --Python-version 27 packagename。

（7）下载 requirements 文件中的包：pip download -r requirements.txt。

（8）查看哪些包可以更新: pip list –outdated。

以上命令基本可以满足我们的日常需求，如果有特殊情况，比如只下载二进制包安装，或者只下载源代码包安装,则需要加--only-binary 或--no-binary 等参数,可参考 pip 帮助文档。

下载速度优化:如果安装一些较大的包,我们会发现下载的速度比较慢,是因为 pip 默认的安装源都在国外,所以把 pip 安装源替换成国内镜像,不仅可以大幅提升下载速度,还可以提高安装成功率。目前国内源有以下几个:

- 清华:https://pypi.tuna.tsinghua.edu.cn/simple。
- 阿里云:http://mirrors.aliyun.com/pypi/simple/。
- 中国科技大学:https://pypi.mirrors.ustc.edu.cn/simple/。
- 华中理工大学:http://pypi.hustunique.com/。
- 山东理工大学:http://pypi.sdutLinux.org/ 。
- 豆瓣:http://pypi.douban.com/simple/。

临时使用国内的源可以在使用 pip 时加参数 -i,如 pip install -i https://pypi.tuna.tsinghua.edu.cn/simple pyspider,这样就会从清华这边的镜像去安装 pyspider 库。

如果想永久修改默认的源,一劳永逸,就可以将 pip 的配置文件修改为以下内容(其他的源类比):

```
[global]
index-url = https://pypi.tuna.tsinghua.edu.cn/simple
```

Linux 下,修改 ~/.pip/pip.conf(没有就创建一个文件及文件夹,文件夹要加".",表示隐藏文件夹)。

Windows 下,直接在 user 目录中创建一个 pip 目录,如 C:\Users\xx\pip,新建文件 pip.ini,内容同上。

第 2 章 基础运维

本章主要从文本处理、系统监控、日志、FTP、邮件监控、微信监控等方面来介绍基础运维的相关知识。

2.1 文本处理

在日常的运维工作中一般都离不开与文本,如日志分析、编码转换、ETL 加工等。本节从编码原理、文件操作、读写配置文件、解析 XML 等实用编程知识出发,希望能抛砖引玉,为读者在处理文本问题时提供可实践的方法。

2.1.1 Python 编码解码

我们编写程序处理文本的时候,不可避免地遇到各种各样的编码问题,如果对编码解码过程一知半解,遇到这类问题就会很棘手。本小节从编码解码的原理出发,结合 Python 3 代码实例一步步揭开文本编码的面纱,编码解码的原理是相通的,学会编码解码,对学习其他编程语言也非常有帮助。

首先我们需要明白,计算机只处理二进制数据,如果要处理文本,就需要将文本转换为二进制数据,再由计算机进行处理。

将文本转换为二进制数据就是编码,将二进制数据转换为文本就是解码。编码和解码要按照一定的规则进行,这个规则就是字符集。

以常见的 ASCII 编码为例,字符'a'在 ASCII 码表中对应的数据是 97,二进制是 1100001。下面在 Python 中验证一下:

```
>>> ord('a')          #查看'a' 的ASCII 编码
97
>>> bin(ord('a'))     #转换为二进制
'0b1100001'
>>> chr(97)           #将十进制数字转为ascii 字符
'a'
```

由于 ASCII 编码只占用一个字节,也就是二进制 8 位,共有 2^8 256 种可能,完全可以覆盖英文大小写字母及特殊符号。而我们中文汉字远超过 256 个,使用 ASCII 编码的一个字节来处理中文显然是不够用的,于是我国就制订了支持中文的 GB2312 编码,使用两个字节,可

以支持 2^{16} 共 65536 种汉字,可以覆盖常用的中文汉字 60370 个(当代《汉语大字典》(2010 年版)收字 60370 个)。

例如:汉字的"汉"。

```
>>> "汉".encode('gb2312')  #将"汉"以GB2312 编码 得到 16 进制字节码 b'\xba\xba' 转换为 10 进制为 186,186,占用两个字节
b'\xba\xba'
>>> (b'\xba\xba').decode('gb2312')  #将字节解码得到汉
'汉'
>>> list("汉".encode('gb2312'))
[186, 186]
```

在这里介绍几种常见的中文编码。

- GB2312 或 GB2312-80 是中国国家标准简体中文字符集,共收录 6763 个汉字,同时收录了包括拉丁字母、希腊字母、日文平假名及片假名字母、俄语西里尔字母在内的 682 个字符。
- GBK 即汉字内码扩展规范,共收入 21886 个汉字和图形符号。
- GB 8030 与 GB2312-1980 和 GBK 兼容,共收录汉字 70244 个,是一二四字节变长编码。

由上可以看出支持的汉字范围:GB18030 > GBK > GB2312。

对于一些生僻字,可能需要 GBK 或 GB18030 进行编码,如"祎"。

```
>>> "祎".encode("gb2312")  #GB 2312 没有祎字的编码,报错
Traceback (most recent call last):
  File "<stdin>", line 1, in <module>
UnicodeEncodeError: 'gb2312' codec can't encode character '\u794e' in position 0: illegal multibyte sequence
>>> "祎".encode("gbk")
b'\xb5t'
>>> list("祎".encode("gbk"))
[181, 116]
>>> "祎".encode("gb18030")
b'\xb5t'
>>> list("祎".encode("gb18030"))
[181, 116]
```

这仅仅是适用中文文本的一个编码,全世界有上百种语言,每种语言都设计自己独特的编码,这样计算机在跨语言进行信息传输时还是无法沟通(出现乱码)的,于是 Unicode 编码应运而生,Unicode 使用 2~4 个字节编码,已经收录 136690 个字符,并且还在一直不断扩张中。把所有语言统一到一套编码中,这套编码就是 Unicode 编码。使用 Unicode 编码,无论处理什么文本都不会出现乱码问题。Unicode 编码使用两个字节(16 位 bit)表示一个字符,比较偏僻的字符需要使用 4 个字节。

Unicode 起到以下作用。

- 直接支持全球所有语言,每个国家都可以不用再使用自己之前的旧编码了,用 Unicode 就可以。

- Unicode 包含了与全球所有国家编码的映射关系。

几乎所有的系统、编程语言都默认支持 Unicode。但是新的问题又来了，如果一段纯英文文本，用 Unicode 编码存储就会比用 ASCII 编码多占用一倍空间！存储和网络传输时一般数据都会非常多。为了解决上述问题，UTF 编码应运而生，UTF 编码将一个 Unicode 字符编码成 1~6 个字节，常用的英文字母被编码成 1 个字节，汉字通常是 3 个字节，只有很生僻的字符才会被编码成 4~6 个字节。注意，从 Unicode 到 UTF 并不是直接对应的，而是通过一些算法和规则来转换的。UTF 编码有以下三种。

- UTF-8：使用 1、2、3、4 个字节表示所有字符，优先使用 1 个字节，若无法满足，则增加一个字节，最多 4 个字节。英文占 1 个字节、欧洲语系占 2 个字节、东亚占 3 个字节，其他及特殊字符占 4 个字节。
- UTF-16：使用 2、4 个字节表示所有字符，优先使用 2 个字节，否则使用 4 个字节表示。
- UTF-32：使用 4 个字节表示所有字符。

例如：汉字的"汉"，在 UTF-8 字符集中 3 个字节。

```
>>> list("汉".encode("utf-8"))
[230, 177, 137]
```

而英文无论采集哪种编码，都是一致的。如果使用纯英文编写代码，就基本不会遇到编码问题。如"a"在 ASCII、GBK、UTF-8 中的编码结果都是一致的。

```
>>> list("a".encode("ascii"))
[97]
>>> list("a".encode("gbk"))
[97]
>>> list("a".encode("utf-8"))
[97]
```

下面结合 Python 代码实例来理解编码，如图 2.1 所示。

```
1  # -*- coding: utf-8 -*-
2  # 本文件应该保存为utf-8编码，否则会报错
3
4  str = "我是中国人"
5  print(f'Unicode字符串为"{str}"')
6  byte0 = str.encode("utf-8")
7  print(f'Unicode字符串"{str}"以utf-8编码得到字节串[{byte0}]')
8  str0 = byte0.decode("utf-8")
9  print(f'将utf-8字节串[{byte0}]解码得到Unicode字符串"{str0}"')
10 byte1 = str.encode("gbk")
11 print(f'Unicode字符串"{str}"以gbk编码得到字节串[{byte1}]')
12 str1 = byte1.decode("gbk")
13 print(f'将gbk字节串[{byte1}]解码得到Unicode字符串"{str1}"')
14
15 print(f'以文本方式将Unicode字符串"{str}"写入a.txt')
16
17 with open("a.txt", "w", encoding="gbk") as f:
18     f.write(str)
19
20 print("以文本方式读取 a.txt 的内容")
21 with open("a.txt", "r", encoding="gbk") as f:
22     print(f.read())
```

图 2.1　代码实例

我们使用 vim 编辑器编写 str_encode_decode.py，在第一行指定 Python 解释器以 UTF-8 编码解码源文件，并保存为 UTF-8 编码的文本文件，然后运行程序。这一编码解码过的程如图 2.2 所示。

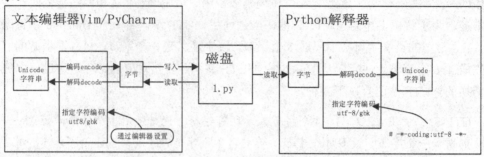

图 2.2　Python 源代码的编码解码过程

上图中的 Unicode 字符串就是我们在编辑器中看到的字符串，如"我是中国人"这个字符串，在 Python 3 中所定义的字符串就是 Unicode 字符串。Unicode 字符串可以编码为任意编码格式的字节码，解码时使用同一编码解码即可得到原来的 Unicode 字符串。

上述 1.py 的第 5 行将 Unicode 字符串内容以 UTF-8 的编码方式写入到 a.txt，第 9 行从 a.txt 读取内容并以 UTF-8 的编码解码输出 Unicode 字符串，确保写入编码和读取编码一致就不会出现编码问题。

上述代码的运行结果如图 2.3 所示。

```
Unicode字符串为"我是中国人"
Unicode字符串"我是中国人"以utf-8编码得到字节串[b'\xe6\x88\x91\xe6\x98\xaf\xe4\xb8\xad\xe5\x9b\xbd\xe4\xba\xba']
将utf-8字节串[b'\xe6\x88\x91\xe6\x98\xaf\xe4\xb8\xad\xe5\x9b\xbd\xe4\xba\xba']解码得到Unicode字符串"我是中国人"
Unicode字符串"我是中国人"以gbk编码得到字节串[b'\xce\xd2\xca\xc7\xd6\xd0\xb9\xfa\xc8\xcb']
将gbk字节串[b'\xce\xd2\xca\xc7\xd6\xd0\xb9\xfa\xc8\xcb']解码得到Unicode字符串"我是中国人"
以文本方式向Unicode字符串"我是中国人"写入a.txt
以文本方式读取 a.txt 的内容
我是中国人
```

图 2.3　运行结果

在这里顺带介绍一下 Python 语言中 with … as … 的用法。有一些任务，可能事先需要设置，事后做清理工作。对于这种场景，Python 的 with 语句提供了一种非常方便的处理方式。一个很好的例子是文件处理，你需要获取一个文件句柄，并从文件中读取数据，然后关闭文件句柄。如果不用 with 语句，代码如下：

```
1  file = open("a.txt")
2  data = file.read()
3  file.close()
```

这里有两个问题：一是可能忘记关闭文件句柄；二是文件读取数据发生异常，没有进行任何处理。下面是处理异常的加强版本：

```
1  file = open("a.txt")
2  try:      #尝试运行下面的代码
3     data = file.read()
4  finally:  #无论上面的代码是否抛出异常，下面的代码都将执行
```

```
5    file.close()
```

虽然这段代码运行良好，但是太冗长了，这时候就是 with 一展身手的时候了。除了有更优雅的语法，with 还可以很好地处理上下文环境产生的异常。下面是 with 版本的代码：

```
1  with open("a.txt") as file:
2      data = file.read()
```

with 语句里是怎么执行的呢？Python 对 with 的处理是非常聪明的，with 所求值的对象必须有 __enter__()方法和 __exit__()方法，紧跟 with 后面的语句被求值后，调用对象的 __enter__()方法，该方法的返回值将被赋值给 as 后面的变量。当 with 后面的代码块全部被执行之后，将调用前面返回对象的 __exit__()方法来收尾。

读者可能会有疑问，如果编写 Python 程序时未指定 Python 解释器以何种编码解码呢？答案是使用系统的默认编码。默认编码可以通过 sys.getdefaultencoding()来查看 Python 解释器会用的默认编码，以 Windows 系统为例：

```
>>> import sys
>>> sys.getdefaultencoding()
'utf-8'
>>>
```

说明在此电脑上 Python 解释器默认使用的是 UTF-8 编码，如果不指定 Python 解释器以何种编码解码，则默认以 UTF-8 方式解码源文件，因此在保存源代码文件时请确保以 UTF-8 编码保存。

2.1.2 文件操作

用 Python 或其他语言编写应用程序时，若想把数据永久保存下来，必须保存于硬盘中，这就涉及我们编写应用程序来操作硬件，而应用程序是无法直接操作硬件的，需要通知操作系统，由操作系统完成复杂的硬件操作。操作系统把复杂的硬件操作封装成简单的接口给用户/应用程序使用，其中文件就是操作系统提供给应用程序来操作硬盘虚拟接口，用户或应用程序通过操作文件，可以将自己的数据永久保存下来。有了文件的概念，我们无须再考虑操作硬盘的细节，只需要关注操作文件的流程即可。

（1）打开文件，得到一个文件句柄，并赋值给一个变量。
（2）通过句柄对文件进行操作。
（3）关闭文件。

1. 普通文件操作

Python 文件操作也是非常简单，只需要一个 open 函数返回一个文件句柄，无须导入任何模块。

```
1  f=open("a.txt")         # 打开文件，得到一个文件句柄，并赋值给一个变量
2  print(f.read())              #打印读取文件的内容
3  f.close()                    #关闭文件
```

open 函数原型如下：

```
open(file, mode='r', buffering=-1, encoding=None, errors=None, newline=None,
closefd=True, opener=None)
```

其中：

（1）参数 file 是一个表示文件名称的字符串，如果文件不在程序当前的路径下，就需要在前面加上相对路径或绝对路径。

（2）参数 mode 是一个可选字参数，指示打开文件的方式，若不指定，则默认为以读文本的方式打开文件。字符串及含义可参见表 2-1。

表 2-1 字符串及含义

字符串	含义
'r'	以读的方式打开（默认）
'w'	以写的方式打开文件，会先清空文件
'x'	创建一个新文件，以写方式打开
'a'	以写的方式打开文件，如果文件已存在，就在文件最后位置追加内容
'b'	以二进制方式打开，可以和读写命令共用
't'	以文本方式（默认）
'+'	以读和写方式打开文件，用于更新文件
'U'	通用的换行模式（弃用）

默认的打开方式是'rt' (mode='rt')。Python 是区分二进制方式和文本方式的，当以二进制方式打开一个文件时（mode 参数后面跟'b'），返回一个未经解码的字节对象；当以文本方式打开文件时（默认是以文本方式打开，也可以 mode 参数后面跟't'），返回一个按系统默认编码或参数 encoding 传入的编码来解码的字符串对象。

（3）buffering 是一个可选的参数，buffering=0 表示关闭缓冲区（仅在二进制方式打开时可用）；buffering=1 表示选择行缓冲区（仅在文本方式打开时可用）；buffering 大于 1 时，其值代表固定大小的块缓冲区的大小。当不指定该参数时，默认的缓冲策略是这样的：二进制文件使用固定大小的块缓冲区，文本文件使用行缓冲区。

【示例 2-1】先来看一个例子。

```
1  # -*- coding: utf-8 -*-
2
3  f = open("wb.txt", "w", encoding="utf-8")
4  f.write("测试 w 方式写入，如果文件存在，则清空内容后写入；如果文件不存在，则创建\n")
5  f.close()
6
7  f = open("wb.txt", "a", encoding="utf-8")
8  f.write("测试 a 方式写入，如果文件存在，则在文件内容后最后追加写入；如果文件不存在，则创建")
9  f.close()
10
```

```
11  f = open("wb.txt", "r", encoding="utf-8")
12  # 以文本方式读，f.read()返回字符串对象
13  data = f.read()
14  print(type(data))
15  print(data)
16  f.close()
17
18  f = open("wb.txt", "rb")
19  # 以文本方式读，f.read()返回字节对象
20  data = f.read()
21  print(type(data))
22  print(data)
23  print('将读取的字符对象解码：')
24  print(data.decode('utf-8'))
25  f.close()
```

将上述代码保存为 read_write_file.py，运行结果如图 2.4 所示。

图 2.4　运行结果

从上面的例子可以看出，以二进制读取文件时，读取的是文件字符串的编码（以 encoding 指定的编码格式进行的编码），将读取的字节对象解码，可得出原字符串。

请注意以下几点：

（1）记得使用完毕后及时关闭文件，释放资源。打开一个文件包含两部分资源：操作系统级打开的文件+应用程序的变量。在操作完毕一个文件时，必须把与该文件的这两部分资源一个不落地回收，回收操作系统级打开的文件，如 f.close()，回收应用程序级的变量，如 del f。其中 del f 一定要发生在 f.close() 之后，否则就会导致操作系统打开的文件还没有关闭，白白占用资源，而 Python 自动的垃圾回收机制决定了我们无须考虑 del f，这就要求我们，在操作完毕文件后，一定要记住 f.close()。刚开始的时候很容易忘记使用 f.close() 方法去关闭，推荐傻瓜式操作方式：使用 with 关键字来帮我们管理上下文，系统会自动为我们关闭文件和处理异常，如下面两行代码即可完成安全的写操作。

```
with open('a.txt','w') as f:
    f.write("hello word")
```

（2）open() 函数是由操作系统打开文件，如果我们没有为 open 指定编码，那么打开文件的默认编码很明显是操作系统默认的编码：在 Windows 下是 gbk，在 Linux 下是 utf-8。若要

保证不乱码，就必须让读取文件和写入文件使用的编码一致。

常见的文件操作方法可参见表 2-2。

表 2-2 常见的文件操作方法

名称	功能
f.read()	读取所有内容，光标移动到文件末尾
f.readline()	读取一行内容，光标移动到第二行首部
f.readlines()	读取每一行内容，存放于列表中
f.write('1111\n222\n')	针对文本模式的写，需要自己写换行符
f.write('1111\n222\n'.encode('utf-8'))	针对 b 模式的写，需要自己写换行符
f.writelines(['333\n','444\n'])	文件模式
f.writelines([bytes('333\n',encoding='utf-8'),'444\n'.encode('utf-8')])	b 模式
f.readable()	文件是否可读
f.writable()	文件是否可读
f.closed	文件是否关闭
f.encoding	如果文件打开模式为 b,则没有该属性
f.flush()	立刻将文件内容从内存刷到硬盘

读取文件内位置的定位方法：

（1）通过 read 方法传输参数，如 read(3)，当文件打开方式为文本模式时，代表读取 3 个字符，当文件打开方式为二进制模式时，代表读取 3 个字节。

（2）以字节为单位定位，如 seek、tell 等方法。其中 seek 有 3 种移动方式：0、1、2，其中 1 和 2 必须在二进制模式下进行，但无论哪种模式，都是以 bytes 为单位移动的。f.tell() 返回文件对象当前所处的位置，它是从文件开头开始算起的字节数。如果要改变文件当前的位置，可以使用 f.seek(offset, from_what) 函数。from_what 如果是 0，则表示开头；如果是 1，则表示当前位置；如果是 2，则表示文件的结尾。例如：

- seek(x,0) 表示从起始位置即文件首行首字符开始移动 x 个字符；
- seek(x,1) 表示从当前位置向后移动 x 个字符；
- seek(-x,2) 表示从文件的结尾向前移动 x 个字符。

【示例 2-2】在文件中定位。

```
>>> f = open("tmp.txt", "rb+")
>>> f.write(b"abcdefghi")
9
>>> f.seek(5)  # 移动到文件的第六个字节
5
>>> print(f.read(1))
b'f'
>>> f.seek(-3, 2)  # 移动到文件的倒数第三个字节
6
>>> print(f.read(1))
```

```
b'g'
```

【示例2-3】基于 seek 实现类似 Linux 命令 tail -f 的功能（文件名为 lx_tailf.py）。

```
1  # encoding=utf-8
2
3  import time
4
5  with open('tmp.txt', 'rb') as f:
6      f.seek(0, 2)                    # 将光标移动至文件末尾
7      while True:                     # 实时显示文件新增加的内容
8          line = f.read()
9          if line:
10             print(line.decode('utf-8'), end='')
11         else:
12             time.sleep(0.2)         # 读取完毕后短暂的睡眠
```

当 tmp.txt 追加新的内容时，新内容会被程序立即打印出来。

2. 大文件的读取

当文件较小时，我们可以一次性全部读入内存，对文件的内容做出任意修改，再保存至磁盘，这一过程会非常快。

【示例2-4】如下代码将文件 a.txt 中的字符串 str1 替换为 str2。

```
1  with open('a.txt') as read_f,open('.a.txt.swap','w') as write_f:
2      data=read_f.read() #全部读入内存,如果文件很大,则会很卡
3      data=data.replace('str1','str2') #在内存中完成修改
4
5      write_f.write(data) #一次性写入新文件
6
7  os.remove('a.txt')
8  os.rename('.a.txt.swap','a.txt')
```

当文件很大时，如 GB 级的文本文件，上面的代码运行将会非常缓慢，此时我们需要使用文件的可迭代方式将文件的内容逐行读入内存，再逐行写入新文件，最后用新文件覆盖源文件。

【示例2-5】对大文件进行读写。

```
1  import os
2  with open('a.txt') as read_f,open('.a.txt.swap','w') as write_f:
3      for line in read_f: # 对可迭代对象 f 逐行操作,防止内存溢出
4          line=line.replace('str1','str2')
5          write_f.write(line)
6  os.remove('a.txt')
7  os.rename('.a.txt.swap','a.txt')
```

本示例中的大文件为 a.txt，当我们打开文件时，会得到一个可迭代对象 read_f，对可迭代对象进行逐行读取，可防止内存溢出，也会加快处理速度。

处理大数据还有多种方法，如下：

（1）通过 read(size)增加参数，指定读取的字节数。

```
while True:
    block = f.read(1024)
    if not block:
        break
```

（2）通过 readline，每次只读一行。

```
while True:
    line = f.readline()
    if not line:
        break
```

file 对象常用的函数参见表 2-3。

表 2-3 file 对象常用的函数

函数	功能
file.close()	关闭文件。关闭后文件不能再进行读写操作
file.flush()	刷新文件内部缓冲，直接把内部缓冲区的数据立刻写入文件，而不是被动等待输出缓冲区写入
file.fileno()	返回一个整型的文件描述符（file descriptor FD 整型），可以用在如 os 模块的 read 方法等一些底层操作上
file.isatty()	如果文件连接到一个终端设备，则返回 True，否则返回 False
file.next()	返回文件下一行
file.read([size])	从文件读取指定的字节数，如果未给定或为负，则读取所有
file.readline([size])	读取整行，包括 "\n" 字符
file.readlines([sizeint])	读取所有行并返回列表，若给定 sizeint>0，则返回总和为 sizeint 字节的行，实际读取值可能比 sizeint 大，因为需要填充缓冲区
file.seek(offset[, whence])	设置文件当前位置
file.tell()	返回文件当前位置
file.truncate([size])	根据 size 参数截取文件，size 参数可选
file.write(str)	将字符串写入文件，没有返回值
file.writelines(sequence)	向文件写入一个序列字符串列表，如果需要换行，则加入每行的换行符

3. 序列化和反序列化

什么是序列化和反序列化呢？我们可以这样简单地理解：

- 序列化：将数据结构或对象转换成二进制串的过程。
- 反序列化：将在序列化过程中所生成的二进制串转换成数据结构或对象的过程。

Python 的 pickle 模块实现了基本的数据序列和反序列化。通过 pickle 模块的序列化操作，我们能够将程序中运行的对象信息保存到文件中并永久存储。通过 pickle 模块的反序列化操作，我们能够从文件中创建上一次程序保存的对象。

基本方法如下：

```
pickle.dump(obj, file, [,protocol])
```

该方法实现序列化，将对象 obj 保存至文件中。

```
x=pickle.load(file)
```

该方法实现反序列化，从文件中恢复对象，并将其重构为原来的 Python 对象。

注解：从 file 中读取一个字符串，并将其重构为原来的 Python 对象。

【示例 2-6】序列化实例（example_serialize.py）。

```
1  # encoding:utf-8
2
3
4  import pickle
5
6  # 使用pickle模块将数据对象保存到文件
7
8  # 字符串
9  data0 = "hello world"
10 # 列表
11 data1 = list(range(20))[1::2]
12 # 元组
13 data2 = ("x", "y", "z")
14 # 字典
15 data3 = {"a": data0, "b": data1, "c": data2}
16
17 print(data0)
18 print(data1)
19 print(data2)
20 print(data3)
21
22 output = open("data.pkl", "wb")
23
24 # 使用默认的protocol
25 pickle.dump(data0, output)
26 pickle.dump(data1, output)
27 pickle.dump(data2, output)
28 pickle.dump(data3, output)
29 output.close()
```

上述代码将不同的 Python 对象依次写入文件，并打印对象的相关信息，运行结果如图 2.5 所示。

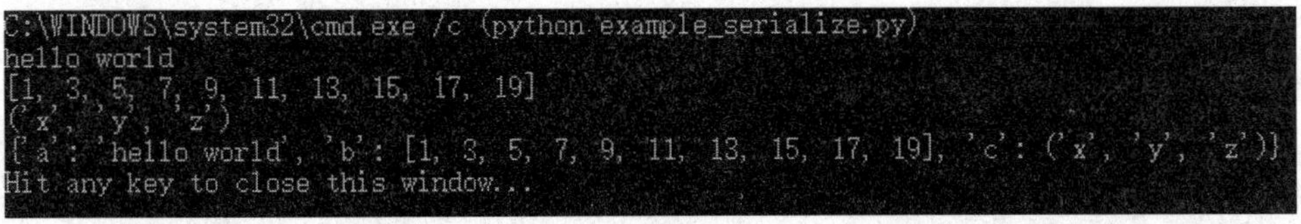

```
C:\WINDOWS\system32\cmd.exe /c (python example_serialize.py)
hello world
[1, 3, 5, 7, 9, 11, 13, 15, 17, 19]
('x', 'y', 'z')
{'a': 'hello world', 'b': [1, 3, 5, 7, 9, 11, 13, 15, 17, 19], 'c': ('x', 'y', 'z')}
Hit any key to close this window...
```

图 2.5　运行结果

【示例 2-7】反序列化演示（example_deserialization.py）。

```
1   # encoding=utf-8
2
3   import pickle
4
5   # 使用pickle模块从文件中重构Python对象
6   pkl_file = open("data.pkl", "rb")
7
8   data0 = pickle.load(pkl_file)
9   data1 = pickle.load(pkl_file)
10  data2 = pickle.load(pkl_file)
11  data3 = pickle.load(pkl_file)
12
13  print(data0)
14  print(data1)
15  print(data2)
16  print(data3)
17
18  pkl_file.close()
```

上述代码从文件中依次恢复序列化对象，并打印对象的相关信息，运行结果如图2.6所示。

图2.6　运行结果

可以看出运行结果与序列化实例运行的结果完全一致。

2.1.3　读写配置文件

配置文件是供程序运行时读取配置信息的文件，用于将配置信息与程序分离，这样做的好处是显而易见的：例如在开源社区贡献自己源代码时，将一些敏感信息通过配置文件读取；提交源代码时不提交配置文件可以避免自己的用户名、密码等敏感信息泄露；我们可以通过配置文件保存程序运行时的中间结果；将环境信息（如操作系统类型）写入配置文件会增加程序的兼容性，使程序变得更加通用。

Python内置的配置文件解析器模块configparser提供ConfigParser类来解析基本的配置文件，我们可以使用它来编写Python程序，让用户最终通过配置文件轻松定制自己需要的Python应用程序。

常见的pip配置文件如下。

```
[global]
index-url = https://pypi.doubanio.com/simple
trusted-host = pypi.doubanio.com
```

【示例2-8】现在我们编写一个程序来读取配置文件的信息（read_conf.py）。

```
1   # encoding=utf-8
```

```
2
3  import configparser
4
5  config = configparser.ConfigParser()          # 实例化 ConfigParser 类
6
7  config.read(r"c:\users\xx\pip\pip.ini")       # 读取配置文件
8  print("遍历配置信息:")
9  for section in config.sections():             # 首先读取 sections
10     print(f"section is [{section}]")
11     for key in config[section]:               # 讲到每个 section 的键和值
12         print(f"key is [{key}], value is [{config[section][key]}]")  # 打印键和值
13
14 print("通过键获取相应的值:")
15 print(f"index-url is [{config['global']['index-url']}]")
16 print(f"trusted-host is [{config['global']['trusted-host']}]")
```

上述代码通过实例化 ConfigParser 类读取配置文件，遍历配置文件中的 section 信息及其键值信息，通过索引获取值信息。在命令窗口执行 python read_conf.py 得到如图 2.7 所示的运行结果。

图 2.7　运行结果图

【示例 2-9】将相关信息写入配置文件（write_conf.py）。

```
1  # encoding=utf-8
2  import configparser
3
4  config = configparser.ConfigParser()
5  config["DEFAULT"] = {
6      "ServerAliveInterval": "45",
7      "Compression": "yes",
8      "CompressionLevel": "9",
9  }
10 config["bitbucket.org"] = {}
11 config["bitbucket.org"]["User"] = "hg"
12 config["topsecret.server.com"] = {}
13 topsecret = config["topsecret.server.com"]
14 topsecret["Port"] = "50022"  # mutates the parser
15 topsecret["ForwardX11"] = "no"  # same here
16 config["DEFAULT"]["ForwardX11"] = "yes"
17 with open("example.ini", "w") as configfile:  #将上述配置信息 config 写入文件 example.ini
```

```
    config.write(configfile)

with open("example.ini", "r") as f: #读取 example.ini 验证上述写入是否正确
    print(f.read())
```

上述 write_conf.py 通过实例化 ConfigParser 类增加相关配置信息，最后写入配置文件。执行 python write_conf.py，运行结果如图 2.8 所示。

```
C:\WINDOWS\system32\cmd.exe /c (python write_conf.py)
[DEFAULT]
serveraliveinterval = 45
compression = yes
compressionlevel = 9
forwardx11 = yes

[bitbucket.org]
user = hg

[topsecret.server.com]
port = 50022
forwardx11 = no


Hit any key to close this window...
```

图 2.8　运行结果

从上面读写配置文件的例子可以看出，configparser 模块的接口非常直接、明确。请注意以下几点：

- section 名称是区分大小写的。
- section 下的键值对中键是不区分大小写的，config["bitbucket.org"]["User"]在写入时会统一变成小写 user 保存在文件中。
- section 下的键值对中的值是不区分类型的，都是字符串，具体使用时需要转换成需要的数据类型，如 int(config['topsecret.server.com']['port'])，值为整数 50022。对于一些不方便转换的，解析器提供了一些常用的方法，如 getboolean()、getint()、getfloat()等，如 config["DEFAULT"].getboolean('Compression'))的类型为 bool，值为 True。用户可以注册自己的转换器或定制提供的转换方法。
- section 的名称是[DEFAULT]时，其他 section 的键值会继承[DEFAULT]的键值信息。如本例中 config["bitbucket.org"]['ServerAliveInterval'])的值是 45。

2.1.4　解析 XML 文件

XML 的全称是 eXtensible Markup Language，意为可扩展的标记语言，是一种用于标记电子文件使其具有结构性的标记语言。以 XML 结构存储数据的文件就是 XML 文件，它 被设计用来传输和存储数据。例如有以下内容的 xml 文件：

```
<note>
<to>George</to>
<from>John</from>
```

```
<heading>Reminder</heading>
<body>Don't forget the meeting!</body>
</note>
```

其内容表示一份便签，来自 John，发送给 George，标题是 Reminder，正文是 Don't forget the meeting!。XML 本身并没有定义 note、to、from 等标签，是生成 xml 文件时自定义的，但我们仍能理解其含义。XML 文档仍然没有做任何事情，它仅仅是包装在 XML 标签中的纯粹信息。我们编写程序来获取文档结构信息就是解析 XML 文件。

Python 有三种方法解析 XML：SAX、DOM、ElementTre。

1. SAX（simple API for XML）

SAX 是一种基于事件驱动的 API，使用时涉及两个部分，即解析器和事件处理器。解析器负责读取 XML 文件，并向事件处理器发送相应的事件（如元素开始事件、元素结束事件）。事件处理器对相应的事件做出响应，对数据做出处理。使用方法是先创建一个新的 XMLReader 对象，然后设置 XMLReader 的事件处理器 ContentHandler，最后执行 XMLReader 的 parse() 方法。

- 创建一个新的 XMLReader 对象，parser_list 是可选参数，是解析器列表 xml.sax.make_parser([parser_list])。
- 自定义事件处理器，继承 ContentHandler 类，该类的方法可参见表 2-4。

表 2-4 ContentHandler 类的方法

名称	功能
characters(content)	从行开始，遇到标签之前，存在字符，content 的值为这些字符串。从一个标签，遇到下一个标签之前，存在字符，content 的值为这些字符串。从一个标签，遇到行结束符之前，存在字符，content 的值为这些字符串。标签可以是开始标签，也可以是结束标签
startDocument()	文档启动时调用
endDocument()	解析器到达文档结尾时调用
startElement(name, attrs)	遇到 XML 开始标签时调用，name 是标签的名字，attrs 是标签的属性值字典
endElement(name)	遇到 XML 结束标签时调用

执行 XMLReader 的 parse() 方法：

```
xml.sax.parse( xmlfile, contenthandler[, errorhandler])
```

参数说明：

- xmlstring：xml 字符串。
- contenthandler：必须是一个 ContentHandler 的对象。
- errorhandler：如果指定该参数，errorhandler 必须是一个 SAX ErrorHandler 对象。

【示例 2-10】下面来看一个解析 XML 的例子。example.xml 内容如下：

```
1   <breakfast_menu year="2018">
2   <food>
3   <name>Belgian Waffles</name>
4   <price>$5.95</price>
5   <description>
6   two of our famous Belgian Waffles with plenty of real maple syrup
7   </description>
8   <calories>650</calories>
9   </food>
10  <food>
11  <name>Strawberry Belgian Waffles</name>
12  <price>$7.95</price>
13  <description>
14  light Belgian waffles covered with strawberries and whipped cream
15  </description>
16  <calories>900</calories>
17  </food>
18  <food>
19  <name>Berry-Berry Belgian Waffles</name>
20  <price>$8.95</price>
21  <description>
22  light Belgian waffles covered with an assortment of fresh berries and whipped cream
23  </description>
24  <calories>900</calories>
25  </food>
26  <food>
27  <name>French Toast</name>
28  <price>$4.50</price>
29  <description>
30  thick slices made from our homemade sourdough bread
31  </description>
32  <calories>600</calories>
33  </food>
34  <food>
35  <name>Homestyle Breakfast</name>
36  <price>$6.95</price>
37  <description>
38  two eggs, bacon or sausage, toast, and our ever-popular hash browns
39  </description>
40  <calories>950</calories>
41  </food>
42  </breakfast_menu>
```

read_xml.py 内容如下：

```
1   #!/usr/bin/python3
2
3   import xml.sax
4
5
```

```python
6   class MenuHandler(xml.sax.ContentHandler):
7   
8       def __init__(self):
9           self.CurrentData = ""
10          self.name = ""
11          self.price = ""
12          self.description = ""
13          self.calories = ""
14  
15      # 元素开始调用
16      def startElement(self, tag, attributes):
17          self.CurrentData = tag
18          if tag == "breakfast_menu":
19              print("这是一个早餐的菜单")
20              year = attributes["year"]
21              print(f"年份 {year}\n")
22  
23      # 读取字符时调用
24      def characters(self, content):
25          if self.CurrentData == "name":
26              self.name = content
27          elif self.CurrentData == "price":
28              self.price = content
29          elif self.CurrentData == "description":
30              # 如果有内容有换行，就累加字符串，输出后清空该属性
31              self.description += content
32          elif self.CurrentData == "calories":
33              self.calories = content
34          else:
35              pass
36  
37      # 元素结束调用
38      def endElement(self, tag):
39          if self.CurrentData == "name":
40              print(f"name:{self.name}")
41          elif self.CurrentData == "price":
42              print(f"price:{self.price}")
43          elif self.CurrentData == "description":
44              print(f"description:{self.description}")
45              # 内容有换行时，获取字符串后清空该属性，为下一个标签准备
46              self.description = ""
47          elif self.CurrentData == "calories":
48              print(f"calories:{self.calories}")
49          else:
50              pass
51          self.CurrentData = ""
52  
53  
54  if __name__ == "__main__":
55      # 创建一个 XMLReader
56      parser = xml.sax.make_parser()
```

```
57      # 重写 ContextHandler
58      Handler = MenuHandler()
59      parser.setContentHandler(Handler)
60
61      parser.parse("example.xml")
```

代码说明:read_xml.py 自定义一个 MenuHandler,继承自 xml.sax.ContentHandler,使用 ContentHandler 的方法来处理相应的标签。在主程序入口先获取一个 XMLReader 对象,并设置其事件处理器为自定义的 MenuHandler,最后调用 parse 方法来解析 example.xml。运行结果如图 2.9 所示。

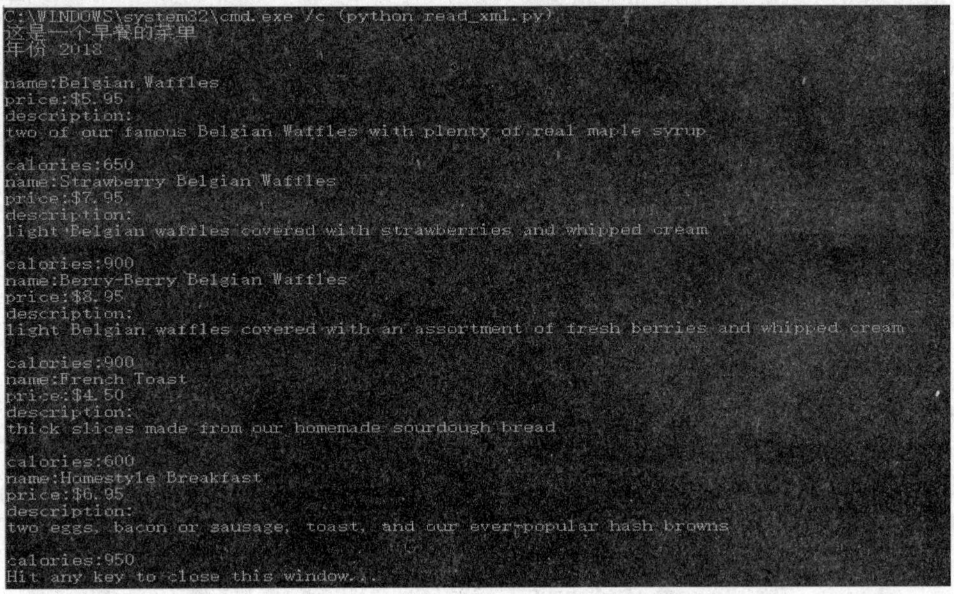

图 2.9 运行结果

SAX 用事件驱动模型,通过在解析 XML 的过程中触发一个个的事件并调用用户定义的回调函数来处理 XML 文件,一次处理一个标签,无须事先全部读取整个 XML 文档,处理效率较高。其适用场景如下:

- 对大型文件进行处理。
- 只需要文件的部分内容,或者只须从文件中得到特定信息。
- 想建立自己的对象模型时。

2. DOM(Document Object Model)

文件对象模型(Document Object Model,DOM)是 W3C 组织推荐的处理可扩展置标语言的标准编程接口。一个 DOM 的解析器在解析一个 XML 文档时,一次性读取整个文档,把文档中的所有元素保存在内存中一个树结构里,之后可以利用 DOM 提供的不同函数来读取或修改文档的内容和结构,也可以把修改过的内容写入 xml 文件。

【示例 2-11】使用 xml.dom.minidom 解析 xml 文件。

dom_xml.py 内容如下：

```python
#!/usr/bin/python3

from xml.dom.minidom import parse
import xml.dom.minidom

# 使用 minidom 解析器打开 XML 文档
DOMTree = xml.dom.minidom.parse("example.xml")
collection = DOMTree.documentElement
if collection.hasAttribute("year"):
    print(f"这是一个早餐的菜单\n年份 {collection.getAttribute('year')}")

# 在集合中获取所有早餐菜单信息
foods = collection.getElementsByTagName("food")

# 打印每个菜单的详细信息
for food in foods:
    type = food.getElementsByTagName("name")[0]
    print("name: %s" % type.childNodes[0].data)
    format = food.getElementsByTagName("price")[0]
    print("price: %s" % format.childNodes[0].data)
    rating = food.getElementsByTagName("description")[0]
    print("description: %s" % rating.childNodes[0].data)
    description = food.getElementsByTagName("calories")[0]
    print("calories: %s" % description.childNodes[0].data)
```

代码说明：代码使用 minidom 解析器打开 XML 文档，使用 getElementsByTagName 方法获取所有标签并遍历子标签，逻辑上比 SAX 要直观，运行结果如图 2.10 所示，与 SAX 运行结果一致。

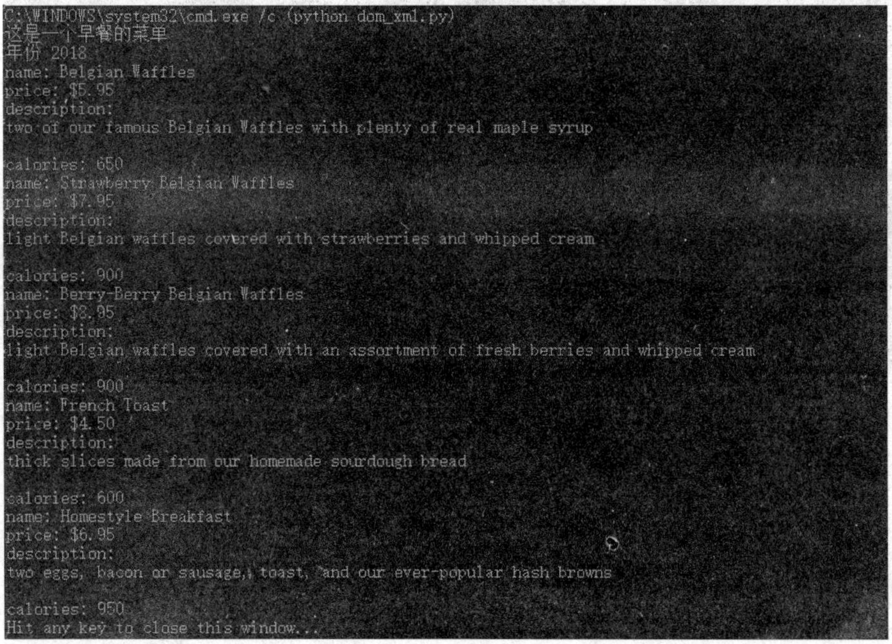

图 2.10　运行结果

3. ElementTre

ElementTre 将 XML 数据在内存中解析成树,通过树来操作 XML。

【示例 2-12】ElementTre 解析 XML。

ElementTre_xml.py 内容如下:

```
1  # -*- encoding: utf-8 -*-
2  import xml.etree.ElementTree as ET
3
4  tree = ET.parse("example.xml")
5  root = tree.getroot()
6  print(f"这是一个早餐菜单\n{root.attrib['year']}")
7
8  for child in root:
9      print("name:", child[0].text)
10     print("price:", child[1].text)
11     print("description:", child[2].text)
12     print("calories:", child[3].text)
```

代码相当简洁,运行结果如图 2.11 所示。

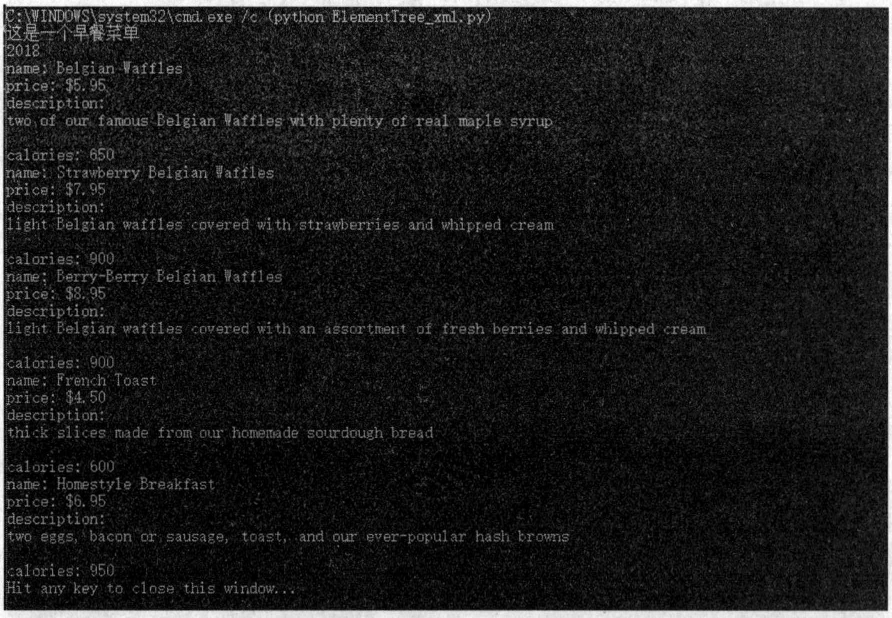

图 2.11 运行结果

2.2 系统信息监控

运维离不开对系统信息的监控,如 CPU 的使用率、内存的占用情况、网络、进程等相关信息都需要被监控，虽然我们可以通过操作系统提供的任务管理器或命令查看相关信息，但仍不能简化这些日常的运维任务。如果我们通过编写程序获取以上信息，那么系统信息监控就是一件轻松而简单的工作。

在 Python 中获取系统信息最便捷的模块是 psutil（process and system utilities）。通过简短的几行代码就可以获取系统相关信息，而且还是跨平台库。psutil 不属于标准库，需要手动安装。安装 psutil 非常简单，执行以下命令即可。

```
pip install psutil
```

如果生产环境没有联网则可以先在外网使用 pip 下载，再移动至生产环境安装。为了方便显示语句运行结果，下面使用 IPython 解释器。在此啰嗦一下，IPython 是学习 Python 的利器，是让 Python 显得友好十倍的外套，强烈建议读者使用 IPython，可通过 pip install ipython 安装 IPython。

下面一一列举使用方法。

【示例 2-13】监控 CPU 信息。

```
In[2]: import psutil    #导入 psutil 模拟
In[3]: psutil.cpu_times()   # 获取 CPU（逻辑 CPU 的平均）占用时间的详细信息
Out[3]: scputimes(user=44440.75, system=31407.90625000003,
idle=199354.99999999997, interrupt=1167.984375, dpc=663.15625)
In[4]: psutil.cpu_times(percpu=True)  # 获取每个 CPU 占用时间的详细信息
Out[4]:
[scputimes(user=21201.46875, system=16264.109374999985, idle=100172.96875,
interrupt=888.203125, dpc=620.484375),
 scputimes(user=23254.671875, system=15151.0625, idle=99231.75,
interrupt=280.125, dpc=43.015625)]
In[5]: psutil.cpu_count() # CPU 逻辑数量
Out[5]: 2
In[6]: psutil.cpu_count(logical=False) # CPU 物理数量
Out[6]: 2
In[7]: psutil.cpu_percent() #CPU 占比
Out[7]: 35.0
In[8]: psutil.cpu_percent(percpu=True) #每个 CPU 的占比
Out[8]: [35.5, 36.0]
```

【示例 2-14】监控内存信息。

```
In[11]:psutil.virtual_memory()
Out[11]: svmem(total=4196921344, available=644300800, percent=84.6,
used=3552620544, free=644300800)
```

这里的数值是以字节为单位显示的，如需要转成 MB、GB 自行转换一下即可。

【示例 2-15】监控磁盘信息。

```
In[12]:psutil.disk_partitions()
Out[12]:
[sdiskpart(device='C:\\', mountpoint='C:\\', fstype='NTFS', opts='rw,fixed'),
```

```
  sdiskpart(device='D:\\', mountpoint='D:\\', fstype='NTFS', opts='rw,fixed'),
  sdiskpart(device='E:\\', mountpoint='E:\\', fstype='NTFS', opts='rw,fixed'),
  sdiskpart(device='F:\\', mountpoint='F:\\', fstype='NTFS', opts='rw,fixed'),
  sdiskpart(device='G:\\', mountpoint='G:\\', fstype='', opts='cdrom'),
  sdiskpart(device='J:\\', mountpoint='J:\\', fstype='', opts='removable')]
In[13]:psutil.disk_usage('/')  # 磁盘使用情况
Out[13]: sdiskusage(total=192703098880, used=124325285888, free=68377812992, percent=64.5)
In[14]:psutil.disk_io_counters()
Out[14]: sdiskio(read_count=1374834, write_count=618746, read_bytes=57800820224, write_bytes=32607985152, read_time=22674, write_time=3128)
```

【示例 2-16】监控网络信息。

```
In[15]: psutil.net_io_counters()  # 获取网络读写字节/包的个数
Out[15]: snetio(bytes_sent=97428473, bytes_recv=432067604, packets_sent=764033, packets_recv=811013, errin=1, errout=232, dropin=1, dropout=0)
In[16]: psutil.net_if_addrs()  # 获取网络接口信息
Out[16]:
{'以太网': [snic(family=<AddressFamily.AF_LINK: -1>, address='C8-D3-FF-DC-D2-F9', netmask=None, broadcast=None, ptp=None),
  snic(family=<AddressFamily.AF_INET: 2>, address='169.254.9.109', netmask='255.255.0.0', broadcast=None, ptp=None),
  snic(family=<AddressFamily.AF_INET6: 23>, address='fe80::f546:b03e:6122:96d', netmask=None, broadcast=None, ptp=None)],
 '以太网 2': [snic(family=<AddressFamily.AF_LINK: -1>, address='08-00-58-00-00-05', netmask=None, broadcast=None, ptp=None),
  snic(family=<AddressFamily.AF_INET: 2>, address='192.168.25.90', netmask='255.255.255.0', broadcast=None, ptp=None),
  snic(family=<AddressFamily.AF_INET6: 23>, address='fe80::b59c:a707:c281:37fa', netmask=None, broadcast=None, ptp=None)],
 '本地连接* 3': [snic(family=<AddressFamily.AF_LINK: -1>, address='3E-A0-67-62-7F-91', netmask=None, broadcast=None, ptp=None),
  snic(family=<AddressFamily.AF_INET: 2>, address='169.254.143.17', netmask='255.255.0.0', broadcast=None, ptp=None),
  snic(family=<AddressFamily.AF_INET6: 23>, address='fe80::2d42:a622:9c08:8f11', netmask=None, broadcast=None, ptp=None)],
 '蓝牙网络连接': [snic(family=<AddressFamily.AF_LINK: -1>, address='3C-A0-67-62-7F-92', netmask=None, broadcast=None, ptp=None),
  snic(family=<AddressFamily.AF_INET: 2>, address='169.254.129.196', netmask='255.255.0.0', broadcast=None, ptp=None),
  snic(family=<AddressFamily.AF_INET6: 23>, address='fe80::c4d5:6dfb:a94c:81c4', netmask=None, broadcast=None, ptp=None)],
 '本地连接* 8': [snic(family=<AddressFamily.AF_LINK: -1>, address='00-00-00-00-00-00-00-E0', netmask=None, broadcast=None, ptp=None),
  snic(family=<AddressFamily.AF_INET6: 23>, address='fe80::100:7f:fffe', netmask=None, broadcast=None, ptp=None)],
 'Loopback Pseudo-Interface 1': [snic(family=<AddressFamily.AF_INET: 2>, address='127.0.0.1', netmask='255.0.0.0', broadcast=None, ptp=None),
  snic(family=<AddressFamily.AF_INET6: 23>, address='::1', netmask=None, broadcast=None, ptp=None)]}
```

```
......
In[17]: psutil.net_if_stats()  # 获取网络接口状态
Out[17]:
{'以太网': snicstats(isup=False, duplex=<NicDuplex.NIC_DUPLEX_FULL: 2>, speed=0,
mtu=1500),
 '蓝牙网络连接': snicstats(isup=False, duplex=<NicDuplex.NIC_DUPLEX_FULL: 2>,
speed=3, mtu=1500),
 '以太网 2': snicstats(isup=True, duplex=<NicDuplex.NIC_DUPLEX_FULL: 2>,
speed=1000, mtu=1300),
 'VMware Network Adapter VMnet1': snicstats(isup=True,
duplex=<NicDuplex.NIC_DUPLEX_FULL: 2>, speed=100, mtu=1500),
 'VMware Network Adapter VMnet8': snicstats(isup=True,
duplex=<NicDuplex.NIC_DUPLEX_FULL: 2>, speed=100, mtu=1500),
 'Loopback Pseudo-Interface 1': snicstats(isup=True,
duplex=<NicDuplex.NIC_DUPLEX_FULL: 2>, speed=1073, mtu=1500),
 'WLAN': snicstats(isup=True, duplex=<NicDuplex.NIC_DUPLEX_FULL: 2>, speed=87,
mtu=1500),
 '本地连接* 3': snicstats(isup=False, duplex=<NicDuplex.NIC_DUPLEX_FULL: 2>,
speed=0, mtu=1500),
 '本地连接* 8': snicstats(isup=False, duplex=<NicDuplex.NIC_DUPLEX_FULL: 2>,
speed=0, mtu=1472)}
In[18]:psutil.net_connections()  # 获取当前网络连接信息
Out[18]:
[sconn(fd=-1, family=<AddressFamily.AF_INET6: 23>, type=2,
laddr=addr(ip='fe80::b59c:a707:c281:37fa', port=61797), raddr=(), status='NONE',
pid=2600),
 sconn(fd=-1, family=<AddressFamily.AF_INET: 2>, type=1,
laddr=addr(ip='127.0.0.1', port=8307), raddr=(), status='LISTEN', pid=5152),
 sconn(fd=-1, family=<AddressFamily.AF_INET6: 23>, type=2,
laddr=addr(ip='fe80::b59c:a707:c281:37fa', port=1900), raddr=(), status='NONE',
pid=2600),
 sconn(fd=-1, family=<AddressFamily.AF_INET6: 23>, type=2, laddr=addr(ip='::',
port=500), raddr=(), status='NONE', pid=4092),
 sconn(fd=-1, family=<AddressFamily.AF_INET6: 23>, type=1, laddr=addr(ip='::',
port=443), raddr=(), status='LISTEN', pid=5152),
 sconn(fd=-1, family=<AddressFamily.AF_INET: 2>, type=2,
laddr=addr(ip='192.168.81.1', port=61803), raddr=(), status='NONE', pid=2600),
 sconn(fd=-1, family=<AddressFamily.AF_INET: 2>, type=1,
laddr=addr(ip='192.168.81.1', port=139), raddr=(), status='LISTEN', pid=4),
 sconn(fd=-1, family=<AddressFamily.AF_INET6: 23>, type=1, laddr=addr(ip='::',
port=49669), raddr=(), status='LISTEN', pid=768),
 sconn(fd=-1, family=<AddressFamily.AF_INET6: 23>, type=2,
laddr=addr(ip='fe80::6c20:f634:3e7a:52cb', port=2177), raddr=(), status='NONE',
pid=15584),
 sconn(fd=-1, family=<AddressFamily.AF_INET6: 23>, type=2,
laddr=addr(ip='fe80::6c20:f634:3e7a:52cb', port=1900), raddr=(), status='NONE',
pid=2600),
 sconn(fd=-1, family=<AddressFamily.AF_INET: 2>, type=1,
laddr=addr(ip='192.168.0.188', port=64165), raddr=addr(ip='114.215.171.69',
port=443), status='CLOSE_WAIT', pid=3444),
 sconn(fd=-1, family=<AddressFamily.AF_INET6: 23>, type=1, laddr=addr(ip='::',
```

```
port=49670), raddr=(), status='LISTEN', pid=724),
 sconn(fd=-1, family=<AddressFamily.AF_INET: 2>, type=2,
laddr=addr(ip='192.168.0.188', port=137), raddr=(), status='NONE', pid=4),
 sconn(fd=-1, family=<AddressFamily.AF_INET6: 23>, type=2, laddr=addr(ip='::',
port=5353), raddr=(), status='NONE', pid=2984),
 sconn(fd=-1, family=<AddressFamily.AF_INET: 2>, type=1,
laddr=addr(ip='192.168.0.188', port=65128), raddr=addr(ip='52.230.83.250',
port=443), status='ESTABLISHED', pid=4364),
......
```

【示例 2-17】获取进程信息。

```
In[32]: for pid in psutil.pids(): #获取所有进程的pid
   ...:     print(pid,end=',')
   ...:
0,4,312,536,636,652,724,736,768,880,888,896,964,1012,448,632,1084,1096,1116,11
52,1188,1260,1364,1420,1440,1452,1616,1720,1728,1740,1752,1796,1832,1884,1892,
1900,1972,2024,2060,2116,2248,2332,2356,2380,2440,2528,2540,2600……
In[33]: for proc in psutil.process_iter(attrs=['pid', 'name', 'username']):
   ...:     if proc.info['name'].startswith('WeChat'):    #查找微信程序的相关信息
   ...:         print(proc.info)
   ...:
{'pid': 12476, 'name': 'WeChat.exe', 'username': 'XX\\xx'}
{'pid': 15420, 'name': 'WeChatWeb.exe', 'username': 'XX\\xx'}
```

前面使用 psutil.process_iter 获取了进程相关的信息，返回结果是一个可迭代对象，每个元素的 info 是一个字典，通过字典可以获取我们关心的信息。获取进程的其他信息如 CPU 占用、内存占用、进程的线程数等，还可以使用如下方式：

```
In[35]: psutil.Process(12476).cpu_times()   #获取CPU占用
Out[35]: pcputimes(user=80.390625, system=97.046875, children_user=0.0,
children_system=0.0)
In[36]: psutil.Process(12476).memory_info() #获取内存占用，rss 就是实际占用的内存
Out[36]: pmem(rss=69345280, vms=105222144, num_page_faults=304706,
peak_wset=113065984, wset=69345280, peak_paged_pool=787272, paged_pool=764312,
peak_nonpaged_pool=75760, nonpaged_pool=66192, pagefile=105222144,
peak_pagefile=121634816, private=105222144)
In[37]: psutil.Process(12476).num_threads() #获取线程数
Out[37]: 41
In[38]: psutil.Process(12476).memory_percent() #获取内存占比
Out[38]: 1.6528748173747048
```

【示例 2-18】下面是几种常见的实用方法。

```
1  import os
2  import psutil
3  import signal
4
5  #按名称查找进程相关信息 1
6  def find_procs_by_name(name):
7      "Return a list of processes matching 'name'."
8      ls = []
```

```python
9      for p in psutil.process_iter(attrs=['name']):
10         if p.info['name'] == name:
11             ls.append(p)
12     return ls
13
14
15 #按名称查找进程相关信息 2
16 def find_procs_by_name(name):
17     "Return a list of processes matching 'name'."
18     ls = []
19     for p in psutil.process_iter(attrs=["name", "exe", "cmdline"]):
20         if name == p.info['name'] or \
21                 p.info['exe'] and os.path.basename(p.info['exe']) == name or \
22                 p.info['cmdline'] and p.info['cmdline'][0] == name:
23             ls.append(p)
24     return ls
25
26 #杀掉进程树
27 def kill_proc_tree(pid, sig=signal.SIGTERM, include_parent=True,
28                    timeout=None, on_terminate=None):
29     """Kill a process tree (including grandchildren) with signal
30     "sig" and return a (gone, still_alive) tuple.
31     "on_terminate", if specified, is a callabck function which is
32     called as soon as a child terminates.
33     """
34     if pid == os.getpid():
35         raise RuntimeError("I refuse to kill myself")
36     parent = psutil.Process(pid)
37     children = parent.children(recursive=True)
38     if include_parent:
39         children.append(parent)
40     for p in children:
41         p.send_signal(sig)
42     gone, alive = psutil.wait_procs(children, timeout=timeout,
43                                    callback=on_terminate)
44     return (gone, alive)
45
46
47 #杀掉子进程
48 def reap_children(timeout=3):
49     "Tries hard to terminate and ultimately kill all the children of this process."
50     def on_terminate(proc):
51         print("process {} terminated with exit code {}".format(proc, proc.returncode))
52
53     procs = psutil.Process().children()
54     # send SIGTERM
55     for p in procs:
56         p.terminate()
57     gone, alive = psutil.wait_procs(procs, timeout=timeout,
```

```
callback=on_terminate)
58     if alive:
59         # send SIGKILL
60         for p in alive:
61             print("process {} survived SIGTERM; trying SIGKILL" % p)
62             p.kill()
63         gone, alive = psutil.wait_procs(alive, timeout=timeout,
callback=on_terminate)
64         if alive:
65             # give up
66             for p in alive:
67                 print("process {} survived SIGKILL; giving up" % p)
68
```

小结：本节主要介绍了如何通过 psutil 库获取常见的系统信息和进程信息，系统信息和进程相关的指标非常多，具体使用时我们只关心自己需要监控的指标即可，深入了解 psutil 模块请查阅 psutil 的官方文档。

2.3 文件系统监控

运维工作离不开文件系统的监控，如某个目录被删除，或者某个文件被修改、移动、删除时需要执行一定的操作或发出报警。当然，读者可能会想到使用循环检查文件或目录的信息来满足上述需求，也不是不可以，但这不是一个最好的方案，一是因为循环操作会不停地执行指令太耗 CPU，二是不够实时，循环操作中会放一些等待指令，如 time.sleep(3)来减少 CPU 的消耗，这就会导致监控的时机有一定的滞后，不够实时。本节介绍一个第三方库 watchdog 来实现文件系统监控，其原理是通过操作系统的事件触发的，不需要循环，也不需要等待。

 文件系统空间不足的监控请参考上节系统信息监控中磁盘监控的部分。

【示例 2-19】watchdog 用来监控指定目录/文件的变化，如添加删除文件或目录、修改文件内容、重命名文件或目录等，每种变化都会产生一个事件，且有一个特定的事件类与之对应，然后通过事件处理类来处理对应的事件，怎么样处理事件完全可以自定义，只需继承事件处理类的基类并重写对应实例方法。

```
1  from watchdog.observers import Observer
2  from watchdog.events import *
3  import time
4
5
6  class FileEventHandler(FileSystemEventHandler):
7
8      def __init__(self):
9          FileSystemEventHandler.__init__(self)
```

```python
10
11      def on_moved(self, event):
12          now = time.strftime("%Y-%m-%d %H:%M:%S", time.localtime())
13          if event.is_directory:
14              print(f"{ now } 文件夹由 { event.src_path } 移动至 { event.dest_path }")
15          else:
16              print(f"{ now } 文件由 { event.src_path } 移动至 { event.dest_path }")
17
18      def on_created(self, event):
19          now = time.strftime("%Y-%m-%d %H:%M:%S", time.localtime())
20          if event.is_directory:
21              print(f"{ now } 文件夹 { event.src_path } 创建")
22          else:
23              print(f"{ now } 文件 { event.src_path } 创建")
24
25      def on_deleted(self, event):
26          now = time.strftime("%Y-%m-%d %H:%M:%S", time.localtime())
27          if event.is_directory:
28              print(f"{ now } 文件夹 { event.src_path } 删除")
29          else:
30              print(f"{ now } 文件 { event.src_path } 删除")
31
32      def on_modified(self, event):
33          now = time.strftime("%Y-%m-%d %H:%M:%S", time.localtime())
34          if event.is_directory:
35              print(f"{ now } 文件夹 { event.src_path } 修改")
36          else:
37              print(f"{ now } 文件 { event.src_path } 修改")
38
39
40  if __name__ == "__main__":
41      observer = Observer()
42      path = r"d:\test"
43      event_handler = FileEventHandler()
44      observer.schedule(event_handler, path, True)#True 表示递归子目录
45      print(f"监控目录 {path}")
46      observer.start()
47      observer.join()
```

运行结果如下：

```
监控目录 d:\test
2018-06-05 22:28:52 文件夹 d:\test\dir0 创建
2018-06-05 22:29:03 文件 d:\test\file1.txt 创建
2018-06-05 22:29:03 文件 d:\test\file1.txt 修改
2018-06-05 22:29:14 文件夹由 d:\test\dir0 移动至 d:\test\dir3
2018-06-05 22:29:25 文件由 d:\test\file1.txt 移动至 d:\test\file2.txt
2018-06-05 22:29:29 文件 d:\test\file2.txt 删除
```

运维中以下场景十分适合使用 watchdog。

(1)监控文件系统中文件或目录的增、删、改情况
(2)当特定的文件被创建、删除、修改、移动时执行相应的任务

第二个场景在后续的小节中会有具体的应用。

2.4 执行外部命令 subprocess

subprocess 模块是 Python 自带的模块，无须再另行安装，它主要用来取代一些旧的模块或方法，如 os.system、os.spawn*、os.popen*、commands.*等，因此如果需要使用 Python 调用外部命令或任务时，则优先使用 subprocess 模块。使用 subprocess 模块可以方便地执行操作系统支持的命令，可与其他应用程序结合使用。因此，Python 也常被称为胶水语言。

2.4.1 subprocess.run()方法

subprocess.run()是官方推荐使用的方法，几乎所有的工作都可以由它来完成。首先来看一下函数原型：

```
subprocess.run(args, *, stdin=None, input=None, stdout=None, stderr=None, shell=False, cwd=None, timeout=None, check=False, encoding=None, errors=None)
```

该函数返回一个 CompletedProcess 类（有属性传入参数及返回值）的实例，虽然该函数的参数有很多，但是我们只需要知道几个常用的就可以了。

- args 代表需要在操作系统中执行的命令，可以是字符串形式（要求 shell=True），也可以是列表 list 类型。
- *代表可变参数，一般是列或字典形式。
- stdin、stdout、stderr 指定了可执行程序的标准输入、标准输出、标准错误文件句柄。
- shell 代表着程序是否需要在 shell 上执行,当想使用 shell 的特性时,设置 shell=True，这样就可以使用 shell 指令的管道、文件名称通配符、环境变量等，不过 Python 也提供了许多类 shell 的模块，如 glob、fnmatch、os.walk()、os.path.expandvars()、os.path.expanduser()和 shutil 。
- check 如果 check 设置为 True，就检查命令的返回值，当返回值为非 0 时，将抛出 CalledProcessError 异常。
- timeout 设置超时时间，如果超时，则强制 kill 掉子进程。

【示例 2-20】下面举例说明。

在 Linux 系统中如果我们执行一个脚本并获取它的返回值，可有如下两种方法，如图 2.12 和图 2.13 所示。

方法一：

```
>>> import subprocess
>>> a=subprocess.run("ls -l /dev/null", shell=True)
crw-rw-rw- 1 root root 1, 3 Apr 16 21:24 /dev/null
>>> a
CompletedProcess(args='ls -l /dev/null', returncode=0)
>>> a.args
'ls -l /dev/null'
>>> a.returncode
0
```

图 2.12　获取 subprocess.run 返回值（方法一）

方法二：

```
>>> import subprocess
>>> b=subprocess.run(["ls","-l","/dev/null"])
crw-rw-rw- 1 root root 1, 3 Apr 16 21:24 /dev/null
>>> b
CompletedProcess(args=['ls', '-l', '/dev/null'], returncode=0)
>>> b.args
['ls', '-l', '/dev/null']
>>> b.returncode
0
```

图 2.13　获取 subprocess.run 返回值（方法二）

如果要捕获脚本的输出，可以按如图 2.14 所示的做法。

```
>>> a=subprocess.run(['ls','-l','/dev/null'],stdout=subprocess.PIPE)
>>> a
CompletedProcess(args=['ls', '-l', '/dev/null'], returncode=0, stdout=b'crw-rw-rw- 1 root root 1, 3 Apr 16 21:24 /dev/null\n')
>>> a.stdout
b'crw-rw-rw- 1 root root 1, 3 Apr 16 21:24 /dev/null\n'
>>>
```

图 2.14　捕获脚本输出

如果传入参数 check=True，当 returncode 不为 0 时，将会抛出 subprocess.CalledProcessError 异常；如果传输 timeout 参数，当运行时间超过 timeout 时就会抛出 TimeoutExpired 异常。运行结果如图 2.15 所示。

```
>>> a=subprocess.run("exit 1",check=True)
Traceback (most recent call last):
  File "<stdin>", line 1, in <module>
  File "/usr/lib/python3.5/subprocess.py", line 693, in run
    with Popen(*popenargs, **kwargs) as process:
  File "/usr/lib/python3.5/subprocess.py", line 947, in __init__
    restore_signals, start_new_session)
  File "/usr/lib/python3.5/subprocess.py", line 1551, in _execute_child
    raise child_exception_type(errno_num, err_msg)
FileNotFoundError: [Errno 2] No such file or directory: 'exit 1'
>>> a=subprocess.run("exit 1",shell=True,check=True)
Traceback (most recent call last):
  File "<stdin>", line 1, in <module>
  File "/usr/lib/python3.5/subprocess.py", line 708, in run
    output=stdout, stderr=stderr)
subprocess.CalledProcessError: Command 'exit 1' returned non-zero exit status 1
>>> a=subprocess.run("sleep 3",shell=True,timeout=2)
Traceback (most recent call last):
  File "<stdin>", line 1, in <module>
  File "/usr/lib/python3.5/subprocess.py", line 695, in run
    stdout, stderr = process.communicate(input, timeout=timeout)
  File "/usr/lib/python3.5/subprocess.py", line 1072, in communicate
    stdout, stderr = self._communicate(input, endtime, timeout)
  File "/usr/lib/python3.5/subprocess.py", line 1741, in _communicate
    self.wait(timeout=self._remaining_time(endtime))
  File "/usr/lib/python3.5/subprocess.py", line 1650, in wait
    raise TimeoutExpired(self.args, timeout)
subprocess.TimeoutExpired: Command 'sleep 3' timed out after 1.6570737058001298 seconds

During handling of the above exception, another exception occurred:

Traceback (most recent call last):
  File "<stdin>", line 1, in <module>
  File "/usr/lib/python3.5/subprocess.py", line 700, in run
    stderr=stderr)
subprocess.TimeoutExpired: Command 'sleep 3' timed out after 2 seconds
```

图 2.15　运行结果

上面的例子虽然很长，但是为了说明超时会抛出 TimeoutExpired 异常，这在实际工作中非常有用，比如一个任务不确定什么时间完成，可以设置一个超时时间，如果超时仍未完成，可以通过代码控制超时重新运行。如果超时重试 3 次不成功，就让程序报错退出。

2.4.2 Popen 类

先来看一下 Popen 类的构造函数。

```
class subprocess.Popen( args,
     bufsize=0,
     executable=None,
     stdin=None,
     stdout=None,
     stderr=None,
     preexec_fn=None,
     close_fds=False,
     shell=False,
     cwd=None,
     env=None,
     universal_newlines=False,
     startupinfo=None,
     creationflags=0)
```

参数的说明可参见表 2-5。

表 2-5　Popen 类构造函数的参数

args	字符串或列表
bufsize	0 无缓冲 1 行缓冲 其他正值，缓冲区大小 负值，采用默认系统缓冲（一般是全缓冲）
executable	一般不用，args 字符串或列表第一项表示程序名
stdin stdout stderr	None 没有任何重定向，继承父进程 PIPE 创建管道 文件对象 文件描述符（整数） stderr 还可以设置为 STDOUT
preexec_fn	钩子函数，在 fork 和 exec 之间执行。
close_fds	unix 下执行新进程前是否关闭 0/1/2 之外的文件 windows 下不继承还是继承父进程的文件描述符
shell	为真的话 unix 下相当于 args 前面添加了 "/bin/sh" "-c" window 下，相当于添加"cmd.exe /c"
cwd	设置工作目录
env	设置环境变量
universal_newlines	各种换行符统一处理成 '\n'
startupinfo	window 下传递给 CreateProcess 的结构体
creationflags	windows 下，传递 CREATE_NEW_CONSOLE 创建自己的控制台窗口

使用方法如下:

```
subprocess.Popen(["gedit","abc.txt"])
subprocess.Popen("gedit abc.txt")
```

这两个方法,后者将不会工作。因为如果是一个字符串的话,就必须是程序的路径才可以。(考虑 unix 的 api 函数 exec,接受的是字符串列表)。但是下面的可以工作:

```
subprocess.Popen("gedit abc.txt", shell=True)
```

这是因为它相当于:

```
subprocess.Popen(["/bin/sh", "-c", "gedit abc.txt"])
```

Popen 类的对象还有其他实用方法,参见表 2-6。

表 2-6 Popen 类对象的方法

名称	功能
poll()	检查是否结束,设置返回值
wait()	等待结束,设置返回值
communicate()	参数是标准输入,返回标准输出和标准出错
send_signal()	发送信号 (主要在 unix 下有用)
terminate()	终止进程,unix 对应的 SIGTERM 信号,windows 下调用 api 函数 TerminateProcess()
kill()	杀死进程(unix 对应 SIGKILL 信号),windows 下同上
stdin	参数中指定 PIPE 时,有用
stdout	
stderr	
pid	进程 id
returncode	进程返回值

2.4.3 其他方法

(1) subprocess.call(*popenargs, **kwargs):call 方法调用 Popen() 执行程序,并等待它完成。

(2) subprocess. check_call(*popenargs, **kwargs) :调用前面的 call(),如果返回值非零,则抛出异常。

(3) subprocess. check_output (*popenargs, **kwargs):调用 Popen() 执行程序,并返回其标准输出。

2.5 日志记录

日志收集与分析是运维工作中十分重要的内容,要分析日志,最好先知道日志是如何生成的,这样才能知己知彼,分析日志才更有成效。本节将介绍如何通过 Python 的标准库 logging

模块定制自己多样化的记录日志需求。

2.5.1 日志模块简介

运维工作有很多情况需要查问题、解决 bug，而查问题和解决 bug 的过程离不开查看日志，我们编写脚本或程序时总是需要有日志输出，Python 的 logging 模块就是为记录日志使用的，而且是线程安全的，意味着使用它完全不用担心因日志模块的异常导致程序崩溃。

【示例 2-21】首先看一下日志模块的第一个例子。简单将日志打印到屏幕：

```
1  import logging
2  logging.debug('debug message')
3  logging.info('info message')
4  logging.warning('warning message')
5  logging.error('error message')
6  logging.critical('critical message')
```

输出为：

```
WARNING:root:warning message
ERROR:root:error message
CRITICAL:root:critical message
```

默认情况下，Python 的 logging 模块将日志打印到标准输出中，而且只显示大于等于 WARNING 级别的日志，这说明默认的日志级别设置为 WARNING（日志级别等级 CRITICAL > ERROR > WARNING > INFO > DEBUG）。默认的日志格式：日志级别为 Logger，名称为用户输出消息。

各日志级别代表的含义如下。

- DEBUG：调试时的信息打印。
- INFO：正常的日志信息记录。
- WARNING：发生了警告信息，但程序仍能正常工作。
- ERROR：发生了错误，部分功能已不正常。
- CRITICAL：发生严重错误，程序可能已崩溃。

上面的例子是非常简单的，还不足以显示 logging 模块的强大，因为我们使用 print 函数也可以实现以上功能。下面来看第二个例子。

【示例 2-22】将日志信息记录至文件（文件名：lx_log1.py）。

```
1  import logging
2  logging.basicConfig(filename='./lx_log1.log')
3  logging.debug('debug message')
4  logging.info('info message')
5  logging.warning('warning message')
6  logging.error('error message')
7  logging.critical('critical message')
```

执行以上代码后发现，在当前目录多了一个文件 lx_log1.log，文件内容与第一个例子的输出是一致的。多次执行 lx_log1.py 发现 log 文件的内容变多了，说明默认的写 log 文件的方式是追加。

2.5.2　logging 模块的配置与使用

我们可以通过 logging 模块的配置改变 log 文件的写入方式、日志级别、时间戳等信息。例如下面的配置：

```
logging.basicConfig(level=logging.DEBUG,        #设置日志的级别
format='%(asctime)s %(filename)s[line:%(lineno)d] %(levelname)s %(message)s',
#日志的格式
                datefmt=' %Y-%m-%d %H:%M:%S',              #时间格式
                filename='./lx_log1.log',                  #指定文件位置
                filemode='w')           #指定写入方式
```

可见在 logging.basicConfig()函数中可通过具体参数来更改 logging 模块的默认行为。

- filename: 用指定的文件名创建 FiledHandler，这样日志会被存储在指定的文件中。
- filemode: 文件打开方式，在指定了 filename 时使用这个参数，默认值为 a，还可指定为 w。
- format: 指定 handler 使用的日志显示格式。
- datefmt: 指定日期时间格式。
- level: 设置 rootlogger 的日志级别。
- stream: 用指定的 stream 创建 StreamHandler。可以指定输出到 sys.stderr,sys.stdout 或者文件，默认为 sys.stderr。若同时列出了 filename 和 stream 两个参数，则 stream 参数会被忽略。

format 参数中可能用到的格式化串如下。

- %(name)s Logger 的名字。
- %(levelno)s 数字形式的日志级别。
- %(levelname)s 文本形式的日志级别。
- %(pathname)s 调用日志输出函数的模块的完整路径名，可能没有。
- %(filename)s 调用日志输出函数的模块的文件名。
- %(module)s 调用日志输出函数的模块名。
- %(funcName)s 调用日志输出函数的函数名。
- %(lineno)d 调用日志输出函数的语句所在的代码行。
- %(created)f 当前时间，用 UNIX 标准表示时间的浮点数。
- %(relativeCreated)d 输出日志信息时，自 Logger 创建以来的毫秒数。
- %(asctime)s 字符串形式的当前时间。默认格式是 "2013-07-08 16:49:45,896"。逗号后面的是毫秒。
- %(thread)d 线程 ID，可能没有。

- %(threadName)s 线程名,可能没有。
- %(process)d 进程 ID,可能没有。
- %(message)s 用户输出的消息。

【示例 2-23】例如以下代码。

```
1  import logging
2  logging.basicConfig(
3      level=logging.DEBUG,
4      format="%(asctime)s %(filename)s[line:%(lineno)d] %(levelname)s %(message)s",  # 日志的格式
5      datefmt=" %Y-%m-%d %H:%M:%S",  # 时间格式
6      filename="./lx_log1.log",  # 指定文件位置
7      filemode="w",
8  )
9  logging.debug("debug message")
10 logging.info("info message")
11 logging.warning("warning message")
12 logging.error("error message")
13 logging.critical("critical message")
```

运行代码后我们会看到 lx_log1.py 文件的内容如下:

```
2018-06-07 21:09:51 lx_log1.py[line:9] DEBUG debug message
2018-06-07 21:09:51 lx_log1.py[line:10] INFO info message
2018-06-07 21:09:51 lx_log1.py[line:11] WARNING warning message
2018-06-07 21:09:51 lx_log1.py[line:12] ERROR error message
2018-06-07 21:09:51 lx_log1.py[line:13] CRITICAL critical message
```

这样的配置已基本满足我们写一些小程序或 Python 脚本的日志需求。然而这还不够体现 logging 模块的强大,毕竟以上功能通过自定义一个函数也可以方便实现。下面先介绍几个概念以及它们之间的关系图。

- logger: 记录器,应用程序代码能直接使用的接口。
- handler: 处理器,将(记录器产生的)日志记录发送至合适的目的地。
- filter: 过滤器,提供了更好的粒度控制,可以决定输出哪些日志记录。
- formatter: 格式化器,指明了最终输出中日志记录的布局。

日志事件信息在记录器(logger)、处理器(handler)、过滤器(filter)、格式化器(formatter)之间通过一个日志记录实例来传递。通过调用记录器实例的方法来记录日志,每一个记录器实例都有一个名字,名字相当于其命名空间,是一个树状结构。例如,一个记录器叫 scan,记录器 scan.tex、scan.html、scan.pdf 的父节点。记录器的名称。可以任意取,但一个比较好的实践是通过下面的方式来命名一个记录器。

```
logger = logging.getLogger(__name__)
```

上面这条语句意味着记录器的名字会通过搜索包的层级来获致,根记录器叫 root logger。记录器通过 debug()、info()、warning()、error()和 critical()方法记录相应级别的日志,根记录器

也一样。

根记录器 root logger 输出的名称是'root'。当然，日志的输出位置可能是不同的，logging 模块支持将日志信息输出到终端、文件、HTTP GET/POST 请求、邮件、网络 sockets、队列或操作系统级的日志等。日志的输出位置在处理器 handler 类中进行配置，如果内建的 hangler 类无法满足需求，则可以自定义 hander 类来实现自己特殊的需求。默认情况下，日志的输出位置为终端（标准错误输出），可以通过 logging 模块的 basicConfig()方法指定一个具体的位置来输出日志，如终端或文件。

logger 和 hander 的工作流程如图 2.16 所示。

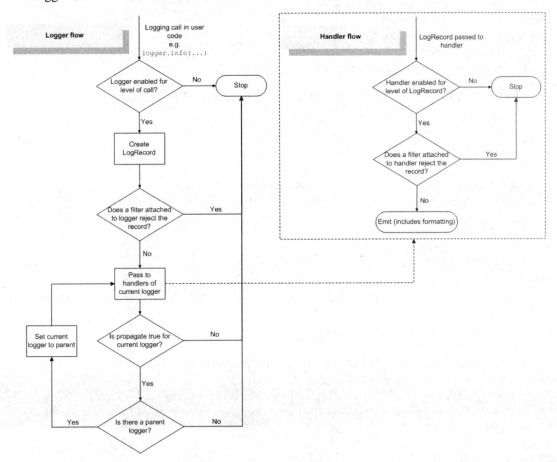

图 2.16　logging 模块的工作流程

现在让我们从整体到局部来说明 logger 的日志记录过程。

第一步：获取 logger 的名称。

```
logger = logging.getLogger('logger name')   #这里的logger name是自己定义的
```

第二步：配置 logger。

1）配置该 logger 的输出级别，如 logger.setLevel(loging.INFO)。

2）添加该 logger 的输出位置，即 logger 的 handler，logger.addHandler(ch)。这里 ch 是我们自定义的 handler，如 ch=logging.StreamHandler，即输出到终端。我们可以添加多个 handler，一次性将日志输出到不同的位置。日志的输出格式是在 handler 中进行配置，如 ch.setFormatter(formatter)，formatter 也我们自定义的，如 formatter = logging.Formatter('%(asctime)s - %(name)s - %(levelname)s - %(message)s')。不同的 hander 可以配置不同的格式化器，可以实现不同的输出位置，不同的输出格式，完全可能灵活配置。

第三步：在应用程序中记录日志。

```
logger.debug('debug message')
logger.info('info message')
logger.warn('warn message')
logger.error('error message')
logger.critical('critical message')
```

【示例 2-24】将日志信息显示在终端的同时也在文件中记录（lx_log2.py）。

```
1   # -*- coding: utf-8 -*-
2
3   import logging
4
5   # 创建 logger,其名称为 simple_example, 名称为任意，也可为空
6   logger = logging.getLogger("simple_example")
7   # 打印 logger 的名称
8   print(logger.name)
9   # 设置 logger 的日志级别
10  logger.setLevel(logging.INFO)
11
12  # 创建两个 handler, 一个负责将日志输出到终端，一个负责输出到文件，并分别设置它们的日志级别
13  ch = logging.StreamHandler()
14  ch.setLevel(logging.DEBUG)
15  fh = logging.FileHandler(filename="simple.log", mode="a", encoding="utf-8")
16  fh.setLevel(logging.WARNING)
17  # 创建一个格式化器，可以创建不同的格式化器用于不同的 handler，这里我们使用一个
18  formatter = logging.Formatter("%(asctime)s - %(name)s - %(levelname)s - %(message)s")
19
20  # 设置两个 handler 的格式化器
21  ch.setFormatter(formatter)
22  fh.setFormatter(formatter)
23  # 为 logger 添加两个 handler
24  logger.addHandler(ch)
25  logger.addHandler(fh)
26
27  # 在程序中记录日志
28  logger.debug("debug message")
29  logger.info("info message")
30  logger.warn("warn message")
31  logger.error("error message")
```

```
32  logger.critical("critical message")
```

在以上程序中我们设置了 logger 的日志级别为 INFO，handler ch 的日志级别为 DEBUG，handler fh 的日志级别为 WARNING，这样做是为了解释它们之前的优先级。

handler 的日志级别以 logger 的日志级为基础，logger 的日志级别为 INFO，低于 INFO 级别的（如 DEBUG）均不会在 handler 中出现。handler 中的日志级别如果高于 logger，则只显示更高级别的日志信息，如 fh 应该只显示 WARNING 及以上的日志信息；handler 中的日志级别如果低于或等于 logger 的日志级别，则显示 logger 的日志级别及以上信息，如 ch 应该显示 INFO 及以上的日志信息。

下面运行程序进行验证：执行 python lx_log2.py 得到如下结果。

```
lx_log2
2018-06-12 22:18:10,378 - lx_log2 - INFO - info message
2018-06-12 22:18:10,379 - lx_log2 - WARNING - warn message
2018-06-12 22:18:10,379 - lx_log2 - ERROR - error message
2018-06-12 22:18:10,380 - lx_log2 - CRITICAL - critical message
```

查看 lx_log2.log 文件，内容如下：

```
2018-06-12 22:18:10,379 - lx_log2 - WARNING - warn message
2018-06-12 22:18:10,379 - lx_log2 - ERROR - error message
2018-06-12 22:18:10,380 - lx_log2 - CRITICAL - critical message
```

从运行结果来看，符合我们的预期。除了 StreamHandler 和 FileHandler 外，logging 模块还提供了其他更为实用的 Handler 子类，它们都继承在 Handler 基类，如下所示。

- BaseRotatingHandler：是循环日志处理器的基类，不能直接被实例化，可使用 RotatingFileHandler 和 TimedRotatingFileHandler。
- RotatingFileHandler：将日志文件记录至磁盘文件，可以设置每个日志文件的最大占用空间。
- TimedRotatingFileHandler：将日志文件记录至磁盘文件，按固定的时间间隔来循环记录日志。
- SocketHandler：可以将日志信息发送到 TCP/IP 套接字。
- DatagramHandler：可以将日志信息发送到 UDP 套接字。
- SMTPHandler：可以将日志文件发送至邮箱。
- SysLogHandler：系统日志处理器，可以将日志文件发送至 UNIX 系统日志，也可以是一个远程机器。
- NTEventLogHandler：Windows 系统事件日志处理器，可以将日志文件发送到 Windows 系统事件日志。
- MemoryHandler：MemoryHandler 实例向内存中的缓冲区发送消息，只要满足特定的条件，缓冲区就会被刷新。
- HTTPHandler：使用 GET 或 POST 方法向 HTTP 服务器发送消息。
- WatchedFileHandler：WatchedFileHandler 实例监视它们登录到的文件。如果文件发生

更改，则使用文件名关闭并重新打开。这个处理器只适用于类 unix 系统，Windows 不支持使用的底层机制。

- QueueHandler：QueueHandler 实例向队列发送消息，比如在队列或多处理模块中实现的消息。
- NullHandler：NullHandler 实例不使用错误消息。库开发人员使用日志记录，但希望避免在库用户未配置日志记录时显示"日志记录器 XXX 无法找到任何处理程序"消息。

【示例 2-25】日志的配置信息也可以来源于配置文件（lx_log3.py）。代码如下：

```
1  import logging
2  import logging.config
3
4  logging.config.fileConfig('logging.conf')
5
6  # 创建一个 logger
7  logger = logging.getLogger('simpleExample')
8
9  # 日志记录
10 logger.debug('debug message')
11 logger.info('info message')
12 logger.warn('warn message')
13 logger.error('error message')
14 logger.critical('critical message')
```

下面是配置文件的信息 logging.conf。

```
1  [loggers]
2  keys=root,simpleExample
3
4  [handlers]
5  keys=consoleHandler
6
7  [formatters]
8  keys=simpleFormatter
9
10 [logger_root]
11 level=DEBUG
12 handlers=consoleHandler
13
14 [logger_simpleExample]
15 level=DEBUG
16 handlers=consoleHandler
17 qualname=simpleExample
18 propagate=0
19
20 [handler_consoleHandler]
21 class=StreamHandler
22 level=DEBUG
```

```
23  formatter=simpleFormatter
24  args=(sys.stdout,)
25
26  [formatter_simpleFormatter]
27  format=%(asctime)s - %(name)s - %(levelname)s - %(message)s
28  datefmt=%Y-%m-%d %H:%M:%S
```

上面几种常用的方法已经基本满足我们的需求，如需要更为细致的了解，可参考 logging 模块的官方文档。

2.6 搭建 FTP 服务器与客户端

熟悉 FTP 的读者可能会觉得这个太简单了，直接在网上下载软件安装运行就可以了，客户端和服务器都有，但是只能满足一些简单的工作需求。如果我们通过写 Python 代码搭建 FTP 服务器和客户端，就能实现一些更为精细化的控制，如精细的访问权限配置、详细的日志记录等，根据工作经验，Python 搭建 FTP 服务器也非常简单，而且更为稳定，下面就让我们一起来学习吧。

2.6.1 搭建 FTP 服务器

FTP（File Transfer Protocol，文件传输协议）运行在 TCP 协议上，使用两个端口，即数据端口和命令端口，也称控制端口。默认情况下，20 是数据端口，21 是命令端口。

FTP 有两种传输模式：主动模式和被动模式。

（1）主动模式：客户端首先从任意的非特殊端口 n（大于 1023 的端口，也是客户端的命令端口）连接 FTP 服务器的命令端口（默认是 21），向服务发出命令 PORT n+1，告诉服务器自己使用 n+1 端口作为数据端口进行数据传输，然后在 n+1 端口监听。服务器收到 PORT n+1 后向客户端返回一个'ACK'，然后服务器从它自己的数据端口（20）到客户端先前指定的数据端口 (n+1 端口) 的连接，最后客户端向服务器返回一个'ACK'，过程结束，如图 2.17 所示。

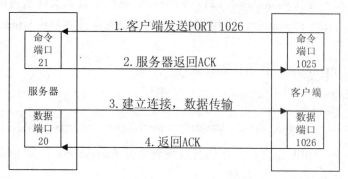

图 2.17　ftp 的主动模式

（2）被动模式：为了解决服务器发起到客户的连接问题，人们开发了被动 FTP，或者叫作 PASV，当客户端通知服务器处于被动模式时才启用。在被动方式 FTP 中，命令连接和数据连接都由客户端发起。当开启一个 FTP 连接时，客户端打开两个任意的非特权本地端口（大于 1023）。第一个端口连接服务器的 21 端口，但与主动方式的 FTP 不同，客户端不会提交 PORT 命令并允许服务器来回连接数据端口，而是提交 PASV 命令。这样做的结果是服务器会开启一个任意的非特权端口，并发送 PORT P 命令给客户端，然后客户端发起从本地端口 N+1 到服务器的端口 P 的连接用来传送数据，如图 2.18 所示。

图 2.18　ftp 的被动模式

简单总结：主动方式对 FTP 服务器的管理有利，但对客户端的管理不利。因为 FTP 服务器企图与客户端的高位随机端口建立连接，而这个端口很有可能被客户端的防火墙阻塞掉。被动方式对 FTP 客户端的管理有利，但对服务器端的管理不利。因为客户端要与服务器端建立两个连接，其中一个连到一个高位随机端口，而这个端口很有可能被服务器端的防火墙阻塞掉。

使用 Python 搭建一个 FTP 服务器需要 pyftpdlib 模块，安装非常简单。执行以下命令进行安装：

```
pip install pyftpdlib
```

（1）快速搭建一个简单的 FTP 服务器。执行：

```
python -m pyftpdlib -p 21
```

即可在执行命令所在的目录下建立一个端口为 21 的供下载文件的 FTP 服务器，注意 Linux 系统需要 root 用户才能使用默认端口 21，windows 系统中目录文件名可能是乱码，原因是 pyftpdlib 内部使用 utf8，而 windows 使用 gbk，参照下面的步骤可解决 windows 系统的乱码问题。

首先，找到 pyftpdlib 源文件所在的目录。

```
>>> import pyftpdlib
>>> pyftpdlib.__path__
['C:\\Users\\xx\\projectA_env\\lib\\site-packages\\pyftpdlib']
```

其次，在目录 pyftpdlib 源文件所在的目录找到文件 filesystems.py 和 handlers.py，先备份。

再次，打开 filesystems.py，找到

```
yield line.encode('utf8', self.cmd_channel.unicode_errors)
```

共有两处，修改'utf8'为'gbk'，保存并退出。

打开 handlers.py，找到

```
return bytes.decode('utf8', self.unicode_errors)
```

修改 utf8 为 gbk，保存并退出。

最后，验证乱码已解决。

（2）搭建一个具有访问权限，可配置相关信息的 FTP 服务器（ftpserver.py）。

```
1  from pyftpdlib.authorizers import DummyAuthorizer
2  from pyftpdlib.handlers import FTPHandler,ThrottledDTPHandler
3  from pyftpdlib.servers import FTPServer
4  from pyftpdlib.log import LogFormatter
5  import logging
6
7
8  #记录日志，默认情况下日志仅输出到屏幕（终端），这里既输出到屏幕又输出到文件，方便日志查看
9  logger = logging.getLogger()
10 logger.setLevel(logging.INFO)
11 ch = logging.StreamHandler()
12 fh = logging.FileHandler(filename='myftpserver.log',encoding='utf-8') #默认
的方式是追加到文件
13 ch.setFormatter(LogFormatter())
14 fh.setFormatter(LogFormatter())
15 logger.addHandler(ch)  #将日志输出至屏幕
16 logger.addHandler(fh)  #将日志输出至文件
17
18
19 # 实例化虚拟用户，这是 FTP 验证首要条件
20 authorizer = DummyAuthorizer()
21 # 添加用户权限和路径，括号内的参数是(用户名、 密码、 用户目录、 权限),可以为不同的用户添加
不同的目录和权限
22 authorizer.add_user("user", "12345", "d:/", perm="elradfmw")
23 # 添加匿名用户，只需要路径
24 authorizer.add_anonymous("d:/")
25
26 # 初始化 ftp 句柄
27 handler = FTPHandler
28 handler.authorizer = authorizer
29
30 #添加被动端口范围
31 handler.passive_ports = range(2000, 2333)
32
33 # 下载上传速度设置
34 dtp_handler = ThrottledDTPHandler
35 dtp_handler.read_limit = 300 * 1024 #300kb/s
36 dtp_handler.write_limit = 300 * 1024 #300kb/s
37 handler.dtp_handler = dtp_handler
```

```
38
39  # 监听 ip 和 端口,linux 里需要 root 用户才能使用 21 端口
40  server = FTPServer(("0.0.0.0", 21), handler)
41
42  # 最大连接数
43  server.max_cons = 150
44  server.max_cons_per_ip = 15
45
46  # 开始服务,自带日志打印信息
47  server.serve_forever()
```

执行 python ftpserver.py 得到如图 2.19 所示的结果。

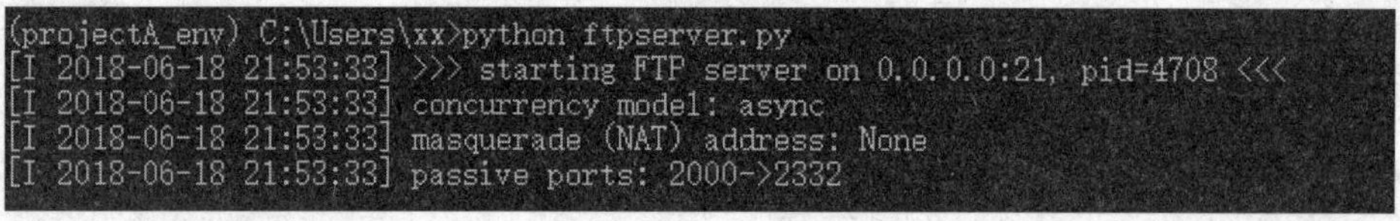

```
(projectA_env) C:\Users\xx>python ftpserver.py
[I 2018-06-18 21:53:33] >>> starting FTP server on 0.0.0.0:21, pid=4708 <<<
[I 2018-06-18 21:53:33] concurrency model: async
[I 2018-06-18 21:53:33] masquerade (NAT) address: None
[I 2018-06-18 21:53:33] passive ports: 2000->2332
```

图 2.19　运行结果

同时该目录下也会生成一个 myftpserver.log 文件,文件内容与屏幕上的信息一致。

下面我们登录该 FTP 并列出目录进行测试,如图 2.20 所示。

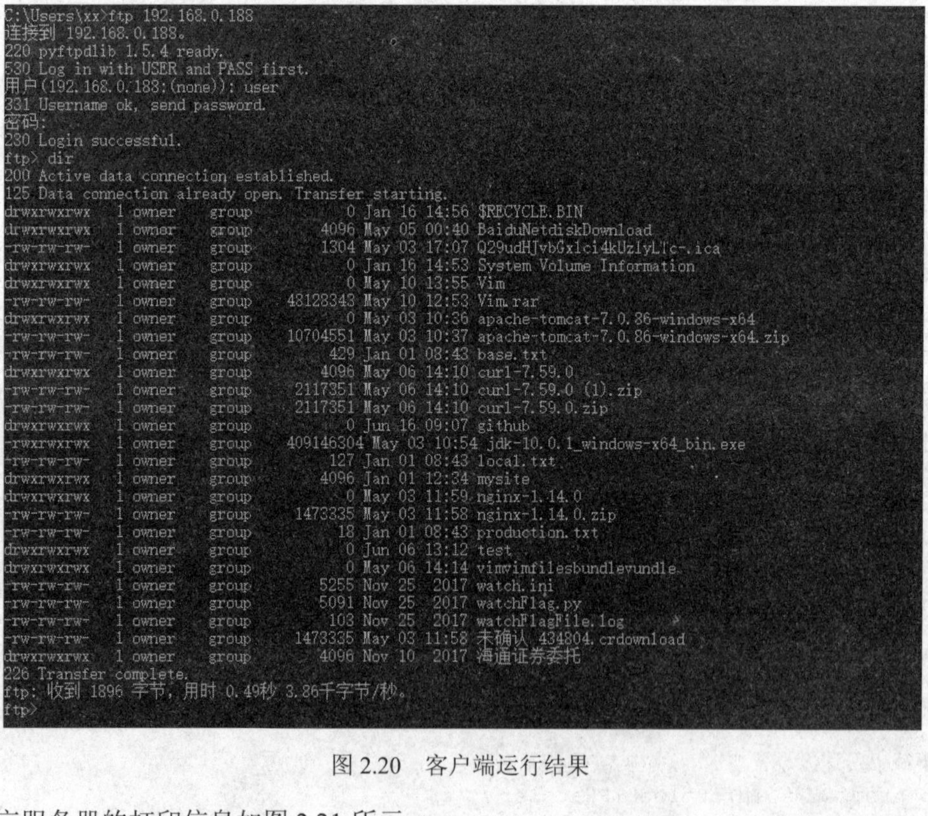

图 2.20　客户端运行结果

对应服务器的打印信息如图 2.21 所示。

图 2.21 服务端运行结果

至此，一个 FTP 服务器已经搭建完成，大家可以修改 ftpserver.py 来满足自己的需求。在此附上用户权限的代码及说明，参见表 2-7 和表 2-8。

表 2-7 读权限

代码	说明
e	改变文件目录
l	列出文件
r	从服务器接收文件

表 2-8 写权限

代码	说明
a	文件上传
d	删除文件
f	文件重命名
m	创建文件
w	写权限
M	文件传输模式（通过 FTP 设置文件权限）

2.6.2 编写 FTP 客户端程序

在实际应用中可能经常访问 FTP 服务器来上传或下载文件，Python 也可以替我们做这些。

【示例 2-28】下面请看一个例子（ftpclient）。

```
1   # -*- coding: utf-8 -*-
2   # !/usr/local/bin/python
3   # Time: 2018/6/18 22:23:14
4   # Description:
5   # File Name: ftpclients.py
6   
7   from ftplib import FTP
8   #登录 FTP
9   ftp = FTP(host='localhost',user='user',passwd='12345')
10  #设置编码方式，由于在 windows 系统，设置编码为 gbk
11  ftp.encoding = 'gbk'
12  # 切换目录
13  ftp.cwd('test')
14  #列出文件夹的内容
15  ftp.retrlines('LIST') # ftp.dir()
16  #下载文件 note.txt
```

```
17  ftp.retrbinary('RETR note.txt', open('note.txt', 'wb').write)
18  #上传文件 ftpserver.py
19  ftp.storbinary('STOR ftpserver.py', open('ftpserver.py', 'rb'))
20  #查看目录下的文件详情
21  for f in ftp.mlsd(path='/test'):
22      print(f)
```

运行结果如图 2.22 所示。

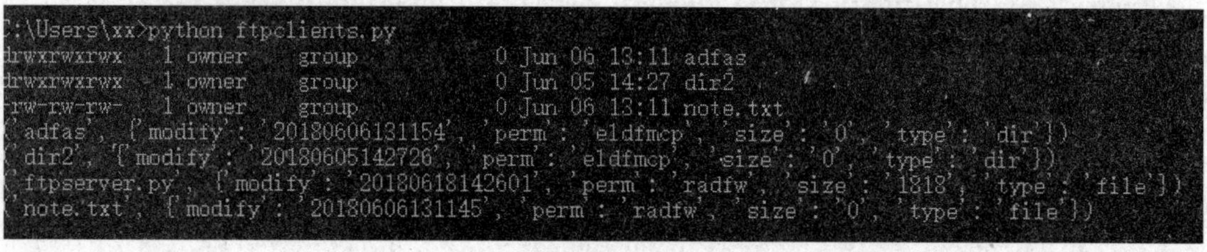

图 2.22 运行结果

FTP 客户端程序的编写还可以参照官方文档，以满足个性化的需求。

2.7 邮件提醒

邮件是互联网上应用非常广泛的服务，几乎所有的编程语言都支持发送和接收电子邮件，使用 Python 发送邮件和接收邮件也是非常简单易学的。现在几乎每个人的手机上都自带邮件客户端，多数邮箱都支持短信提醒，因此，在运维场景中将程序报错的信息发送到相应人员的邮箱可以及时感知程序的报错，尽早处理从而避免更多的损失。当然，使用程序发送邮件还有许多应用场景，如网站的密码重置等，在此不再一一列举。

2.7.1 发送邮件

关于如何写代码发送邮件，我们应首先想到发送邮件使用什么协议。目前发送邮件的协议是 SMTP（Simple Mail Transfer Protocol，简单邮件传输协议），是一组用于由源地址到目的地址传送邮件的规则，由它来控制信件的中转方式。我们编写代码，实际上就是将待发送的消息使用 SMTP 协议的格式进行封装，再提交 SMTP 服务器进行发送的过程。

Python 内置的 smtplib 提供了一种很方便的途径发送电子邮件，可以发送纯文本邮件、HTML 邮件及带附件的邮件。Python 对 SMTP 支持有 smtplib 和 email 两个模块，email 负责构造邮件，smtplib 负责发送邮件。

我们来看一下如何创建 SMTP 对象。Python 创建 SMTP 对象语法如下：

```
import smtplib
smtpObj = smtplib.SMTP( [host [, port [, local_hostname]]] )
```

参数说明：

- host：SMTP 服务器主机，可以指定主机的 IP 地址或域名，是可选参数。

- port: 如果提供了 host 参数,就需要指定 SMTP 服务使用的端口号,一般情况下 SMTP 端口号为 25。
- local_hostname: 如果 SMTP 在你的本机上,那么只需要指定服务器地址为 localhost 即可。

Python SMTP 对象使用 sendmail 方法发送邮件,其语法如下:

```
SMTP.sendmail(from_addr, to_addrs, msg[, mail_options, rcpt_options])
```

参数说明:

- from_addr: 邮件发送者地址。
- to_addrs: 字符串列表,邮件发送地址。
- msg: 发送消息。

第三个参数 msg 是字符串,表示邮件。我们知道邮件一般由标题、发信人、收件人、邮件内容、附件等组成,发送邮件时,要注意 msg 的格式。这个格式就是 SMTP 协议中定义的格式。

【示例 2-29】构造简单的文本邮件。

```
from email.mime.text import MIMEText
message = MIMEText('Python 邮件发送测试...', 'plain', 'utf-8')
```

注意构造 MIMEText 对象时,第一个参数就是邮件正文,第二个参数是 MIME 的 subtype,传入 plain,最终的 MIME 就是'text/plain',最后一定要用 UTF-8 编码保证多语言兼容性。

在使用 SMTP 发送邮件之前,请确保所用邮箱的 SMTP 服务已开启,例如 163 邮箱,如图 2.23 所示。

图 2.23 SMTP 设置方法

【示例2-30】下面使用Python发送第一封简单的邮件（sendmail1.py）。

```python
# -*- coding: UTF-8 -*-

import smtplib
from email.mime.text import MIMEText

# 第三方 SMTP 服务
mail_host = "smtp.163.com"  # 设置服务器
mail_user = "你的邮箱用户名"  # 用户名
mail_pass = "你的邮箱密码"  # 口令


sender = "xxxx@163.com"
receivers = ["yyyy@qq.com", "zzzz@wjrcb.com"]  # 接收邮件,可设置为QQ邮箱或其他邮箱

message = MIMEText("这是正文：邮件正文......", "plain", "utf-8")  # 构造正文
message["From"] = sender  # 发件人, 必须构造, 也可以使用Header构造
message["To"] = ";".join(receivers)  # 收件人列表, 不是必须的
message["Subject"] = "这是主题：SMTP 邮件测试"

try:
    smtpObj = smtplib.SMTP()
    smtpObj.connect(mail_host, 25)  # 25 为 SMTP 端口号
    smtpObj.login(mail_user, mail_pass)
    smtpObj.sendmail(sender, receivers, message.as_string())
    print("发送成功")
except smtplib.SMTPException as e:
    print(f"发送失败,错误原因：{e}")
```

执行以上程序，屏幕上显示"发送成功"的信息后，即可看到收件箱里的邮件，如图2.24所示。

图2.24 运行结果

读者可能会问，可以发送HTML格式的邮件吗？当然可以，构造正文部分修改如下：

```
message = MIMEText(
    '<html><body><h1>这是正文标题</h1>\
    <p>正文内容 <a href="#">超链接</a>...</p>\
    </body></html>',
    "html",
    "utf-8",
```

) # 构造正文

执行后邮件内容如图 2.25 所示。

图 2.25 运行结果

到这里读者可能会问,如何添加附件呢?请看下面的代码:

```
1  # -*- coding: utf-8 -*-
2
3  import smtplib
4  from email.mime.text import MIMEText
5  from email.mime.multipart import MIMEMultipart
6  from email.mime.image import MIMEImage
7  from email.header import Header
8
9  # 第三方 SMTP 服务
10 mail_host = "mail.wjrcb.com"  # 设置服务器
11 mail_user = "zhengzheng"  # 用户名
12 mail_pass = "WQZZ2123"  # 口令
13
14
15 sender = "zhengzheng@wjrcb.com"
16 receivers = ["somenzz@qq.com", "somezz@163.com"]  # 接收邮件,可设置为 QQ 邮箱或其他邮箱
17 message = MIMEMultipart()
18
19
20 message["From"] = sender  # 构造发件人,也可以使用 Header 构造
21 message["To"] = ";".join(receivers)  # 收件人列表不是必需的
22 message["Subject"] = "这是主题:SMTP 邮件测试"
23
24 # 邮件正文内容
25
26
```

```python
28  message.attach(MIMEText('<p>这是正文：图片及附件发送测试</p><p>图片演示：</p><p><img src="cid:image1"></p>', 'html', 'utf-8'))
29
30  # 指定图片为当前目录
31  fp = open("1.jpg", "rb")
32  msgImage = MIMEImage(fp.read())
33  fp.close()
34
35  # 定义图片 ID，在 HTML 文本中引用
36  msgImage.add_header("Content-ID", "<image1>")
37  message.attach(msgImage)
38
39
40  #添加附件1，传送当前目录下的 test.txt 文件
41  att1 = MIMEText(open("test.txt", "rb").read(), "base64", "utf-8")
42  att1["Content-Type"] = "application/octet-stream"
43  # 这里的 filename 可以任意写，写什么名字，邮件中显示什么名字
44  att1["Content-Disposition"] = 'attachment; filename="test.txt"'
45  message.attach(att1)
46
47  # 添加附件2，传送当前目录下的测试.txt 文件
48  att2 = MIMEText(open("测试.txt", "rb").read(), "base64", "utf-8")
49  att2["Content-Type"] = "application/octet-stream"
50  # 这里的 filename 可以任意写，写什么名字，邮件中显示什么名字
51  att2.add_header("Content-Disposition", "attachment", filename=("gbk", "", "测试.txt"))
52  message.attach(att2)
53
54
55  try:
56      smtpObj = smtplib.SMTP()
57      smtpObj.connect(mail_host, 25)   # 25 为 SMTP 端口号
58      smtpObj.login(mail_user, mail_pass)
59      smtpObj.sendmail(sender, receivers, message.as_string())
60      print("发送成功")
61  except smtplib.SMTPException as e:
62      print(f"发送失败,错误原因：{e}")
```

执行以上代码后，验证邮箱如图 2.26 所示。

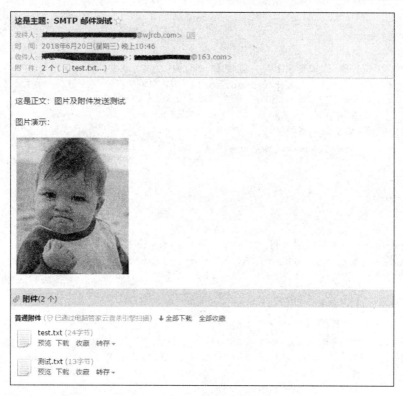

图 2.26　运行结果

2.7.2　接收邮件

接收邮件的协议有 POP3（Post Office Protocol）和 IMAP（Internet Message Access Protocol），Python 内置 poplib 模块实现了 POP3 协议，可以直接用来接收邮件。

与 SMTP 协议类似，POP3 协议收取的不是一个已经可以阅读的邮件本身，而是邮件的原始文本，要把 POP3 收取的文本变成可以阅读的邮件，还需要用 email 模块提供的各种类来解析原始文本，变成可阅读的邮件对象。收取邮件分以下两步。

第一步：用 poplib 模块把邮件的原始文本下载到本地。

第二步：用 email 模块解析原始文本，还原为邮件对象。

【示例 2-31】编写 get_mail.py 来演示如何使用 poplib 模块接收邮件。代码如下：

```
1  # -*- encoding:utf-8 -*-
2  import poplib
3  from email.parser import Parser
4  from email.header import decode_header
5  from email.utils import parseaddr
6
7  # 输入邮件地址、口令和 POP3 服务器地址
8  email = "xxxxx@qq.com"
9  password = "******"
```

```
10  pop3_server = "pop.qq.com"
11
12
13  # 连接到POP3服务器,如果开启ssl,就使用poplib.POP3_SSL
14  server = poplib.POP3_SSL(pop3_server)
15  # 可以打开或关闭调试信息
16  # server.set_debuglevel(1)
17  # 可选:打印POP3服务器的欢迎文字
18  print(server.getwelcome().decode("utf-8"))
19
20  # 身份认证:
21  server.user(email)
22  server.pass_(password)
23
24  # stat()返回邮件数量和占用空间:
25  print("邮件数量:%s 个. 大小:%.2fMB" % (server.stat()[0], server.stat()[1] / 1024 / 1024))
26
27
28  # list()返回所有邮件的编号:
29  resp, mails, octets = server.list()
30  # 可以查看返回的列表,类似[b'1 82923', b'2 2184', ...]
31
32
33  # 获取最新一封邮件,注意索引号从1开始,最新的邮件索引即为邮件的总个数
34  index = len(mails)
35  resp, lines, octets = server.retr(index)
36
37  # lines存储了邮件的原始文本的每一行可以获得整个邮件的原始文本
38  msg_content = b"\r\n".join(lines).decode("utf-8")
39  # 稍后解析出邮件
40  msg = Parser().parsestr(msg_content)
41
42
43  def decode_str(s):
44      value, charset = decode_header(s)[0]
45      if charset:
46          value = value.decode(charset)
47      return value
48
49
50  print("解析获取到的邮件内容如下:\n----------begin------------")
51  # 打印发件人信息
52  print(
53  f"{ decode_str(parseaddr(msg.get('From',''))[0])}<{decode_str(parseaddr( msg.get('From',''))[1])}>"
54  )
55  # 打印收件人信息
56  print(
57
```

```
f"{ decode_str(parseaddr(msg.get('To',''))[0])}<{decode_str(parseaddr( msg.get
('To',''))[1])}>"
58   )
59   # 打印主题信息
60   print(decode_str(msg["Subject"]))
61   # 打印第一条正文信息
62   part0 = msg.get_payload()[0]
63   content = part0.get_payload(decode=True)
64   print(content.decode(part0.get_content_charset())) #
65   print("----------end------------")
66
67   # 可以根据邮件索引号直接从服务器删除邮件
68   # server.dele(index)
69   # 关闭连接:
70   server.quit()
```

在代码的第 64 行，我们使用 part0.get_content_charset()编码来解码邮件正文。执行上面的代码得到如下结果。

```
+OK QQMail POP3 Server v1.0 Service Ready(QQMail v2.0)
邮件数量: 6 个. 大小: 0.11MB
解析获取到的邮件内容如下:
----------begin------------
郑征<somenzz@qq.com>
我自己的邮箱<897665600@qq.com>
这是主题: PYTHON POP 测试
这是正文，你好啊，POP
------------------
    Best regards!
----------end------------
```

对应的邮件截图如图 2.27 所示。

图 2.27 运行结果

2.7.3 将报警信息实时发送至邮箱

在日常运维中经常用到监控，其常用的是短信报警、邮件报警等。相比短信报警，邮件报警是一个非常低成本的解决方法，无须付给运营商短信费用，一条短信有字数限制，而邮件无此限制，因此邮件报警可以看到更多警告信息。

下面使用 Python 发送邮件的功能来实现报警信息实时发送至邮箱，具体需求说明如下。

（1）文本文件 txt 约定格式：第一行为收件人列表，以逗号分隔；第二行为主题，第三行至最后一行为正文内容，最后一行如果是文件，则作为附件发送，支持多个附件，以逗号分隔。

下面是一个完整的例子。

```
xxx@163.com,yyy@163.com
xxx 程序报警
报警信息…..
…..
……
/home/log/xxx.log,/tmp/yyy.log
```

（2）持续监控一个目录 A 下的 txt 文件，如果有新增或修改，则读取文本中的内容并发送邮件。

（3）有报警需求的程序可生成（1）中格式的文本文件并传送至目录 A 即可。任意程序基本都可以实现本步骤。

现在我们就使用 Python 来实现上述需求，涉及的 Python 知识点有：文件编码、读文件操作、watchdog 模块应用及发送邮件。

【示例 2-32】首先编写一个发送邮件的类，其功能是解析文本文件内容并发送邮件。

文件 txt2mail.py 内容如下：

```
1  # -*- coding: utf-8 -*-
2  import smtplib
3  import chardet
4  import codecs
5  import os
6  from email.mime.text import MIMEText
7  from email.header import Header
8  from email.mime.multipart import MIMEMultipart
9
10 # 第三方 SMTP 服务
11 class txtMail(object):
12
13     def __init__(self, host=None, auth_user=None, auth_password=None):
14         self.host = "smtp.163.com" if host is None else host  # 设置发送邮件服务器
15         self.auth_user = "xxxxx" if auth_user is None else auth_user  # 上线时使用专用报警账户的用户名
16         self.auth_password = (
17             "*******" if auth_password is None else auth_password
18         )  # 上线时使用专用报警账户的密码
19         self.sender = "xxxxx@163.com"
20
21     def send_mail(self, subject, msg_str, recipient_list, attachment_list=None):
22         message = MIMEMultipart()
```

```python
23              message["From"] = self.sender
24              message["To"] = Header(";".join(recipient_list), "utf-8")
25              message["Subject"] = Header(subject, "utf-8")
26              message.attach(MIMEText(msg_str, "plain", "utf-8"))
27
28              # 如果有附件,则添加附件
29              if attachment_list:
30                  for att in attachment_list:
31                      attachment = MIMEText(open(att, "rb").read(), "base64", "utf-8")
32                      attachment["Content-Type"] = "application/octet-stream"
33                      # 这里的 filename 可以任意写,写什么名字,邮件中显示什么名字
34                      # attname=att.split("/")[-1]
35                      filename = os.path.basename(att)
36                      # attm["Content-Disposition"] = 'attachment;filename=%s'%attname
37                      attachment.add_header(
38                          "Content-Disposition",
39                          "attachment",
40                          filename=("utf-8", "", filename),
41                      )
42                      message.attach(attachment)
43
44              smtpObj = smtplib.SMTP_SSL()
45              smtpObj.connect(self.host, smtplib.SMTP_SSL_PORT)
46              smtpObj.login(self.auth_user, self.auth_password)
47              smtpObj.sendmail(self.sender, recipient_list, message.as_string())
48              smtpObj.quit()
49              print("邮件发送成功")
50
51          def guess_chardet(self, filename):
52              """
53              :param filename: 传入一个文本文件
54              :return:返回文本文件的编码格式
55              """
56              encoding = None
57              try:
58                  # 由于本需求所解析的文本文件都不大,可以一次性读入内存
59                  # 如果是大文件,则读取固定字节数
60                  raw = open(filename, "rb").read()
61                  if raw.startswith(codecs.BOM_UTF8):  # 处理 UTF-8 with BOM
62                      encoding = "utf-8-sig"
63                  else:
64                      result = chardet.detect(raw)
65                      encoding = result["encoding"]
66              except:
67                  pass
68              return encoding
69
70          def txt_send_mail(self, filename):
71              '''
72              :param filename:
73              :return:
74              将指定格式的 txt 文件发送至邮件, txt 文件样例如下
75              someone1@xxx.com,someone2@xxx.com...#收件人,逗号分隔
76              xxx 程序报警     #主题
```

```
77                程序xxx步骤yyy执行报错,错误代码zzz    #正文
78                详细信息请看附件         #正文
79                file1,file2            #附件,逗号分隔,非必须
80                '''
81
82            with open(filename, encoding=self.guess_chardet(filename)) as f:
83                lines = f.readlines()
84            recipient_list = lines[0].strip().split(",")
85            subject = lines[1].strip()
86            msg_str = "".join(lines[2:])
87            attachment_list = []
88            for file in lines[-1].strip().split(","):
89                if os.path.isfile(file):
90                    attachment_list.append(file)
91            #如果没有附件,则为None
92            if attachment_list == []:
93                attachment_list = None
94            self.send_mail(
95                subject=subject,
96                msg_str=msg_str,
97                recipient_list=recipient_list,
98                attachment_list=attachment_list,
99            )
100
101
102 if __name__ == "__main__":
103     mymail = txtMail()
104     mymail.txt_send_mail(filename="./test.txt")
```

上述代码实现了自定义的邮件类,功能是解析指定格式的文本文件并发送邮件,支持多个附件上传。

接下来我们实现监控目录的功能,使用前面学习的 watchdog 模块。

文件 watchDir.py 内容如下:

```
1  # -*- coding: utf-8 -*-
2
3  import time
4  from watchdog.observers import Observer
5  from watchdog.events import FileSystemEventHandler
6  from txt2mail import txtMail
7
8
9  class FileEventHandler(FileSystemEventHandler):
10
11     def __init__(self):
12         FileSystemEventHandler.__init__(self)
13
14     def on_created(self, event):
15         if event.is_directory:
16             print("directory created:{0}".format(event.src_path))
17         else:
18             print("file created:{0}".format(event.src_path))
```

```
19          if event.src_path.endswith(".txt"):
20              time.sleep(1)
21              mail = txtMail()
22              try:
23                  mail.txt_send_mail(filename=event.src_path)
24              except:
25                  print("文本文件格式不正确")
26
27    def on_modified(self, event):
28        if event.is_directory:
29            print("directory modified:{0}".format(event.src_path))
30        else:
31            print("file modified:{0}".format(event.src_path))
32          if event.src_path.endswith(".txt"):
33              time.sleep(1)
34              mail = txtMail()
35              try:
36                  mail.txt_send_mail(filename=event.src_path)
37              except:
38                  print("文本文件格式不正确")
39
40
41 if __name__ == "__main__":
42     observer = Observer()
43     event_handler = FileEventHandler()
44     dir = "./"
45     observer.schedule(event_handler, dir, False)
46     print(f"当前监控的目录：{dir}")
47     observer.start()
48     observer.join()
```

watchdir 使用 watchdog 模块监控指定目录是否有后缀为 txt 的文本文件，如果有新增或修改的文本文件，则调用 txt2mail 中的 txtmail 类的 txt_send_mail 方法；如果发送不成功则表明文本文件格式错误，捕捉异常是为了避免程序崩溃退出。下面我们运行测试一下。

执行 python watchdir.py 后的结果如图 2.28 所示。

图 2.28 运行结果

在 ./ 目录下创建一个 test.txt 文件，文件内容如图 2.29 所示。

保存后看到运行结果如图 2.30 所示。

图 2.29 运行结果

图 2.30 运行结果

登录邮件可看到如图 2.31 所示的收件信息。

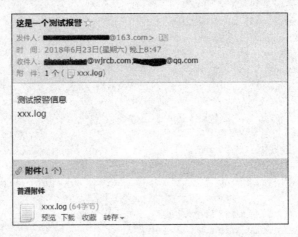

图 2.31　实时邮件发送

以上基本满足我们的日常监控需求，实际的生产环境中大家完全可以依据具体需求具体分析，这个例子也许不是最好的解决方案，但希望能起到抛砖引玉的作用。

2.8　微信提醒

随着移动互联网的普及，微信几乎是人人必用的产品，使用程序来处理微信消息具有很广泛的应用场景。本节介绍如何使用 Python 来处理微信消息，以及如何将警告信息发送到微信。

2.8.1　处理微信消息

Python 处理微信消息的第三方模块主要有 wxpy、itchat 等。wxpy 在 itchat 的基础上通过大量接口优化提升了模块的易用性，并进行丰富的功能扩展，这里我们使用 wxpy，使用 itchat 的读者可参考官方文档 http://itchat.readthedocs.io/zh/latest/。这些模块使用了 Web 微信的通信协议，实现了微信登录、收发消息、搜索好友、数据统计等功能。

首先需要从官方源下载并安装 wxpy。

```
pip install wxpy
```

或者从豆瓣源安装 wxpy。

```
pip install -U wxpy -i "ttps://pypi.doubanio.com/simple"
```

安装完成后，我们试一下几个基本功能。

（1）查找好友、群、发送消息。

```
# encoding=utf-8

from wxpy import *

# cache_path = True 表示开启缓存功能，短时间不用重新扫码
bot = Bot(cache_path=True)
```

```python
# 机器人账号自身
myself = bot.self

# 在 Web 微信中把自己加为好友
bot.self.add()
bot.self.accept()

# 发送消息给自己
bot.self.send("能收到吗？")

# 向文件传输助手发送消息
bot.file_helper.send("你好文件助手")

# 启用 puid 属性，并指定 puid 所需的映射数据保存/载入路径，puid 可始终被获取到，且具有稳定的唯一性
bot.enable_puid("wxpy_puid.pkl")

# 通过名称查找一个好友
my_friend = bot.friends().search("123")[0]
# 查看他的 puid
print(my_friend.puid)
# '26b1cc8a'
# 通过 puid 来查找好友
my_friend = bot.friends().search(puid="26b1cc8a")[0]
# 向好友发送消息
my_friend.send("你好，朋友")
# 发送图片
my_friend.send_image("my_picture.png")
# 发送视频
my_friend.send_video("my_video.mov")
# 发送文件
my_friend.send_file("my_file.zip")
# 以动态的方式发送图片
my_friend.send("@img@my_picture.png")

# 查找一个群并发送消息
## 一些不活跃的群可能无法被获取到，可通过在群内发言，或者以修改群名称的方式来激活
my_group = bot.groups().search("三人行")[0]
my_group.send("大家好")
# 搜索名称包含 '三人行'，且成员中包含 `my_friend` 的群聊对象
my_groups = bot.groups().search("三人行", [my_friend])
```

运行上面的程序会弹出二维码，使用手机微信扫一扫即可实现登录。开启了 cache_path = True 之后，会将登录信息保存下来，短时间内登录不需要重新扫码。

（2）接收消息、自动回复、转发消息。

```python
#接收所有消息
@bot.register()
def save_msg(msg):
    print(msg)
#接收好友消息，并让图灵机器人自动回复好友消息
@bot.register(Friend)
def save_msg(msg):
```

```
   print(msg)
   Tuling().do_reply(msg)    #调用wxpy自带的图灵机器人，也可以使用自己的api
```

我们可以利用接收消息再转发消息这一功能来保存重要人物（如老板）所发的消息。转发消息实例如下：

```
1  from wxpy import *
2
3  bot = Bot(cache_path=True)
4
5  #定位群
6  company_group = bot.groups().search('公司微信群')[0]
7
8  #定位老板
9  boss = company_group.search('老板大名')[0]
10
11 # 将老板的消息转发到文件传输助手
12 @bot.register(company_group)
13 def forward_boss_message(msg):
14     if msg.member == boss:
15         msg.forward(bot.file_helper, prefix='老板发言')
16
17 # 堵塞线程
18 embed()
```

（3）统计好友信息，如省份、城市、性别等。

```
1  from wxpy import *
2  bot = Bot(cache_path=True)
3  friends_stat = bot.friends().stats()
4
5  friend_loc = []  # 每一个元素是一个二元列表，分别存储地区和人数信息
6  for province, count in friends_stat["province"].items():
7      if province != "":
8          friend_loc.append([province, count])
9
10 # 对人数倒序排序
11 friend_loc.sort(key=lambda x: x[1], reverse=True)
12
13 # 打印前10
14 for item in friend_loc[:10]:
15     print(item[0], item[1])
```

运行结果如图2.32所示。

图2.32 运行结果

可以将上述代码第 6 行中的"province"替换为"city"，"sex"用来统计城市和性别信息。利用 Python 的图表模块可以轻松将统计数据生成漂亮的图表，在此不再详述。

【示例 2-33】我们还可以利用微信实现远程控制：定义一个管理员，当收到管理员的消息命令时，执行相应的指令。

```
1  import subprocess
2  from wxpy import *
3
4  bot = Bot()
5  #指定管理员
6  admin = bot.friends().search("清如")[0]
7
8
9  def remote_shell(command):
10     r = subprocess.run(
11         command,
12         shell=True,
13         stdout=subprocess.PIPE,
14         stderr=subprocess.STDOUT,
15         universal_newlines=True,
16     )
17     if r.stdout:
18         yield r.stdout
19     else:
20         yield "[OK]"
21
22
23 def send_iter(receiver, iterable):
24     """
25     用迭代的方式发送多条消息
26
27     :param receiver: 接收者
28     :param iterable: 可迭代对象
29     """
30
31     if isinstance(iterable, str):
32         raise TypeError
33
34     for msg in iterable:
35         receiver.send(msg)
36
37
38 @bot.register()
39 def server_mgmt(msg):
40     """
41     若消息文本以！开头，则作为 shell 命令执行
42     """
43     print(msg)
44     if msg.chat == admin:
45         if msg.text.startswith("!"):
46             command = msg.text[1:]
47             send_iter(msg.chat, remote_shell(command))
48
```

```
49  #进入阻塞，可以在命令行调试
50  embed()
```

运行上面的程序，使用管理员向登录号发送命令，结果如图 2.33 所示。

图 2.33 实现微信远程控制

2.8.2 将警告信息发送至微信

通过利用微信强大的通知能力，我们可以把程序中的警告/日志发到自己的微信上。wxpy 提供了以下两种方式来实现该需求。

（1）获取专有的 Logger。

```
wxpy.get_wechat_logger(receiver=None, name=None, level=30)
```

参数说明：

- receiver：当为 None、True 或字符串时，将以该值作为 cache_path 参数启动一个新的机器人，并发送到该机器人的"文件传输助手"；当为机器人时，将发送到该机器人的"文件传输助手"；当为聊天对象时，将发送到该聊天对象。
- name：Logger 名称。
- level：Logger 等级，默认为 logging.WARNING。

实例代码如下：

```
from wxpy import get_wechat_logger
# 获得一个专用 Logger
# 当不设置'receiver'时，会将日志发送到随后扫码登录的微信"文件传输助手"
logger = get_wechat_logger()
# 发送警告
logger.warning('这是一条 WARNING 等级的日志，你收到了吗？')
# 接收捕获的异常
```

```
try:
    1 / 0
except:
    logger.exception('现在你又收到了什么？')
```

（2）加入现有的 Logger。

class wxpy.WeChatLoggingHandler(receiver=None)

可以将日志发送至指定的聊天对象。

参数说明：

- receiver：当为 None、True 或字符串时，将以该值作为 cache_path 参数启动一个新的机器人，并发送到该机器人的"文件传输助手"；当为机器人时，将发送到该机器人的"文件传输助手"；当为聊天对象时，将发送到该聊天对象。

实例代码如下：

```
import logging
from wxpy import WeChatLoggingHandler

# 这是你现有的 Logger
logger = logging.getLogger(__name__)

# 初始化一个微信 Handler
wechat_handler = WeChatLoggingHandler()
# 加入现有的 Logger
logger.addHandler(wechat_handler)

logger.warning('你有一条新的警告，请查收。')
```

当然，我们也可以使用其他聊天对象来接收日志。比如，先在微信中建立一个群聊，并在里面加入需要关注这些日志的人员，然后将该群作为接收者。

```
from wxpy import *
# 初始化机器人
bot = Bot()
# 找到需要接收日志的群 -- 'ensure_one()' 用于确保找到的结果是唯一的，避免发错地方
group_receiver = ensure_one(bot.groups().search('XX业务-警告通知'))
# 指定这个群为接收者
logger = get_wechat_logger(group_receiver)
logger.error('打扰大家了，但这是一条重要的错误日志...')
```

上述两种方法都是 wxpy 官方提供监控程序的方法，该方法虽然简单，但每次添加一个程序的微信监控都需要扫描二维码重新登录一次，这就显得非常麻烦，有没有一种方法能让微信运行之后无论添加多少次程序都不需要重新扫描二维码呢？当然有，社区的程序员已经为用户想到了——wechat_sener 模块。

wechat_sender 是基于 wxpy 和 Tornado 实现的一个可以将网站、爬虫、脚本等其他应用中各种消息（日志、报警、运行结果等）发送到微信的工具。

安装：

```
pip install wechat_sender
```

使用：

（1）只需要在原有的脚本中添加两行代码。

```
from wechat_sender import *    #在脚本前加入模块
listen(bot)                    #在脚本末尾添加监听
```

（2）然后在其他脚本中添加以下代码即可实现消息发送至微信。

```
from wechat_sender import Sender
Sender().send('Hello From Wechat Sender')
# Hello From Wechat Sender 这条消息将通过（1）中登录微信的文件传输助手发送给你
```

例如我们已有的 wxpy 脚本如下：

```
# coding: utf-8
from wxpy import *
bot = Bot('bot.pkl')
my_friend = bot.friends().search('xxx')[0]
my_friend.send('Hello WeChat!')

@bot.register(Friend)
def reply_test(msg):
    msg.reply('test')
bot.join()
```

使用 wechat_sender 时只需要增加第 3 行和第 10 行代码即可。

```
1  # coding: utf-8
2  from wxpy import *
3  from wechat_sender import listen
4  bot = Bot('bot.pkl')
5  my_friend = bot.friends().search('xxx')[0]
6  my_friend.send('Hello WeChat!')
7  @bot.register(Friend)
8  def reply_test(msg):
9      msg.reply('test')
10 listen(bot)  # 只需要改变最后一行代码
11 bot.join()
```

之后如果还想在其他程序或脚本中发送微信消息，只需要：

```
# coding: utf-8
from wechat_sender import Sender
Sender().send("test message")    #发送至已登录微信的文件传输助手
Sender().send_to("test_message","xxx")  #发送至 xxx 用户，也可以发送至群聊等聊天对象
```

后续若有程序需要发送报警信息至微信，则不需要重新扫描二维码，只要添加相应的发送语句即可，非常简便。

以上就是本小节介绍的如何使用微信处理消息，以及如何将警告信息发送至微信，读者可以依据具体需要定制自己的代码。

第二篇

中级运维

第 3 章 实战多进程

我们都知道进程是操作系统进行资源分配和调度的基本单位,在单核 CPU 中,同一时刻只能运维单个进程,虽然仍可以同时运行多个程序,但进程之间是通过轮流占用 CPU 来执行的。进程有三种状态,它们之间的转化关系如图 3.1 所示。

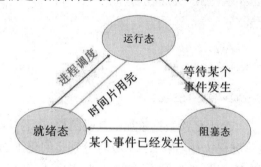

图 3.1 进程转化关系

随着技术的不断迭代更新,CPU 也越来越强大,目前家用电脑的 4 核 CPU 已经算低配置了,服务器的 CPU 更是强劲,从 4 核到 28 核,有的甚至有 64 核。因此,为了充分发挥多核 CPU 的优势,提高程序的并发度,我们要使用多进程。

Python 内置的 multiprocessing 模块提供了对多进程的支持,下面我们将一一介绍其用法。

3.1 创建进程的类 Process

multiprocessing 模块提供了一个创建进程的类 Process,其创建进程有以下两种方法。

- 创建一个 Process 类的实例,并指定目标任务函数。
- 自定义一个类并继承 Process 类,重写其__init__()方法和 run()方法。

我们首先使用第一种方法创建两个进程,并与单进程运行的时间做比较。

【示例 3-1】定义耗时任务,并对比单进程和多进程耗时(multi_process.py)。

```
1  from multiprocessing import Process
2  import os
```

```
3   import time
4   # 子进程要执行的代码
5   def task_process(delay):
6       num = 0
7       for i in range(delay*100000000):
8           num+=i
9       print(f"进程pid为 {os.getpid()},执行完成")
10
11  if __name__=='__main__':
12      print('父进程pid为 %s.' % os.getpid())
13      t0 = time.time()
14      task_process(3)
15      task_process(3)
16      t1 = time.time()
17      print(f"顺序执行耗时 {t1-t0} ")
18      p0 = Process(target=task_process, args=(3,))
19      p1 = Process(target=task_process, args=(4,))
20      t2 = time.time()
21      p0.start();p1.start()
22      p0.join();p1.join()
23      t3 = time.time()
26      print(f"多进程并发执行耗时 {t3-t2}")
```

上面的代码首先定义了一个上亿次数据累加的耗时函数,在运行结束时打印调用此函数的进程 ID,第 14 和 15 行是单进程执行,第 18 和 19 行分别实例化了 Process 类,并指定目标函数为 task_process,第 21 和 22 行是双进程并行执行,执行完成后打印耗时。其运行结果如下:

```
父进程pid为 2116.
进程pid为 2116,执行完成
进程pid为 2116,执行完成
顺序执行耗时 37.13105368614197
进程pid为 60624,执行完成
进程pid为 41016,执行完成
多进程并发执行耗时 24.04837417602539
```

我们发现多进程执行相同的操作次数耗时更少。接下来我们使用第二种方法实现【示例 3-1】。

【示例 3-2】自定义一个类并继承 Process 类(multi_process2.py)。

```
1   from multiprocessing import Process
2   import os
3   import time
4
5
6   class MyProcess(Process):
7       def __init__(self, delay):
8           self.delay = delay
9           super().__init__()
10
11      # 子进程要执行的代码
```

```
12      def run(self):
13          num = 0
14          for i in range(self.delay * 100000000):
15              num += i
16          print(f"进程pid为 {os.getpid()},执行完成")
17
18
19  if __name__ == "__main__":
20      print("父进程pid为 %s." % os.getpid())
21      p0 = MyProcess(3)
22      p1 = MyProcess(3)
23      t0 = time.time()
24      p0.start()
25      p1.start()
26      p0.join()
27      p1.join()
28      t1 = time.time()
29      print(f"多进程并发执行耗时 {t1-t0}")
```

  进程p0、p1在调用start()时,自动调用其run()方法。

运行结果如下:

```
父进程pid为 57228.
进程pid为 59932,执行完成
进程pid为 61288,执行完成
多进程并发执行耗时 24.03329348564148
```

下面我们来看一下Process类还有哪些功能可以使用,该类的构造函数原型如下。

```
class multiprocessing.Process(group=None, target=None, name=None, args=(), kwargs={}, *, daemon=None)
```

参数说明如下。

- target 表示调用对象,一般为函数,也可以为类。
- args 表示调用对象的位置参数元组。
- kwargs 表示调用对象的字典。
- name 为进程的别名。
- group 参数不使用,可忽略。

类提供的常用方法如下。

- is_alive(): 返回进程是否是激活的。
- join([timeout]): 阻塞进程,直到进程执行完成或超时或进程被终止。
- run(): 代表进程执行的任务函数,可被重写。
- start(): 激活进程。
- terminate(): 终止进程。

属性如下。

- authkey: 字节码，进程的准密钥。
- daemon: 父进程终止后自动终止，且不能产生新进程，必须在 start() 之前设置。
- exitcode: 退出码，进程在运行时为 None，如果为 –N，就表示被信号 N 结束。
- name: 获取进程名称。
- pid: 进程 id。

【示例 3-3】不设置 daemon 属性（multi_process_no_daemo.py）。

```
1  from multiprocessing import Process
2  import os
3  import time
4  # 子进程要执行的代码
5  def task_process(delay):
6      print(f"{time.strftime('%Y-%m-%d %H:%M:%S')} 子进程执行开始。")
7      print(f"sleep {delay}s")
8      time.sleep(delay)
9      print(f"{time.strftime('%Y-%m-%d %H:%M:%S')} 子进程执行结束。")
10
11 if __name__=='__main__':
12     print(f"{time.strftime('%Y-%m-%d %H:%M:%S')} 父进程执行开始。")
13     p0 = Process(target=task_process, args=(3,))
14     p0.start()
15     print(f"{time.strftime('%Y-%m-%d %H:%M:%S')} 父进程执行结束。")
```

这里没有使用 p0.join() 来阻塞进程。运行结果如下：

```
2018-07-11 21:13:30 父进程执行开始
2018-07-11 21:13:30 父进程执行结束
2018-07-11 21:13:30 子进程执行开始
sleep 3s
2018-07-11 21:13:33 子进程执行结束
```

可以看出，父进程并没有等待子进程运行完成就打印了退出信息，程序依然会等待子进程运行完成。

【示例 3-4】设置 daemon 属性（multi_process_daemo.py）。

```
1  from multiprocessing import Process
2  import os
3  import time
4  # 子进程要执行的代码
5  def task_process(delay):
6      print(f"{time.strftime('%Y-%m-%d %H:%M:%S')} 子进程执行开始。")
7      print(f"sleep {delay}s")
8      time.sleep(delay)
9      print(f"{time.strftime('%Y-%m-%d %H:%M:%S')} 子进程执行结束。")
10
11 if __name__=='__main__':
```

```
12      print(f"{time.strftime('%Y-%m-%d %H:%M:%S')} 父进程执行开始。")
13      p0 = Process(target=task_process, args=(3,))
14      #设置 daemon 属性为 True
15      p0.daemon = True
16      p0.start()
17      print(f"{time.strftime('%Y-%m-%d %H:%M:%S')} 父进程执行结束。")
```

运行结果如下:

```
2018-07-11 21:17:33 父进程执行开始
2018-07-11 21:17:33 父进程执行结束
```

程序并没有等待子进程结束而结束,只要主程序运行结束,程序即退出。

3.2 进程并发控制之 Semaphore

Semaphore 用来控制对共享资源的访问数量,可以控制同一时刻并发的进程数。

【示例 3-5】多进程同步控制(multi_process_Semaphore.py)。

```
1  import multiprocessing
2  import time
3  
4  def worker(s, i):
5      s.acquire()
6      print(time.strftime('%H:%M:%S'),multiprocessing.current_process().name + " 获得锁运行");
7      time.sleep(i)
8      print(time.strftime('%H:%M:%S'),multiprocessing.current_process().name + " 释放锁结束");
9      s.release()
10 
11 if __name__ == "__main__":
12     s = multiprocessing.Semaphore(2)
13     for i in range(6):
14         p = multiprocessing.Process(target = worker, args=(s, 2))
15         p.start();
```

运行结果如下:

```
22:34:36 Process-1 获得锁运行
22:34:36 Process-2 获得锁运行
22:34:38 Process-1 释放锁结束
22:34:38 Process-3 获得锁运行
22:34:38 Process-2 释放锁结束
22:34:38 Process-4 获得锁运行
22:34:40 Process-3 释放锁结束
22:34:40 Process-5 获得锁运行
```

```
22:34:40 Process-4 释放锁结束
22:34:40 Process-6 获得锁运行
22:34:42 Process-5 释放锁结束
22:34:42 Process-6 释放锁结束
```

由于我们设置了 s = multiprocessing.Semaphore（2），因此同一时刻只有两个进程在执行操作。

3.3 进程同步之 Lock

多进程目的是并发执行，提高资源利用率，从而提高效率，但有时候我们需要在某一时间只能有一个进程访问某个共享资源的话，就需要使用锁 Lock。

【示例 3-6】多个进程输出信息，不加锁（multi_process_no_Lock.py）。

```
1   import multiprocessing
2   import time
3
4
5   def task1():
6       n = 5
7       while n > 1:
8           print(f"{time.strftime('%H:%M:%S')} task1 输出信息")
9           time.sleep(1)
10          n -= 1
11
12
13  def task2():
14      n = 5
15      while n > 1:
16          print(f"{time.strftime('%H:%M:%S')} task2 输出信息")
17          time.sleep(1)
18          n -= 1
19
20
21  def task3():
22      n = 5
23      while n > 1:
24          print(f"{time.strftime('%H:%M:%S')} task3 输出信息")
25          time.sleep(1)
26          n -= 1
27
28
29  if __name__ == "__main__":
30      p1 = multiprocessing.Process(target=task1)
31      p2 = multiprocessing.Process(target=task2)
32      p3 = multiprocessing.Process(target=task3)
```

```
33    p1.start()
34    p2.start()
35    p3.start()
```

上述代码未使用锁,生成三个子进程,每个进程都打印自己的信息。运行结果如下:

```
21:22:35 task1 输出信息
21:22:35 task2 输出信息
21:22:36 task3 输出信息
21:22:36 task1 输出信息
21:22:36 task2 输出信息
21:22:36 task3 输出信息
21:22:37 task1 输出信息
21:22:37 task2 输出信息
21:22:37 task3 输出信息
21:22:38 task1 输出信息
21:22:38 task2 输出信息
21:22:39 task3 输出信息
```

从运行结果可以看出,同一时刻有两个进程都在打印信息,在实际的应用中,可能会造成信息混乱。现在我们修改一下上面的程序,要求同一时刻仅有一个进程在输出信息。

【示例 3-7】多个进程输出信息,加锁(multi_process_Lock.py)。

```
1   import multiprocessing
2   import time
3
4
5   def task1(lock):
6       with lock:
7           n = 5
8           while n > 1:
9               print(f"{time.strftime('%H:%M:%S')} task1 输出信息")
10              time.sleep(1)
11              n -= 1
12
13
14  def task2(lock):
15      lock.acquire()
16      n = 5
17      while n > 1:
18          print(f"{time.strftime('%H:%M:%S')} task2 输出信息")
19          time.sleep(1)
20          n -= 1
21      lock.release()
22
23
24  def task3(lock):
25      lock.acquire()
26      n = 5
27      while n > 1:
28          print(f"{time.strftime('%H:%M:%S')} task3 输出信息")
```

```
29              time.sleep(1)
30              n -= 1
31          lock.release()
32
33
34  if __name__ == "__main__":
35      lock = multiprocessing.Lock()
36      p1 = multiprocessing.Process(target=task1, args=(lock,))
37      p2 = multiprocessing.Process(target=task2, args=(lock,))
38      p3 = multiprocessing.Process(target=task3, args=(lock,))
39      p1.start()
40      p2.start()
41      p3.start()
```

上面的代码中，每一个子进程任务函数都加了锁 Lock。使用锁也非常简单，首先初始化一个锁的实例 lock = multiprocessing.Lock()，然后在需要独占的代码前后加锁（先获取锁），即调用 lock.acquire()方法，运行完成后释放锁，即调用 lock.release()方法；也可以使用上下文关键字 with （见 task1 的代码）。上述代码运行结果如下：

```
21:27:14 task1 输出信息
21:27:15 task1 输出信息
21:27:16 task1 输出信息
21:27:17 task1 输出信息
21:27:18 task2 输出信息
21:27:19 task2 输出信息
21:27:20 task2 输出信息
21:27:21 task2 输出信息
21:27:22 task3 输出信息
21:27:23 task3 输出信息
21:27:24 task3 输出信息
21:27:25 task3 输出信息
```

从输出结果可以看出，同一时刻仅有一个进程在输出信息。

3.4 进程同步之 Event

Event 用来实现进程之间同步通信，请看下面的例子。

【示例 3-8】multi_process_Event.py。

```
1  import multiprocessing
2  import time
3
4
5  def wait_for_event(e):
6      e.wait()
7      time.sleep(1)
```

```
8       # 唤醒后清除 Event 状态，为后续继续等待
9       e.clear()
10      print(f"{time.strftime('%H:%M:%S')} 进程 A：我们是兄弟，我等你...")
11      e.wait()
12      print(f"{time.strftime('%H:%M:%S')} 进程 A：好的，是兄弟一起走")
13
14
15  def wait_for_event_timeout(e, t):
16      e.wait()
17      time.sleep(1)
18      # 唤醒后清除 Event 状态，为后续继续等待
19      e.clear()
20      print(f"{time.strftime('%H:%M:%S')} 进程 B：好吧，最多等你 {t} 秒")
21      e.wait(t)
22      print(f"{time.strftime('%H:%M:%S')} 进程 B：我继续往前走了")
23
24
25  if __name__ == "__main__":
26      e = multiprocessing.Event()
27      w1 = multiprocessing.Process(target=wait_for_event, args=(e,))
28      w2 = multiprocessing.Process(target=wait_for_event_timeout, args=(e, 5))
29      w1.start()
30      w2.start()
31      # 主进程发话
32      print(f"{time.strftime('%H:%M:%S')} 主进程： 谁等我下，我需要 8 s 时间")
33      # 唤醒等待的进程
34      e.set()
35      time.sleep(8)
36      print(f"{time.strftime('%H:%M:%S')} 主进程： 好了，我赶上了")
37      # 再次唤醒等待的进程
38      e.set()
39      w1.join()
40      w2.join()
41      print(f"{time.strftime('%H:%M:%S')} 主进程：退出")
```

上述代码定义了两个进程函数：一个是等待事件发生；另一个是等待事件发生并设置超时时间。主进程调用事件的 set() 方法唤醒等待事件的进程，事件唤醒后调用 clear() 方法清除事件的状态并重新等待，以此达到进程同步的控制。执行结果如下：

```
20:47:27 主进程： 谁等我下，我需要 8 秒 时间
20:47:28 进程 A：我们是兄弟，我等你...
20:47:28 进程 B：好吧，最多等你 5 秒
20:47:33 进程 B：我继续往前走了
20:47:35 主进程： 好了，我赶上了
20:47:35 进程 A：好的，是兄弟一起走
20:47:35 主进程：退出
```

3.5 进程优先级队列 Queue

Queue 是多进程安全的队列，可以使用 Queue 实现多进程之间的数据传递。put 方法用以插入数据到队列中，put 方法还有两个可选参数：blocked 和 timeout。如果 blocked 为 True（默认值），并且 timeout 为正值，则该方法会阻塞 timeout 指定的时间，直到该队列有剩余的空间。如果超时，则会抛出 Queue.Full 异常。如果 blocked 为 False，但该 Queue 已满，则会立即抛出 Queue.Full 异常。get 方法可以从队列读取并删除一个元素。同样，get 方法有两个可选参数：blocked 和 timeout。如果 blocked 为 True（默认值），并且 timeout 为正值，在等待时间内没有取到任何元素，则会抛出 Queue.Empty 异常。如果 blocked 为 False，那么将会有两种情况存在：Queue 有一个值可用，立即返回该值，否则队列为空，立即抛出 Queue.Empty 异常。

【示例 3-9】使用多进程实现生产者-消费者模式。

```
1  from multiprocessing import Process,Queue
2  import time
3
4  def ProducerA(q):
5      count = 1
6      while True:
7          q.put(f"冷饮 {count}")
8          print(f"{time.strftime('%H:%M:%S')} A 放入:[冷饮 {count}]")
9          count +=1
10         time.sleep(1)
11
12 def ConsumerB(q):
13     while True:
14         print(f"{time.strftime('%H:%M:%S')} B 取出 [{q.get()}]")
15         time.sleep(5)
16 if __name__ == '__main__':
17     q = Queue(maxsize=5)
18     p = Process(target=ProducerA,args=(q,))
19     c = Process(target=ConsumerB,args=(q,))
20     c.start()
21     p.start()
22     c.join()
23     p.join()
```

上述代码定义了生产者函数和消费者函数，设置其队列的最大容量是 5，生产者不停的生产冷饮，消费者就不停的取出冷饮消费，当队列满时，生产者等待，当队列空时，消费者等待。他们放入和取出的速度可能不一致，但使用 Queue 可以让生产者和消费者有条不紊地一直进程下去。运行结果如下：

```
21:04:19 A 放入:[冷饮 1]
21:04:19 B 取出 [冷饮 1]
```

```
21:04:20 A 放入:[冷饮 2]
21:04:21 A 放入:[冷饮 3]
21:04:22 A 放入:[冷饮 4]
21:04:23 A 放入:[冷饮 5]
21:04:24 B 取出 [冷饮 2]
21:04:24 A 放入:[冷饮 6]
21:04:25 A 放入:[冷饮 7]
21:04:29 B 取出 [冷饮 3]
21:04:29 A 放入:[冷饮 8]
21:04:34 B 取出 [冷饮 4]
21:04:34 A 放入:[冷饮 9]
21:04:39 B 取出 [冷饮 5]
21:04:39 A 放入:[冷饮 10]
……
```

从结果可以看出，生产者 A 生产的速度较快，当队列满时，等待消费者 B 取出后继续放入。

3.6 多进程之进程池 Pool

在使用 Python 进行系统管理的时候，特别是同时操作多个文件目录，或者远程控制多台主机并行操作，可以节约大量的时间。当被操作对象数目不大时，可以直接利用 multiprocessing 中的 Process 动态生成多个进程，十几个还好，但如果是上百个，上千个目标，手动限制进程数量又太过烦琐，此时就可以发挥进程池的功效了。

Pool 可以提供指定数量的进程供用户调用，当有新的请求提交到 pool 中时，如果池还没有满，就会创建一个新的进程用于执行该请求；如果池中的进程数量已经达到规定的最大值，该请求就会等待，直到池中有进程结束才会创建新的进程。

【示例 3-10】多进程使用进程池 Pool。

```
1  #coding: utf-8
2  import multiprocessing
3  import time
4  
5  def task(name):
6      print(f"{time.strftime('%H:%M:%S')}: {name} 开始执行")
7      time.sleep(3)
8  
9  if __name__ == "__main__":
10     pool = multiprocessing.Pool(processes = 3)
11     for i in range(10):
12         #维持执行的进程总数为 processes，当一个进程执行完毕后会添加新的进程进去
13         pool.apply_async(func = task, args=(i,))
14     pool.close()
15     pool.join()
```

```
16        print("hello")
```

运行结果如下：

```
21:23:34: 0 开始执行
21:23:34: 1 开始执行
21:23:34: 2 开始执行
21:23:37: 3 开始执行
21:23:37: 4 开始执行
21:23:37: 5 开始执行
21:23:40: 6 开始执行
21:23:40: 7 开始执行
21:23:40: 8 开始执行
21:23:43: 9 开始执行
```

从运行结果来看同一时刻只有三个进程在执行，使用 Pool 实现了对进程并发数的控制。

3.7 多进程之数据交换 Pipe

我们在类 Unix 系统中经常使用管道（Pipe）命令来让一条命令的输出（STDOUT）作为另一条命令的输入（STDIN）获取最终的结果。在 Python 多进程编程中也有一个 Pipe 方法可以帮忙我们实现多进程之前的数据传输。我们可以将 Unix 系统中的一个命令比作一个进程，一个进程的输出可以作为另一个进程的输入，如图 3.2 所示。

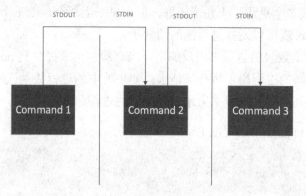

图 3.2　管道命令示意图

multiprocessing.Pipe()方法返回一个管道的两个端口，如 Command1 的 STDOUT 和 Command2 的 STDIN，这样 Command1 的输出就作为 Command2 的输入。如果反过来，让 Command2 的输出也可以作为 Command1 的输入，这就是全双工管道，默认全双工管道。如果想设置半双工管道，只需要给 Pipe()方法传递参数 duplex=False 就可以，即 Pipe(duplex=False)。

Pipe()方法返回的对象具有发送消息 send()方法和接收消息 recv()方法，可以调用 Command1.send(msg)发送消息，调用 Command2.recv()接收消息。如果没有消息可接收，recv()方法会一直阻塞。如果管道已经被关闭，recv()方法就会抛出异常 EOFError。

【示例 3-11】 多进程全双工管道（multi_process_pipe.py）。

```python
1  import multiprocessing
2  import time
3
4
5  def task1(pipe):
6      for i in range(5):
7          str = f"task1-{i}"
8          print(f"{time.strftime('%H:%M:%S')} task1 发送：{str}")
9          pipe.send(str)
10     time.sleep(2)
11     for i in range(5):
12         print(f"{time.strftime('%H:%M:%S')} task1 接收：{ pipe.recv() }")
13
14
15 def task2(pipe):
16     for i in range(5):
17         print(f"{time.strftime('%H:%M:%S')} task2 接收：{ pipe.recv() }")
18     time.sleep(1)
19     for i in range(5):
20         str = f"task2-{i}"
21         print(f"{time.strftime('%H:%M:%S')} task2 发送：{str}")
22         pipe.send(str)
23
24
25 if __name__ == "__main__":
26     pipe = multiprocessing.Pipe()
27     p1 = multiprocessing.Process(target=task1, args=(pipe[0],))
28     p2 = multiprocessing.Process(target=task2, args=(pipe[1],))
29
30     p1.start()
31     p2.start()
32
33     p1.join()
34     p2.join()
35
```

首先程序定义了两个子进程函数：task1 先发送 5 条消息，再接收消息；task2 先接收消息，再发送消息。运行结果如下：

```
23:26:21 task1 发送：task1-0
23:26:21 task1 发送：task1-1
23:26:21 task1 发送：task1-2
23:26:21 task1 发送：task1-3
23:26:21 task1 发送：task1-4
23:26:21 task2 接收：task1-0
23:26:21 task2 接收：task1-1
23:26:21 task2 接收：task1-2
23:26:21 task2 接收：task1-3
23:26:21 task2 接收：task1-4
```

```
23:26:22 task2 发送：task2-0
23:26:22 task2 发送：task2-1
23:26:22 task2 发送：task2-2
23:26:22 task2 发送：task2-3
23:26:22 task2 发送：task2-4
23:26:23 task1 接收：task2-0
23:26:23 task1 接收：task2-1
23:26:23 task1 接收：task2-2
23:26:23 task1 接收：task2-3
23:26:23 task1 接收：task2-4
```

 代码中的 time.sleep() 操作可以让显示的结果不会太混乱，这一步并不影响进程接收和发送消息。

第 4 章 实战多线程

线程（Thread）也称轻量级进程，是操作系统能够进行运算调度的最小单位，它被包涵在进程之中，是进程中的实际运作单位。线程自身不拥有系统资源，只拥有一些在运行中必不可少的资源，但它可与同属一个进程的其他线程共享进程所拥有的全部资源。一个线程可以创建和撤销另一个线程，同一进程中的多个线程之间可以并发执行。

线程有就绪、阻塞、运行 三种基本状态。

- 就绪状态是指线程具备运行的所有条件，逻辑上可以运行，在等待处理机。
- 运行状态是指线程占有处理机正在运行。
- 阻塞状态是指线程在等待一个事件（如某个信号量），逻辑上不可执行。

三种状态的相互转化如图 4.1 所示。

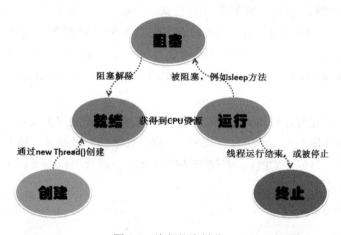

图 4.1　线程状态转化

4.1　Python 多线程简介

我们知道，多线程和单线程相比可以提高资源利用率，让程序响应更快。单线程是按顺序执行，例如有一单线程程序执行如下操作：

5 秒读取文件 A
3 秒处理文件 A
5 秒读取文件 B
3 秒处理文件 B

则需要 16 秒完成。如果开启两个线程来执行，如下所示：

5 秒读取文件 A
5 秒读取文件 B + 3 秒处理文件 A
3 秒处理文件 B

则需要 13s 完成。

有的读者可能会想到 Python 中的多线程，由于全局锁 GIL（Global interpreter lock）限制了 Python 中的多线程，同一时刻只能有一个线程运行，无法发挥多核 CPU 的优势。首先需要明确 GIL 并不是 Python 的特性，它是在实现 Python 解析器（CPython）时所引入的一个概念。就好比 C++ 是一套语言（语法）标准，可以用不同的编译器来编译成可执行代码，比较有名的编译器如 GCC、INTEL C++、Visual C++等。Python 也一样，同样一段代码可以通过 CPython、PyPy、Psyco 等不同的 Python 执行环境来执行，像其中的 CPython 就没有 GIL。然而因为 CPython 是大部分环境下默认的 Python 执行环境，所以在很多人的概念里 CPython 就是 Python，也就想当然地把 GIL 归结为 Python 语言的缺陷。因此，这里需要先明确一点：GIL 并不是 Python 的特性，Python 完全可以不依赖于 GIL。

GIL 本质就是一把互斥锁，既然是互斥锁，那么所有互斥锁的本质就都一样，都是将并发运行变成串行，以此来控制同一时间内共享数据只能被一个任务修改，进而保证数据的安全。由于 CPython 的内存管理机制，因此需要确保共享数据的访问安全，即加锁处理（GIL）。

有了 GIL 的存在，同一时刻同一进程中只有一个线程被执行，那么有读者可能要问了：进程可以利用多核，而 Python 的多线程却无法利用多核优势，Python 的多线程是不是没用了？答案当然不是。

首先明确我们线程执行的任务是什么，是做计算（计算密集型）还是做输入/输出（I/O 密集型），不同的场景使用不同的方法。多核 CPU，意味着可以有多个核并行完成计算，多核提升的是计算性能，但每个 CPU 一旦遇到 I/O 阻塞，仍需要等待，所以多核对 I/O 密集型任务没什么太高提升。

下面举例子说明。

【示例 4-1】计算密集型任务-多进程（jsmjx_multi_process.py）。

```
1  from multiprocessing import Process
2  import os, time
3
4  #计算密集型任务
5  def work():
6      res = 0
7      for i in range(100000000):
8          res *= i
```

```
 9
10  if __name__ == "__main__":
11      l = []
12      print("本机为",os.cpu_count(),"核 CPU")   # 本机为 4 核
13      start = time.time()
14      for i in range(4):
15          p = Process(target=work)   # 多进程
16          l.append(p)
17          p.start()
18      for p in l:
19          p.join()
20      stop = time.time()
21      print("计算密集型任务,多进程耗时 %s" % (stop - start))
```

运行结果如下:

```
本机为 4 核 CPU
计算密集型任务,多进程耗时 14.901630640029907
```

【示例 4-2】计算密集型任务-多线程（jsmjx_multi_thread.py）。

```
 1  from threading import Thread
 2  import os, time
 3
 4  #计算密集型任务
 5  def work():
 6      res = 0
 7      for i in range(100000000):
 8          res *= i
 9
10  if __name__ == "__main__":
11      l = []
12      print("本机为",os.cpu_count(),"核 CPU")   # 本机为 4 核
13      start = time.time()
14      for i in range(4):
15          p = Thread(target=work)   # 多进程
16          l.append(p)
17          p.start()
18      for p in l:
19          p.join()
20      stop = time.time()
21      print("计算密集型任务,多线程耗时 %s" % (stop - start))
```

运行结果如下:

```
本机为 4 核 CPU
计算密集型任务,多线程耗时 23.559885025024414
```

【示例 4-3】I/O 密集型任务-多进程（iomjx_multi_process.py）。

```
 1  from multiprocessing import Process
 2  import os, time
 3
```

```
4   #I/O密集型任务
5   def work():
6       time.sleep(2)
7       print("===>", file=open("tmp.txt", "w"))
8
9   if __name__ == "__main__":
10      l = []
11      print("本机为", os.cpu_count(), "核 CPU")  # 本机为4核
12      start = time.time()
13      for i in range(400):
14          p = Process(target=work)  # 多进程
15          l.append(p)
16          p.start()
17      for p in l:
18          p.join()
19      stop = time.time()
20      print("I/O密集型任务,多进程耗时 %s" % (stop - start))
```

运行结果如下:

```
本机为 4 核 CPU
I/O密集型任务,多进程耗时 21.380212783813477
```

【示例4-4】I/O 密集型任务-多线程(iomjx_multi_thread.py)。

```
1   from threading import Thread
2   import os, time
3
4   #I/O密集型任务
5   def work():
6       time.sleep(2)
7       print("===>", file=open("tmp.txt", "w"))
8
9
10  if __name__ == "__main__":
11      l = []
12      print("本机为", os.cpu_count(), "核 CPU")  # 本机为4核
13      start = time.time()
14
15      for i in range(400):
16          p = Thread(target=work)  # 多线程
17          l.append(p)
18          p.start()
19      for p in l:
20          p.join()
21      stop = time.time()
22      print("I/O密集型任务,多线程耗时 %s" % (stop - start))
```

运行结果如下:

```
本机为 4 核 CPU
I/O密集型任务,多线程耗时 2.1127078533172607
```

结论：在 Python 中，对于计算密集型任务，多进程占优势；对于 I/O 密集型任务，多线程占优势。

当然，对运行一个程序来说，随着 CPU 的增多执行效率肯定会有所提高，这是因为一个程序基本上不会是纯计算或纯 I/O，所以我们只能相对的去看一个程序到底是计算密集型还是 I/O 密集型。

4.2 多线程编程之 threading 模块

Python 提供多线程编程的模块有以下两个。

- _thread；
- threading。

其中 _thread 模块提供了低级别的基本功能来支持多线程功能，提供简单的锁来确保同步，推荐使用 threading 模块。threading 模块对 _thread 进行了封装，提供了更高级别，功能更强，更易于使用的线程管理的功能，对线程的支持更为完善，绝大多数情况下，只需要使用 threading 这个高级模块就够了。

使用 threading 进行多线程操作有以下两种方法。

方法一：创建 threading.Thread 类的实例，调用其 start()方法。

【示例 4-5】通过实例化 threading.Thread 类来创建线程（multi_thread_1.py）。

```
1  import time
2  import threading
3
4
5  def task_thread(counter):
6      print(
7          f'线程名称：{threading.current_thread().name} 参数：{counter} 开始时间：{time.strftime("%Y-%m-%d %H:%M:%S")}'
8      )
9      num = counter
10     while num:
11         time.sleep(3)
12         num -= 1
13     print(
14         f'线程名称：{threading.current_thread().name} 参数：{counter} 结束时间：{time.strftime("%Y-%m-%d %H:%M:%S")}'
15     )
16
17
18 if __name__ == "__main__":
19     print(f'主线程开始时间：{time.strftime("%Y-%m-%d %H:%M:%S")}')
20
```

```
21      # 初始化三个线程,传递不同的参数
22      t1 = threading.Thread(target=task_thread, args=(3,))
23      t2 = threading.Thread(target=task_thread, args=(2,))
24      t3 = threading.Thread(target=task_thread, args=(1,))
25      # 开启三个线程
26      t1.start()
27      t2.start()
28      t3.start()
29      # 等待运行结束
30      t1.join()
31      t2.join()
32      t3.join()
33
34      print(f'主线程结束时间: {time.strftime("%Y-%m-%d %H:%M:%S")}')
```

程序实例化了三个 Thread 类的实例,并向任务函数传递不同的参数,使它们运行不同的时间后结束,start()方法开启线程,join()方法阻塞主线程,等待当前线程运行结束。运行结果如下:

```
主线程开始时间: 2018-07-06 23:03:46
线程名称: Thread-1 参数: 3 开始时间: 2018-07-06 23:03:46
线程名称: Thread-2 参数: 2 开始时间: 2018-07-06 23:03:46
线程名称: Thread-3 参数: 1 开始时间: 2018-07-06 23:03:46
线程名称: Thread-3 参数: 1 结束时间: 2018-07-06 23:03:49
线程名称: Thread-2 参数: 2 结束时间: 2018-07-06 23:03:52
线程名称: Thread-1 参数: 3 结束时间: 2018-07-06 23:03:55
主线程结束时间: 2018-07-06 23:03:55
```

方法二:继承 Thread 类,在子类中重写 run()和 init()方法

【示例 4-6】通过继承 Thread 类创建线程（multi_thread_2.py）。

```
1   import time
2   import threading
3
4
5   class MyThread(threading.Thread):
6       def __init__(self, counter):
7           super().__init__()
8           self.counter = counter
9
10
11      def run(self):
12
13          print(
14              f'线程名称: {threading.current_thread().name} 参数: {self.counter} 开始时间: {time.strftime("%Y-%m-%d %H:%M:%S")}'
15          )
16          counter = self.counter
17          while counter:
18              time.sleep(3)
```

```
19            counter -= 1
20        print(
21            f'线程名称：{threading.current_thread().name} 参数：{self.counter} 结束时间：{time.strftime("%Y-%m-%d %H:%M:%S")}'
22        )
23
24
25  if __name__ == "__main__":
26      print(f'主线程开始时间：{time.strftime("%Y-%m-%d %H:%M:%S")}')
27
28      # 初始化三个线程，传递不同的参数
29      t1 = MyThread(3)
30      t2 = MyThread(2)
31      t3 = MyThread(1)
32      # 开启三个线程
33      t1.start()
34      t2.start()
35      t3.start()
36      # 等待运行结束
37      t1.join()
38      t2.join()
39      t3.join()
40
41      print(f'主线程结束时间：{time.strftime("%Y-%m-%d %H:%M:%S")}')
```

以上程序自定义线程类 MyThread，继承自 threading.Thread，并重写了 __init__()方法和 run()方法。其中 run()方法相当于【示例 4-5】中的任务函数，运行结果与【示例 4-5】中的结果一致。

```
主线程开始时间：2018-07-06 23:34:16
线程名称：Thread-1 参数：3 开始时间：2018-07-06 23:34:16
线程名称：Thread-2 参数：2 开始时间：2018-07-06 23:34:16
线程名称：Thread-3 参数：1 开始时间：2018-07-06 23:34:16
线程名称：Thread-3 参数：1 结束时间：2018-07-06 23:34:19
线程名称：Thread-2 参数：2 结束时间：2018-07-06 23:34:22
线程名称：Thread-1 参数：3 结束时间：2018-07-06 23:34:25
主线程结束时间：2018-07-06 23:34:25
```

如果继承 Thread 类，想调用外部传入函数，请看下面的示例。

【示例 4-7】继承 Thread 类如何调用外部传入函数（multi_thread_3.py）。

```
1  import time
2  import threading
3
4
5  def task_thread(counter):
6      print(f'线程名称：{threading.current_thread().name} 参数：{counter} 开始时间：{time.strftime("%Y-%m-%d %H:%M:%S")}')
7      num = counter
8      while num:
```

```
9            time.sleep（3）
10           num -= 1
11    print(f'线程名称：{threading.current_thread().name} 参数：{counter} 结束时间：{time.strftime("%Y-%m-%d %H:%M:%S")}')
12
13
14  class MyThread(threading.Thread):
15      def __init__(self, target, args):
16          super().__init__()
17          self.target = target
18          self.args = args
19
20      def run(self):
21          self.target(*self.args)
22
23
24  if __name__ == "__main__":
25      print(f'主线程开始时间：{time.strftime("%Y-%m-%d %H:%M:%S")}')
26
27      # 初始化三个线程，传递不同的参数
28      t1 = MyThread(target=task_thread,args=(3,))
29      t2 = MyThread(target=task_thread,args=(2,))
30      t3 = MyThread(target=task_thread,args=(1,))
31      # 开启三个线程
32      t1.start()
33      t2.start()
34      t3.start()
35      # 等待运行结束
36      t1.join()
37      t2.join()
38      t3.join()
39
40      print(f'主线程结束时间：{time.strftime("%Y-%m-%d %H:%M:%S")}')
```

通过 self.target 来接收外部传入的函数，通过 self.args 来接收外部函数的参数，这样就可以使用继承 Thread 的线程类调用外部传入的函数，原理和方法一是相通的，运行结果不变。

4.3 多线程同步之 Lock（互斥锁）

如果多个线程共同对某个数据修改，则可能出现不可预料的结果，这个时候就需要使用互斥锁来进行同步。例如，在三个线程对共同变量 num 进行 100 万次加减操作之后，其 num 的结果不为 0。

【示例 4-8】不加锁的意外情况（thread_no_lock.py）。

```
1  import time, threading
2
```

```
3   num = 0
4
5   def task_thread(n):
6       global num
7       for i in range(1000000):
8           num = num + n
9           num = num - n
10
11  t1 = threading.Thread(target=task_thread, args=(6,))
12  t2 = threading.Thread(target=task_thread, args=(17,))
13  t3 = threading.Thread(target=task_thread, args=(11,))
14  t1.start()
15  t2.start()
16  t3.start()
17  t1.join()
18  t2.join()
19  t3.join()
20  print(num)
```

运行结果如下:

```
-19
```

每次执行的结果是随机的,为 0 的概率非常小,之所以会出现不为 0 的情况,是因为这里同时有许多语句修改 num 的值,当一个线程正在执行 num+n,另一个线程正在执行 num-m,从而导致之前的线程执行 num-n 时 num 的值已不是之前的值,因此最终结果不为 0。为了保证数据的正确性,需要使用互斥锁对多个线程进行同步,限制当一个线程正在访问数据时,其他只能等待,直到前一线程释放锁。使用 threading.Thread 对象的 Lock 和 Rlock 可以实现简单的线程同步,这两个对象都有 acquire 方法和 release 方法,对于那些每次只允许一个线程操作的数据,可以将其操作放到 acquire 方法和 release 方法之间。

【示例 4-9】加互斥锁后运行结果始终一致(thread_sync_lock.py)。

```
1   import time, threading
2
3   num = 0
4   lock = threading.Lock()
5   def task_thread(n):
6       global num
7       # 获取锁,用于线程同步
8       lock.acquire()
9       for i in range(1000000):
10          num = num + n
11          num = num - n
12      #释放锁,开启下一个线程
13      lock.release()
14
15  t1 = threading.Thread(target=task_thread, args=(6,))
16  t2 = threading.Thread(target=task_thread, args=(17,))
17  t3 = threading.Thread(target=task_thread, args=(11,))
```

```
18  t1.start(); t2.start(); t3.start()
19  t1.join(); t2.join(); t3.join()
20  print(num)
```

无论执行多少次，执行结果都为：

```
0
```

4.4 多线程同步之 Semaphore（信号量）

互斥锁是只允许一个线程访问共享数据,而信号量是同时允许一定数量的线程访问共享数据，比如银行柜台有 5 个窗口，允许同时有 5 个人办理业务，后面的人只能等待，待柜台有人办理完业务后才可以进入相应的柜台办理。

【示例 4-10】使用信号量控制并发（thread_sync_Semaphore.py）。

```
1   import threading
2   import time
3
4   # 同时只有 5 个人办理业务
5   semaphore = threading.BoundedSemaphore(5)
6   # 模拟银行业务办理
7   def yewubanli(name):
8       semaphore.acquire()
9       time.sleep(3)
10      print(f"{time.strftime('%Y-%m-%d %H:%M:%S')} {name} 正在办理业务")
11
12      semaphore.release()
13
14  thread_list = []
15  for i in range(12):
16      t = threading.Thread(target=yewubanli, args=(i,))
17      thread_list.append(t)
18
19  for thread in thread_list:
20      thread.start()
21
22  for thread in thread_list:
23      thread.join()
24
25  # while threading.active_count() != 1:
26  #     time.sleep(1)
```

运行结果如下：

```
2018-07-08 12:33:57 4 正在办理业务
2018-07-08 12:33:57 1 正在办理业务
2018-07-08 12:33:57 3 正在办理业务
```

```
2018-07-08 12:33:57 0 正在办理业务
2018-07-08 12:33:57 2 正在办理业务
2018-07-08 12:34:00 7 正在办理业务
2018-07-08 12:34:00 5 正在办理业务
2018-07-08 12:34:00 6 正在办理业务
2018-07-08 12:34:00 9 正在办理业务
2018-07-08 12:34:00 8 正在办理业务
2018-07-08 12:34:03 11 正在办理业务
2018-07-08 12:34:03 10 正在办理业务
```

可以看出，同一时刻只有 5 个人正在办理业务，即同一时刻只有 5 个线程获得资源运行。可以通过信号量来控制多线程的并发数。

4.5 多线程同步之 Condition

条件对象 Condition 能让一个线程 A 停下来，等待其他线程 B，线程 B 满足了某个条件后通知（notify）线程 A 继续运行。线程首先获取一个条件变量锁，如果条件不足，则该线程等待（wait）并释放条件变量锁；如果条件满足，就继续执行线程，执行完成后可以通知（notify）其他状态为 wait 的线程执行。其他处于 wait 状态的线程接到通知后会重新判断条件以确定是否继续执行。

【示例 4-11】使用条件对象 Condition 同步多线程（thread_sync_condition.py）。

```
1  import threading
2  
3  class Boy(threading.Thread):
4      def __init__(self, cond, name):
5          super(Boy, self).__init__()
6          self.cond = cond
7          self.name = name
8  
9      def run(self):
10         self.cond.acquire()
11         print(self.name + ": 嫁给我吧！？")
12         self.cond.notify()    # 唤醒一个挂起的线程，让 hanmeimei 表态
13         self.cond.wait()      # 释放内部所占用的锁，同时线程被挂起，直至接收到通知被唤醒或超时，等待 hanmeimei 回答
14         print(self.name + ": 我单膝下跪，送上戒指！")
15         self.cond.notify()
16         self.cond.wait()
17         print(self.name + ": Li 太太，你的选择太明智了。")
18         self.cond.release()
19  
20  
21  class Girl(threading.Thread):
22      def __init__(self, cond, name):
```

```
23              super(Girl, self).__init__()
24              self.cond = cond
25              self.name = name
26
27      def run(self):
28          self.cond.acquire()
29          self.cond.wait()    # 等待 Lilei 求婚
30          print(self.name + ": 没有情调，不够浪漫，不答应")
31          self.cond.notify()
32          self.cond.wait()
33          print(self.name + ": 好吧，答应你了")
34          self.cond.notify()
35          self.cond.release()
36
37
38  cond = threading.Condition()
39  boy = Boy(cond, "LiLei")
40  girl = Girl(cond, "HanMeiMei")
41  girl.start()
42  boy.start()
```

运行结果如下：

```
LiLei: 嫁给我吧！？
HanMeiMei: 没有情调，不够浪漫，不答应
LiLei: 我单膝下跪，送上戒指！
HanMeiMei: 好吧，答应你了
LiLei: Li 太太，你的选择太明智了。
```

【示例 4-11】程序实例化了一个 Condition 对象 cond，一个 Boy 对象 boy，一个 Girl 对象 girl，程序先启动了 girl 线程，girl 虽然获取到了条件变量锁 cond，但又执行了 wait 并释放条件变量锁，自身进入阻塞状态；boy 线程启动后，就获得了条件变量锁 cond 并发出了消息，之后通过 notify 唤醒一个挂起的线程，并释放条件变量锁等待 girl 的回答，后面的过程都是重复这些步骤。最后通过 release 程序释放资源。

4.6 多线程同步之 Event

事件用于线程之间的通信。一个线程发出一个信号，其他一个或多个线程等待，调用 Event 对象的 wait 方法，线程则会阻塞等待，直到别的线程 set 之后才会被唤醒。

【示例 4-12】使用 Event 实现多线程同步（thread_sync_Event.py）。

```
1  import threading, time
2
3
```

```python
4   class Boy(threading.Thread):
5       def __init__(self, cond, name):
6           super(Boy, self).__init__()
7           self.cond = cond
8           self.name = name
9
10      def run(self):
11          print(self.name + ": 嫁给我吧！？")
12          self.cond.set()   # 唤醒一个挂起的线程, 让 hanmeimei 表态
13          time.sleep(0.5)
14          self.cond.wait()
15          print(self.name + ": 我单膝下跪，送上戒指！")
16          self.cond.set()
17          time.sleep(0.5)
18          self.cond.wait()
19          self.cond.clear()
20          print(self.name + ": Li 太太，你的选择太明智了。")
21
22
23  class Girl(threading.Thread):
24      def __init__(self, cond, name):
25          super(Girl, self).__init__()
26          self.cond = cond
27          self.name = name
28
29      def run(self):
30          self.cond.wait()   # 等待 Lilei 求婚
31          self.cond.clear()
32          print(self.name + ": 没有情调, 不够浪漫, 不答应")
33          self.cond.set()
34          time.sleep(0.5)
35          self.cond.wait()
36          print(self.name + ": 好吧，答应你了")
37          self.cond.set()
38
39
40  cond = threading.Event()
41  boy = Boy(cond, "LiLei")
42  girl = Girl(cond, "HanMeiMei")
43  boy.start()
44  girl.start()
```

运行结果如下：

```
LiLei: 嫁给我吧！？
HanMeiMei: 没有情调, 不够浪漫, 不答应
HanMeiMei: 好吧，答应你了
LiLei: 我单膝下跪，送上戒指！
LiLei: Li 太太，你的选择太明智了
```

Event 内部默认内置了一个标志，初始值为 False。上述代码中对象 girl 通过 wait()方法进入等待状态，直到对象 boy 调用该 Event 的 set()方法将内置标志设置为 True 时，对象 girl 再继续运行。对象 boy 最后调用 Event 的 clear()方法再将内置标志设置为 False，恢复初始状态。

4.7 线程优先级队列（queue）

Python 的 queue 模块中提供了同步的、线程安全的队列类，包括先进先出队列 Queue、后进先出队列 LifoQueue 和优先级队列 PriorityQueue。这些队列都实现了锁原语，可以直接使用来实现线程之间的同步。

举一个简单的例子，有一小冰箱用来存放冷饮，假如只能放 5 瓶冷饮，A 不停地往冰箱放冷饮，B 不停地从冰箱里取冷饮，A 和 B 的放取速度可能不一致，如何保持他们的同步呢？这时队列就派上用场了。

【示例 4-13】 生产者消费者模式实例（thread_queue.py）。

```
1  import threading,time
2
3  import queue
4
5
6  #先进先出
7  q = queue.Queue(maxsize=5)
8  #q = queue.LifoQueue(maxsize=3)
9  #q = queue.PriorityQueue(maxsize=3)
10
11 def ProducerA():
12     count = 1
13     while True:
14         q.put(f"冷饮 {count}")
15         print(f"{time.strftime('%H:%M:%S')} A 放入:[冷饮 {count}]")
16         count +=1
17         time.sleep(1)
18
19 def ConsumerB():
20     while True:
21         print(f"{time.strftime('%H:%M:%S')} B 取出 [{q.get()}]")
22         time.sleep(5)
23
24 p = threading.Thread(target=ProducerA)
25 c = threading.Thread(target=ConsumerB)
26 c.start()
```

```
27    p.start()
```

运行结果如下：

```
16:29:19 A 放入:[冷饮 1]
16:29:19 B 取出 [冷饮 1]
16:29:20 A 放入:[冷饮 2]
16:29:21 A 放入:[冷饮 3]
16:29:22 A 放入:[冷饮 4]
16:29:23 A 放入:[冷饮 5]
16:29:24 B 取出 [冷饮 2]
16:29:24 A 放入:[冷饮 6]
16:29:25 A 放入:[冷饮 7]
16:29:29 B 取出 [冷饮 3]
16:29:29 A 放入:[冷饮 8]
16:29:34 B 取出 [冷饮 4]
16:29:34 A 放入:[冷饮 9]
```

以上代码是实现生产者和消费者模型的一个比较简单的例子。在并发编程中，使用生产者和消费者模式能够解决绝大多数并发问题。如果生产者处理速度很快，而消费者处理速度很慢，那么生产者就必须等待消费者处理完，才能继续生产数据。同样的道理，如果消费者的处理能力大于生产者，那么消费者就必须等待生产者。为了解决这个问题，于是引入了生产者和消费者模式，如图 4.2 所示。

图 4.2　生产者和消费者模式

生产者和消费者模式是通过一个容器（队列）来解决生产者和消费者的强耦合问题。因为生产者和消费者彼此之间不直接通信，而是通过阻塞队列来进行通信，所以生产者生产完数据之后不用等待消费者处理，可直接扔给阻塞队列，消费者不找生产者要数据，而是直接从阻塞队列中取。阻塞队列就相当于一个缓冲区，平衡了生产者和消费者的处理能力。

4.8　多线程之线程池 pool

在面向对象编程中，创建和销毁对象是很费时间的，因为创建一个对象要获取内存资源或其他更多资源。虚拟机也将试图跟踪每一个对象，以便能够在对象销毁后进行垃圾回收。同样的道理，多任务情况下每次都会生成一个新线程，执行任务后资源再被回收就显得非常低效，因此线程池就是解决这个问题的办法。类似的还有连接池、进程池等。

将任务添加到线程池中，线程池会自动指定一个空闲的线程去执行任务，当超过线程池的最大线程数时，任务需要等待有新的空闲线程后才会被执行。

我们可以使用 threading 模块及 queue 模块定制线程池，也可以使用 multiprocessing。from multiprocessing import Pool 这样导入的 Pool 表示的是进程池，from multiprocessing.dummy import Pool 这样导入的 Pool 表示的是线程池。

【示例 4-14】 线程池实例（thread_pool.py）。

```
1   from multiprocessing.dummy import Pool as ThreadPool
2   import time
3
4
5   def fun(n):
6       time.sleep(2)
7
8
9   start = time.time()
10  for i in range(5):
11      fun(i)
12  print("单线程顺序执行耗时:", time.time() - start)
13
14  start2 = time.time()
15  # 开8个worker，没有参数时默认是 cpu 的核心数
16  pool = ThreadPool(processes=5)
17  # 在线程中执行 urllib2.urlopen(url) 并返回执行结果
18  results2 = pool.map(fun, range(5))
19  pool.close()
20  pool.join()
21  print("线程池（5）并发执行耗时:", time.time() - start2)
```

上述代码模拟一个耗时 2 秒的任务，比较其顺序执行 5 次和线程池（并发数为 5）执行的耗时。运行结果如下：

```
单线程顺序执行耗时: 10.002546310424805
线程池（5）并发执行耗时: 2.023442268371582
```

显然并发执行效率更高，接近单次执行的时间。

总结：Python 多线程适合用在 I/O 密集型任务中。I/O 密集型任务较少时间用在 CPU 计算上，较多时间用在 I/O 上，如文件读写、Web 请求、数据库请求等；而对于计算密集型任务，应该使用多进程。

第 5 章
实战协程

协程是轻量级线程，拥有自己的寄存器上下文和栈。协程调度切换时，将寄存器上下文和栈保存到其他地方，在切回来时，恢复先前保存的寄存器上下文和栈。因此，协程能保留上一次调用时的状态，即所有局部状态的一个特定组合，每次过程重入时，就相当于进入上一次调用的状态。

协程的应用场景：I/O 密集型任务。这一点与多线程有些类似，但协程调用是在一个线程内进行的，是单线程，切换的开销小，因此效率上略高于多线程。当程序在执行 IO 操作时，CPU 是空闲的，可以充分利用 CPU 的时间片来处理其他任务。在单线程中，一个函数调用，一般是从函数的第一行代码开始执行，结束于 return 语句、异常或函数执行（也可以认为是隐式地返回了 None）。有了协程，我们在函数的执行过程中，如果遇到了耗时的 I/O 操作，函数就可以临时让出控制权，让 CPU 执行其他函数，等 I/O 操作执行完毕后再收回控制权。

5.1 定义协程

Python 3.4 加入了协程的概念，以生成器对象为基础，在 Python 3.5 增加了 async/await，使得协程的实现更加方便。Python 中使用协程比较常用的库莫过于 asyncio，下面我们以 asyncio 为基础介绍协程的使用。

先来看一个简单的例子。

【示例 5-1】协程示例 1（coroutine0.py）。

```
1  import asyncio
2  import time
3
4
5  async def task():
6      print(f"{time.strftime('%H:%M:%S')} task 开始 ")
7      time.sleep（2）
8      print(f"{time.strftime('%H:%M:%S')} task 结束")
```

```
9
10
11  coroutine = task()
12  print(f"{time.strftime('%H:%M:%S')} 产生协程对象 {coroutine},函数并未被调用")
13  loop = asyncio.get_event_loop()
14  print(f"{time.strftime('%H:%M:%S')} 开始调用协程任务")
15  start = time.time()
16  loop.run_until_complete(coroutine)
17  end = time.time()
18  print(f"{time.strftime('%H:%M:%S')} 结束调用协程任务, 耗时{end - start} 秒")
19
```

运行结果如下：

```
22:34:06 产生协程对象 <coroutine object task at 0x0000025B8CE62200>,函数并未被调用
22:34:06 开始调用协程任务
22:34:06 task 开始
22:34:08 task 结束
22:34:08 结束调用协程任务, 耗时 2.015564203262329 秒
```

> 首先引入 asyncio，这样才可以使用 async 和 await 关键字（async 定义一个协程，await 用于临时挂起一个函数或方法的执行），接着使用 async 定义一协程方法，然后直接调用该方法，但是该方法并没有执行，而是返回了一个 coroutine 协程对象。使用 get_event_loop() 方法创建一个事件循环 loop，并调用 loop 对象的 run_until_complete() 方法将协程注册到事件循环 loop 中，然后启动，最后才看到 task 方法打印了输出结果。
> async 定义的方法无法直接执行，必须将其注册到事件循环中才可以执行。

我们还可以为任务绑定回调函数。

【示例 5-2】协程示例 2（coroutine1.py）。

```
1   import asyncio
2   import time
3
4
5   async def _task():
6       print(f"{time.strftime('%H:%M:%S')} task 开始 ")
7       time.sleep(2)
8       print(f"{time.strftime('%H:%M:%S')} task 结束")
9       return "运行结束"
10
11
12  def callback(task):
13      print(f"{time.strftime('%H:%M:%S')} 回调函数开始运行")
14      print(f"状态: {task.result()}")
15
16
17  coroutine = _task()
18  print(f"{time.strftime('%H:%M:%S')} 产生协程对象 {coroutine},函数并未被调用")
```

```
19  task = asyncio.ensure_future(coroutine)
20  task.add_done_callback(callback)
21  loop = asyncio.get_event_loop()
22  print(f"{time.strftime('%H:%M:%S')} 开始调用协程任务")
23  start = time.time()
24  loop.run_until_complete(task)
25  end = time.time()
26  print(f"{time.strftime('%H:%M:%S')} 结束调用协程任务，耗时{end - start} 秒")
```

代码运行结果如下：

```
23:01:11 产生协程对象 <coroutine object _task at 0x000002B84B2A11A8>,函数并未被调用
23:01:11 开始调用协程任务
23:01:11 task 开始
23:01:13 task 结束
23:01:13 回调函数开始运行
状态：运行结束
23:01:13 结束调用协程任务，耗时 2.0018696784973145 秒
```

在这里我们定义了一个协程方法和一个普通方法作为回调函数，协程方法执行后返回一个字符串'运行束'。其中回调函数接收一个参数，是 task 对象，然后调用 print()方法打印了 task 对象的结果。asyncio.ensure_future(coroutine)可以返回 task 对象，add_done_callback()为 task 对象增加一个回调任务。这样我们就定义好了一个 coroutine 对象和一个回调方法，执行的结果是当 coroutine 对象执行完毕之后，就去执行声明的 callback()方法。

5.2 并发

在前面的例子中，我们只执行了一个协程任务，如果需要执行多次并尽可能地提高效率该怎么办呢？我们可以定义一个 task 列表，然后使用 asyncio 的 wait()方法执行即可，看下面的例子。

【示例 5-3】协程示例 3（coroutine2.py）。

```
1   import asyncio
2   import time
3
4   async def task():
5       print(f"{time.strftime('%H:%M:%S')} task 开始 ")
6       # 异步调用asyncio.sleep(1):
7       await asyncio.sleep(2)
8       #time.sleep(2)
9       print(f"{time.strftime('%H:%M:%S')} task 结束" )
10
11  # 获取EventLoop:
12  loop = asyncio.get_event_loop()
```

```
13  # 执行 coroutine
14  tasks = [task() for _ in range(5)]
15  start = time.time()
16  loop.run_until_complete(asyncio.wait(tasks))
17  loop.close()
18  end = time.time()
19  print(f"用时 {end-start} 秒")
```

运行结果如下：

```
23:25:25 task 开始
23:25:25 task 开始
23:25:25 task 开始
23:25:25 task 开始
23:25:25 task 开始
23:25:27 task 结束
23:25:27 task 结束
23:25:27 task 结束
23:25:27 task 结束
23:25:27 task 结束
用时 2.0225257873535156 秒
```

首先定义一个协程任务函数，模拟耗时 2 秒的任务，这里我们使用了 await 关键字，根据官方文档说明，await 后面的对象必须是如下类型之一。

- 一个原生 coroutine 对象。
- 一个由 types.coroutine() 修饰的生成器，这个生成器可以返回 coroutine 对象。
- 一个包含 await 方法的对象返回的一个迭代器。

asyncio.sleep（2）是一个由 coroutine 修饰的生成器函数，表示等待 2 秒。接下来我们定义了一个列表 tasks，由 5 个 task() 组成，最后使用 loop.run_until_complete(asyncio.wait(tasks)) 提交执行，即 5 个任务并发执行，耗时接近于单个任务的耗时，这里并没有使用多进程或多线程，从而实现了并发操作。task 可以替换为任意耗时较高的 I/O 操作函数。

5.3 异步请求

前述的定义协程及并发编程似乎与多线程编程相比更加复杂：需要定义协程函数，使用 async、await 等关键字，还要掌握 await 后面必须是哪些对象等。这些复杂的操作都是为具体的高效应用做铺垫，接下来我们看一下协程在 I/O 密集型任务中具有怎样的优势。

我们以常用的网络请求场景为例，网络请求较多的应用就是 I/O 密集型任务。首先需要建立一个服务器来响应 Web 请求，为方便演示，我们使用轻量级的 Web 框架 Flask 来建立一个服务器。

【示例 5-4】启动一个简单的 Web 服务器（coroutine_flask_demo）。

```
1  from flask import Flask
2  import time
3
4  app = Flask(__name__)
5
6  @app.route('/')
7  def index():
8      time.sleep(3)
9      return ' Hello World!''
10
11 if __name__ == '__main__':
12     app.run(threaded=True)
```

在上述代码中，我们定义了一个 Flask 服务，主入口是 index() 方法，方法中先调用了 sleep() 方法休眠 3 秒，然后返回结果。也就是说，每次请求这个接口至少要耗时 3 秒，这样我们就模拟了一个慢速的服务接口。注意，服务启动时，run()方法添加了一个参数 threaded，表明 Flask 启动了多线程模式，否则默认是只有一个线程的。如果不开启多线程模式，那么同一时刻遇到多个请求时，只能顺次处理，这样即使我们使用协程异步请求了这个服务，也只能一个个排队等待，瓶颈就会出现在服务端。所以，多线程模式是有必要打开的。

运行结果如下：

```
* Serving Flask app "coroutine_flask_demo" (lazy loading)
 * Environment: production
   WARNING: Do not use the development server in a production environment.
   Use a production WSGI server instead.
 * Debug mode: off
 * Running on http://127.0.0.1:5000/ (Press CTRL+C to quit)
```

我们打开浏览器，在地址栏中输入 http://127.0.0.1:5000/ 并按 Enter 键，3 秒后会看到如图 5.1 所示的页面。

图 5.1 服务器响应结果

接下来我们编写请求程序。

【示例 5-5】异步 I/O 请求实例 1（coroutine_flask_request0.py）。

```
1  import asyncio
2  import requests
3  import time
4
5  start = time.time()
6
7  async def request():
```

```
8        url = 'http://127.0.0.1:5000'
9        print(f'{time.strftime("%H:%M:%S")} 请求 {url}')
10       response = requests.get(url)
11       print(f'{time.strftime("%H:%M:%S")} 得到响应 {response.text}')
12
13   tasks = [asyncio.ensure_future(request()) for _ in range(5)]
14   loop = asyncio.get_event_loop()
15   loop.run_until_complete(asyncio.wait(tasks))
16
17   end = time.time()
18   print(f'耗时 {end - start} 秒')
```

在这里我们创建了 5 个 task，然后将 task 列表传给 wait()方法并注册到时间循环中执行。

运行结果如下：

```
21:32:32 请求 http://127.0.0.1:5000
21:32:35 得到响应 Hello World!
21:32:35 请求 http://127.0.0.1:5000
21:32:38 得到响应 Hello World!
21:32:38 请求 http://127.0.0.1:5000
21:32:41 得到响应 Hello World!
21:32:41 请求 http://127.0.0.1:5000
21:32:44 得到响应 Hello World!
21:32:44 请求 http://127.0.0.1:5000
21:32:47 得到响应 Hello World!
耗时 15.100058555603027 秒
```

通过运行结果我们发现与正常的顺次执行没有区别，耗时 15 秒，平均一个请求耗时 3 秒，但并未达到我们预期的要求。其实要实现异步处理，必须先有挂起的操作，当一个任务需要等待 IO 结果时，可以挂起当前任务，让出 CPU 的控制权，转而去执行其他任务，这样我们才能充分利用好资源。因为上面的方法都是串行走下来，没有实现挂起，所以无法满足异步并发请求。

要实现异步，我们可以使用 await 将耗时等待的操作挂起让出控制权。当协程执行时遇到 await，时间循环就会将本协程挂起，转而去执行别的协程，直到其他的协程挂起或执行完毕。参照 5.2 节中 await 后必须跟的对象类型，我们修改一下代码。

【示例 5-6】异步 I/O 请求实例 2（coroutine_flask_request1.py）。

```
1   import asyncio
2   import requests
3   import time
4
5
6   async def get(url):
7       return requests.get(url)
8
9
10  async def request():
11      url = "http://127.0.0.1:5000"
```

```
12      print(f'{time.strftime("%H:%M:%S")} 请求 {url}')
13      response = await get(url)
14      print(f'{time.strftime("%H:%M:%S")} 得到响应 {response.text}')
15
16
17  start = time.time()
18  tasks = [asyncio.ensure_future(request()) for _ in range(5)]
19  loop = asyncio.get_event_loop()
20  loop.run_until_complete(asyncio.wait(tasks))
21  end = time.time()
22  print(f"耗时 {end - start} 秒")
```

上述代码将请求页面的方法封装成一个 coroutine 对象,在 request 方法中尝试使用 await 挂起当前执行的 I/O。运行结果如下:

```
22:33:35 请求 http://127.0.0.1:5000
22:33:38 得到响应 Hello World!
22:33:38 请求 http://127.0.0.1:5000
22:33:41 得到响应 Hello World!
22:33:41 请求 http://127.0.0.1:5000
22:33:44 得到响应 Hello World!
22:33:44 请求 http://127.0.0.1:5000
22:33:47 得到响应 Hello World!
22:33:47 请求 http://127.0.0.1:5000
22:33:50 得到响应 Hello World!
耗时 15.123773097991943 秒
```

可见上述的改动并未达到预期的并发效果,究其原因,request 不是异步请求,无论如何改封装都无济于事。因此,我们需要寻找真正的异步 I/O 请求,aiohttp 是一个支持异步请求的库,利用它和 anyncio 配合,即可实现异步请求操作。

【示例 5-7】异步 I/O 请求实例 3(coroutine_flask_request3.py),使用 aiohttp 库来实现异步请求。

```
1   import asyncio
2   import aiohttp
3   import time
4
5   now = lambda: time.strftime("%H:%M:%S")
6
7
8   async def get(url):
9       session = aiohttp.ClientSession()
10      response = await session.get(url)
11      result = await response.text()
12      session.close()
13      return result
14
15
16  async def request():
```

```
17        url = "http://127.0.0.1:5000"
18        print(f"{now()} 请求 {url}")
19        result = await get(url)
20        print(f"{now()} 得到响应 {result}")
21
22
23    start = time.time()
24    tasks = [asyncio.ensure_future(request()) for _ in range(5)]
25    loop = asyncio.get_event_loop()
26    loop.run_until_complete(asyncio.wait(tasks))
27
28    end = time.time()
29    print(f"耗时 { end - start } 秒")
```

通过 aiohttp 的 ClientSession 类的 get() 方法进行请求。运行结果如下：

```
22:49:36 请求 http://127.0.0.1:5000
22:49:36 请求 http://127.0.0.1:5000
22:49:36 请求 http://127.0.0.1:5000
22:49:36 请求 http://127.0.0.1:5000
22:49:36 请求 http://127.0.0.1:5000
22:49:39 得到响应 Hello World!
22:49:39 得到响应 Hello World!
22:49:39 得到响应 Hello World!
22:49:39 得到响应 Hello World!
22:49:39 得到响应 Hello World!
耗时 3.0485894680023193 秒
```

运行结果符合异常请求，耗时由 15 秒变成了 3 秒，即原来的 1/5，实现了并发访问。代码中我们使用了 await，后面跟了 get() 方法，在执行这 5 个协程的时候，如果遇到 await，就会将当前协程挂起，转而去执行其他的协程，直到其他的协程也挂起或执行完毕，再进行下一个协程的执行。异步操作的便捷之处是，当遇到阻塞式操作时，任务被挂起，程序接着去执行其他的任务，而不是傻傻地等着，这样就可以充分利用 CPU 时间，而不必把时间浪费在等待 I/O 上。

在发出网络请求后的 3 秒内，CPU 都是空闲的，那么增加协程任务的数量，最终的耗时还会是 3 秒吗？理论来说确实是这样的，不过有一个前提，那就是服务器在同一时刻接受无限次请求都能保证正常返回结果，也就是服务器无限抗压，另外还要忽略 I/O 传输时延。我们可以将上述的任务数扩大 20 倍，如下：

```
tasks = [asyncio.ensure_future(request()) for _ in range(100)]
```

最终的耗时如下：

```
耗时 3.7431812286376953 秒
```

运行时间也是在 3 秒左右，当然多出来的时间就是 I/O 时延了。可见，使用了异步协程之后，几乎可以在相同的时间内实现成百上千倍次的网络请求，把这个技术运用在爬虫项目中，速度提升可谓是非常可观了。

第 6 章 自动化运维工具 Ansible

Ansible 是一款强大的配置管理工具，目的是帮助系统管理员高效率地管理成百上千台主机。设想一个主机是一个士兵，那么有了 Ansible，作为系统管理员的你就是一个将领，你可以通过口头命令，即以一次下发一条命令（ansible ad-hoc 模式）的方式使一个或多个甚至全部的士兵按你的指令行事，也可以将多条命令写在纸上（ansible playbook 模式），让士兵按照你写好的指令执行。你可以让多个士兵同时做相同或不同的事情，也可以方便地让新加入的士兵快速加入已有的兵种队伍，还可以快速改变兵种（配置管理），一句话，士兵都严格听你的，你只要做好命令的设计，Ansible 就会自动帮你发布和执行。

我们只需要在一台机器（类 UNIX 系统）上安装 Ansible，即可在这台机器上管理其他主机，Ansible 使用 SSH 协议与被管理的主机通信，只要 SSH 能连接这些主机，Ansible 便可以控制它们，被管理的主机不需要安装 Ansible。Ansible 也支持 Windows，后面会详细介绍。

6.1 Ansible 安装

Ansible 的安装非常简单，有以下几种方法。

（1）使用 pip 安装。

pip 是 Python 的包管理工具，使用起来非常方便，只要操作系统安装有 pip，直接 pip install 包名即可。安装 Ansible 的方法如下：

```
pip install ansible
```

（2）使用 apt-get 安装。

在基于 Debian/Ubuntu Linux 的系统中使用 apt-get 安装 Ansible。

```
sudo apt-get install software-properties-common
sudo apt-add-repository ppa:ansible/ansible
sudo apt-get update
sudo apt-get install ansible
```

(3) 使用 yum 安装。

在基于 RHEL/CentOS Linux 的系统中使用 yum 安装 Ansible。

```
sudo yum install ansible
```

(4) 使用源代码安装。

可以从 Github 上安装最新版本。

```
cd ~
git clone git://github.com/ansible/ansible.git
cd ./ansible
source ./hacking/env-setup
```

6.2 Ansible 配置

Ansible 的配置文件有多个位置，查找顺序如下：

1. 环境变量 ANSIBLE_CONFIG 所指向的位置。
2. 当前目录下的 ansible.cfg。
3. HOME 目录下的配置文件~/.ansible.cfg。
4. /etc/ansible/ansible.cfg。

在大多数场景下默认的配置就能满足大多数用户的需求。在一些特殊场景下，用户还需要自行修改这些配置文件，安装后如果没有在上述三个位置找到配置文件，那么在 HOME 目录新建一个.ansible.cfg 文件即可。

Ansible 常见的配置参数如下。

- inventory = ~/ansible_hosts：表示主机清单 inventory 文件的位置。
- forks = 5：并发连接数，默认为 5。
- sudo_user = root：设置默认执行命令的用户。
- remote_port = 22：指定连接被管节点的管理端口，默认为 22 端口。建议修改，能够更加安全。
- host_key_checking = False：设置是否检查 SSH 主机的密钥，值为 True/False。关闭后第一次连接不会提示配置实例。
- timeout = 60：设置 SSH 连接的超时时间，单位为秒。
- log_path = /var/log/ansible.log：指定一个存储 Ansible 日志的文件(默认不记录日志)。

其中参数的取值范围及更加详细的配置请参考官方文档：
https://raw.githubusercontent.com/ansible/ansible/devel/examples/ansible.cfg。

6.3 inventory 文件

Ansible 可同时操作属于一个组的多台主机，是通过 inventory 文件配置来实现的，组与主机的关系也是由 inventory 来定义的。默认 inventory 文件路径为/etc/ansible/hosts，我们也可以通过 Ansible 的配置文件来指定 inventory 文件位置。除默认文件外，可以同时使用多个 inventory 文件，也可以从动态源或云上拉取 inventory 配置信息。

一个简单的 inventory 文件示例如下。

```
192.168.0.111
```

以下对主机进行分组。

```
mail.example.com
[webservers]
foo.example.com
bar.example.com
[dbservers]
one.example.com
two.example.com
three.example.com
```

其中方括号[]中是组名，用于对系统进行分类，便于对不同系统进行个别的管理。一个系统可以属于不同的组，比如一台服务器可以同时属于 webserver 组和 dbserver 组。这时属于两个组的变量都可以为这台主机所用。

分配变量给主机很容易做到，这些变量定义后可在 playbooks 中使用。

```
[atlanta]
host1 http_port=80 maxRequestsPerChild=808
host2 http_port=303 maxRequestsPerChild=909
```

组的变量也可以定义属于整个组的变量。

```
[atlanta]
host1
host2

[atlanta:vars]
ntp_server=ntp.atlanta.example.com
proxy=proxy.atlanta.example.com
```

可以把一个组作为另一个组的子成员，以及分配变量给整个组使用，这些变量可以给/usr/bin/ansible-playbook 使用，但不能给/usr/bin/ansible 使用。

```
[atlanta]
host1
host2

[raleigh]
```

```
host2
host3

[southeast:children]
atlanta
raleigh

[southeast:vars]
some_server=foo.southeast.example.com
halon_system_timeout=30
self_destruct_countdown=60
escape_pods=2

[usa:children]
southeast
northeast
southwest
northwest
```

对于每一个 host，还可以选择连接类型和连接用户名。

```
[targets]

localhost              ansible_connection=local
other1.example.com     ansible_connection=ssh     ansible_ssh_user=mpdehaan
other2.example.com     ansible_connection=ssh     ansible_ssh_user=mdehaan
```

如上所示，通过设置下面 inventory 的参数，可以控制 Ansible 与远程主机的交互方式。

```
ansible_ssh_host
```
　　如果将要连接的远程主机名与你想要设定的主机的别名不同的话，就可通过此变量设置.
```
ansible_ssh_port
```
　　ssh 端口号.如果不是默认的端口号,就通过此变量设置.
```
ansible_ssh_user
```
　　默认的 ssh 用户名
```
ansible_ssh_pass
```
　　ssh 密码(这种方式并不安全,我们强烈建议使用 --ask-pass 或 SSH 密钥)
```
ansible_sudo_pass
```
　　sudo 密码(这种方式并不安全,我们强烈建议使用 --ask-sudo-pass)
```
ansible_sudo_exe (new in version 1.8)
```
　　sudo 命令路径(适用于 1.8 及以上版本)
```
ansible_connection
```
　　与主机的连接类型.比如:local, ssh 或 paramiko. Ansible 1.2 以前默认使用 paramiko.1.2 以后默认使用 'smart','smart' 方式会根据是否支持 ControlPersist 来判断 'ssh' 方式是否可行.
```
ansible_ssh_private_key_file
```
　　ssh 使用的私钥文件.适用于有多个密钥,而你不想使用 SSH 代理的情况.
```
ansible_shell_type
```
　　目标系统的 shell 类型.默认情况下,命令的执行使用 'sh' 语法,可设置为 'csh' 或 'fish'.
```
ansible_python_interpreter
```
　　目标主机的 python 路径.适用的情况：系统中有多个 Python, 或者命令路径不是 "/usr/bin/python", 比如 *BSD, 或者 /usr/bin/python

不是 2.X 版本的 Python.我们不使用 "/usr/bin/env" 机制,因为这要求远程用户的路径设置正确,且要求 "python" 可执行程序名不可为 python 以外的名字(实际有可能名为 python26).与 ansible_python_interpreter 的工作方式相同,可设定如 ruby 或 perl 的路径....

下面是一个主机文件的例子。

```
some_host           ansible_ssh_port=2222        ansible_ssh_user=manager
aws_host            ansible_ssh_private_key_file=/home/example/.ssh/aws.pem
freebsd_host        ansible_python_interpreter=/usr/local/bin/python
ruby_module_host    ansible_ruby_interpreter=/usr/bin/ruby.1.9.3
```

6.4　ansible ad-hoc 模式

我们先来看一下如何执行 ansible 命令（ad-hoc 模式），配置文件如下。

```
aaron@ubuntu:~$ cat ~/.ansible.cfg
[defaults]
inventory = ~/ansible_hosts
```

inventory 文件如下。

```
aaron@ubuntu:~$ cat ~/ansible_hosts
[master]
localhost ansible_connection=local ansible_ssh_user=aaron
192.168.0.111 ansible_ssh_user=aaron
[slave]
192.168.0.112 ansible_ssh_user=aaron
```

有可能每台机器登录的用户名都不一样，这里指定每台机器连接的 SSH 登录用户名，在执行 Ansible 命令时就不需要再指定用户名。如果不指定用户名，Ansible 就会尝试使用本机已登录的用户名登录远程主机。

在运行一个不熟悉的命令前，建议先查看命令的帮助信息。查看帮助信息的指令是"命令+参数"，这里的参数一般是 -h、-help、--help 等，或者使用 "man 指令" 的命令格式。使用 ansible 命令的帮助：

```
aaron@ubuntu:~$ ansible -help
Usage: ansible <host-pattern> [options]

Define and run a single task 'playbook' against a set of hosts

Options:
 -a MODULE_ARGS, --args=MODULE_ARGS
                    module arguments
 --ask-vault-pass   ask for vault password
 -B SECONDS, --background=SECONDS
                    run asynchronously, failing after X seconds
                    (default=N/A)
 -C, --check        don't make any changes; instead, try to predict some
```

```
                        of the changes that may occur
  -D, --diff            when changing (small) files and templates, show the
                        differences in those files; works great with --check
  -e EXTRA_VARS, --extra-vars=EXTRA_VARS
                        set additional variables as key=value or YAML/JSON, if
                        filename prepend with @
  -f FORKS, --forks=FORKS
                        specify number of parallel processes to use
                        (default=5)
  -h, --help            show this help message and exit
  -i INVENTORY, --inventory=INVENTORY, --inventory-file=INVENTORY
                        specify inventory host path or comma separated host
                        list. --inventory-file is deprecated
  -l SUBSET, --limit=SUBSET
                        further limit selected hosts to an additional pattern
  --list-hosts          outputs a list of matching hosts; does not execute
                        anything else
......
```

ansible 的任何参数所代表的含义都可以通过 ansible -h 查看，这里不再赘述。

下面介绍如何使用 ansible 命令，首先列出配置过的主机列表。

【示例 6-1】列出配置过的主机列表。

```
aaron@ubuntu:~$ ansible all --list-host
  hosts （3）:
    192.168.0.112
    localhost
    192.168.0.111
aaron@ubuntu:~$ ansible master --list-host
  hosts （2）:
    localhost
    192.168.0.111
```

从运行结果可以看出，ansible 命令后面跟的是主机的组名称，all 代表所有主机。接下来执行第一条 ansible 命令。

【示例 6-2】ping 所有主机。

```
aaron@ubuntu:~$ ansible all -m ping
localhost | SUCCESS => {
    "changed": false,
    "ping": "pong"
}
192.168.0.112 | UNREACHABLE! => {
    "changed": false,
    "msg": "Failed to connect to the host via ssh: Permission denied
(publickey,password).\r\n",
    "unreachable": true
}
192.168.0.111 | UNREACHABLE! => {
```

```
   "changed": false,
   "msg": "Failed to connect to the host via ssh: Permission denied
(publickey,password).\r\n",
   "unreachable": true
}
```

从上述运行结果可以看出，ansible 返回的类型是一个键值对的 json 格式的数据，其中 localhost 成功，其他两个主机均失败了，因为 SSH 是一个安全的协议，在未授信的情况下必须提供用户名和密码才允许访问远程主机。

我们使用密码来执行 ansible 的 ping 命令。

【示例 6-3】ping 命令。

```
aaron@ubuntu:~$ ansible all -m ping --ask-pass
SSH password:
localhost | SUCCESS => {
   "changed": false,
   "ping": "pong"
}
192.168.0.111 | SUCCESS => {
   "changed": false,
   "ping": "pong"
}
192.168.0.112 | SUCCESS => {
   "changed": false,
   "ping": "pong"
}
```

输入密码后（如果每台机器密码相同，则只需要执行一次命令，输入一次密码即可；如果密码不同，则需要多次执行命令，每次输入不同的密码），命令被成功执行，在一些机器上会需要安装 sshpass 或指定参数-c paramiko。从运行结果可以看出，都是 ping 通的，返回结果为 "pong"，changed 是 false 表示未改变远程主机任何文件。这样一个指令就分别发送到三台主机进行执行，是不是很高效？短时间内无须再重复输入密码。那么问题来了，每次都输入密码太麻烦了，有没有不输入密码的方法呢？当然有，Ansible 使用 SSH 协议登录远程主机。下面我们使用 Ansible 将 localhost 的公钥复制到远程主机的 authorized_keys，也就是授信。

首先检查本机是否已生成公钥，如果没有，则在 shell 中执行 ssh-keygen 命令后一直按 Enter 键即可。

```
aaron@ubuntu:~$ ls -ltr ~/.ssh
total 12
-rw-r--r-- 1 aaron aaron  394 Aug 2 21:39 id_rsa.pub
-rw------- 1 aaron aaron 1679 Aug 2 21:39 id_rsa
-rw-r--r-- 1 aaron aaron  666 Aug 4 09:11 known_hosts
```

如果有 id_rsa.pub，则说明已经生成了公钥。接下来我们使用 ansible 将公钥文件的内容复制到远程主机的 authorized_keys 中去。

【示例6-4】Ansible 批量执行 SSH 授信。

```
aaron@ubuntu:~/.ssh$ ansible all -m authorized_key -a "user=aaron
key='{{ lookup('file', '/home/aaron/.ssh/id_rsa.pub') }}'
path=/home/aaron/.ssh/authorized_keys manage_dir=yes" --ask-pass
SSH password:
localhost | SUCCESS => {
    "changed": true,
    "comment": null,
    "exclusive": false,
    "gid": 1001,
    "group": "aaron",
    "key": "ssh-rsa
AAAAB3NzaC1yc2EAAAADAQABAAABAQDjf6e7DpOI/7eARUNvo7xD51X1fp9/am1hYn2aCkZyhPWRKU
YiJQHm7JtPJQAV2o6LyAaZxcksLEbRD2bOHjTyu9uV2y8dfmejG7ISn/jOWXLQ+mjgtxxOKUj+0Hu5
vRbv1zi7ggfHsZc2l+7Zgpc3XHoCPXM/E514TE6OPt1+514IdZWErNX255dXDqrCmd7VEvSTvvI1K/
tkSY8oTBEg87TRscrgmsQyLyOoSswvCqWpvy+VrTfSoabZzVb1XvCH+apA41wHN4BnQYsQzk2sdl75
rsn8rhzGiZUWc67K4nqbMbqs1Dxek3u2enFRQlVHbs8xHuBvcqwk5XRkkiCp aaron@ubuntu",
    "key_options": null,
    "keyfile": "/home/aaron/.ssh/authorized_keys",
    "manage_dir": true,
    "mode": "0600",
    "owner": "aaron",
    "path": "/home/aaron/.ssh/authorized_keys",
    "size": 394,
    "state": "file",
    "uid": 1001,
    "unique": false,
    "user": "aaron",
    "validate_certs": true
}
192.168.0.111 | SUCCESS => {
    "changed": true,
    "comment": null,
    "exclusive": false,
    "gid": 1000,
    "group": "aaron",
    "key": "ssh-rsa
AAAAB3NzaC1yc2EAAAADAQABAAABAQDjf6e7DpOI/7eARUNvo7xD51X1fp9/am1hYn2aCkZyhPWRKU
YiJQHm7JtPJQAV2o6LyAaZxcksLEbRD2bOHjTyu9uV2y8dfmejG7ISn/jOWXLQ+mjgtxxOKUj+0Hu5
vRbv1zi7ggfHsZc2l+7Zgpc3XHoCPXM/E514TE6OPt1+514IdZWErNX255dXDqrCmd7VEvSTvvI1K/
tkSY8oTBEg87TRscrgmsQyLyOoSswvCqWpvy+VrTfSoabZzVb1XvCH+apA41wHN4BnQYsQzk2sdl75
rsn8rhzGiZUWc67K4nqbMbqs1Dxek3u2enFRQlVHbs8xHuBvcqwk5XRkkiCp aaron@ubuntu",
    "key_options": null,
    "keyfile": "/home/aaron/.ssh/authorized_keys",
    "manage_dir": true,
    "mode": "0600",
    "owner": "aaron",
    "path": "/home/aaron/.ssh/authorized_keys",
    "size": 394,
    "state": "file",
```

```
    "uid": 1000,
    "unique": false,
    "user": "aaron",
    "validate_certs": true
}
192.168.0.112 | SUCCESS => {
    "changed": true,
    "comment": null,
    "exclusive": false,
    "gid": 1000,
    "group": "aaron",
    "key": "ssh-rsa
AAAAB3NzaC1yc2EAAAADAQABAAABAQDjf6e7DpOI/7eARUNvo7xD51X1fp9/am1hYn2aCkZyhPWRKU
YiJQHm7JtPJQAV2o6LyAaZxcksLEbRD2bOHjTyu9uV2y8dfmejG7ISn/jOWXLQ+mjgtxxOKUj+0Hu5
vRbv1zi7ggfHsZc2l+7Zgpc3XHoCPXM/E514TE6OPt1+5l4IdZWErNX255dXDqrCmd7VEvSTvvI1K/
tkSY8oTBEg87TRscrgmsQyLyOoSswvCqWpvy+VrTfSoabZzVb1XvCH+apA41wHN4BnQYsQzk2sdl75
rsn8rhzGiZUWc67K4nqbMbqs1Dxek3u2enFRQlVHbs8xHuBvcqwk5XRkkiCp aaron@ubuntu",
    "key_options": null,
    "keyfile": "/home/aaron/.ssh/authorized_keys",
    "manage_dir": true,
    "mode": "0600",
    "owner": "aaron",
    "path": "/home/aaron/.ssh/authorized_keys",
    "size": 394,
    "state": "file",
    "uid": 1000,
    "unique": false,
    "user": "aaron",
    "validate_certs": true
}
```

这里我们使用 Ansible 内置的 SSH 密钥管理模块 authorized_key 来执行批量 SSH 授信的任务，输入密码后，得到上述运行结果，说明成功执行。如果远程主机的密码不相同，则需要执行多次命令，每次执行命令时都需要输入不同的密码，Ansible 将对正确密码的主机进行 SSH 授信。如果以上输入命令均正确但仍有主机不成功时，那么请检查对应主机 authorized_keys 文件只允许所属用户的读写权限，对应的数字是 600；如果权限不正确，可通过在终端执行"chmod 600 authorized_keys"来确保正确的访问权限。

 SSH 对 authorized_keys 的权限要求比较严格，仅所属用户才有读写权限（600 时才生效）。

到目前为止 SSH 已授信成功了，后续可以免密码执行命令，下面我们来验证一下。

（1）使用 Ansible 获取被管理机器的当前时间。

```
aaron@ubuntu:~/.ssh$ ansible all -a "date +'%Y-%m-%d %T'"
localhost | SUCCESS | rc=0 >>
2018-08-04 15:04:55
```

```
192.168.0.111 | SUCCESS | rc=0 >>
2018-08-04 00:04:57

192.168.0.112 | SUCCESS | rc=0 >>
2018-08-04 0:04:57
```

可见现在无须输入密码，即可同时获取三台主机的时间。

（2）使用 Ansible 批量上传文件。

将一个文本文件上传至远程主机的用户 home 目录中，上传之前先查看远程主机上用户 home 目录上的文件。

```
aaron@ubuntu:~$ ansible all -m shell -a "ls ~/*.*"
localhost | SUCCESS | rc=0 >>
/home/aaron/030303.mp4
/home/aaron/aaa.py
/home/aaron/dfasdfasdfad.py
/home/aaron/examples.desktop
/home/aaron/hello.py
/home/aaron/new.py
/home/aaron/playbook.retry
/home/aaron/playbook.yaml
/home/aaron/setting.py
/home/aaron/test.py
/home/aaron/vimrc.bak_20180719
/home/aaron/你好.txt

192.168.0.111 | SUCCESS | rc=0 >>
/home/aaron/examples.desktop

192.168.0.112 | SUCCESS | rc=0 >>
/home/aaron/examples.desktop
```

现在将 localhost 主机上的 "你好.txt" 上传至另外两台服务器。

【示例 6-5】上传文件。

```
aaron@ubuntu:~$ ansible all -m copy -a "src=/home/aaron/你好.txt dest=/home/aaron"
localhost | SUCCESS => {
    "changed": false,
    "checksum": "da39a3ee5e6b4b0d3255bfef95601890afd80709",
    "dest": "/home/aaron/你好.txt",
    "gid": 1001,
    "group": "aaron",
    "mode": "0664",
    "owner": "aaron",
    "path": "/home/aaron/你好.txt",
    "size": 0,
    "state": "file",
    "uid": 1001
}
```

```
192.168.0.112 | SUCCESS => {
    "changed": true,
    "checksum": "da39a3ee5e6b4b0d3255bfef95601890afd80709",
    "dest": "/home/aaron/你好.txt",
    "gid": 1000,
    "group": "aaron",
    "md5sum": "d41d8cd98f00b204e9800998ecf8427e",
    "mode": "0664",
    "owner": "aaron",
    "size": 0,
    "src": "/home/aaron/.ansible/tmp/ansible-tmp-1533367280.2415307-170986393705436/source",
    "state": "file",
    "uid": 1000
}
192.168.0.111 | SUCCESS => {
    "changed": true,
    "checksum": "da39a3ee5e6b4b0d3255bfef95601890afd80709",
    "dest": "/home/aaron/你好.txt",
    "gid": 1000,
    "group": "aaron",
    "md5sum": "d41d8cd98f00b204e9800998ecf8427e",
    "mode": "0664",
    "owner": "aaron",
    "size": 0,
    "src": "/home/aaron/.ansible/tmp/ansible-tmp-1533367280.2476053-270780127291475/source",
    "state": "file",
    "uid": 1000
}
```

可以看出，文件已经传输至另外两台主机，本例中的 localhost 本就有"你好.txt"，默认不会被覆盖，因此 changed 是 false。我们再执行 ls 命令进行验证一下。

```
aaron@ubuntu:~$ ansible all -m shell -a "ls ~/*.*"
localhost | SUCCESS | rc=0 >>
/home/aaron/030303.mp4
/home/aaron/aaa.py
/home/aaron/dfasdfasdfad.py
/home/aaron/examples.desktop
/home/aaron/hello.py
/home/aaron/new.py
/home/aaron/playbook.retry
/home/aaron/playbook.yaml
/home/aaron/setting.py
/home/aaron/test.py
/home/aaron/vimrc.bak_20180719
/home/aaron/你好.txt
```

```
192.168.0.112 | SUCCESS | rc=0 >>
/home/aaron/examples.desktop
/home/aaron/你好.txt

192.168.0.111 | SUCCESS | rc=0 >>
/home/aaron/examples.desktop
/home/aaron/你好.txt
```

文件已经上传成功了。

(3) 使用 Ansible 的模块帮助文档 ansible-doc。

一个优秀的工具一定有着便捷的帮助文档，Ansible 也不例外，前述操作使用了 Ansible 的模块有 ping、authorized_key、copy、shell 等。如果想知道这些模块的详细说明，只需要执行 ansible-doc 模块名即可。

```
aaron@ubuntu:~$ ansible-doc copy
> COPY    (/home/aaron/py37env/lib/python3.7/site-packages/ansible/modules/files/copy.py)

        The `copy' module copies a file from the local or remote machine to a
        location on the remote machine. Use the [fetch] module to copy files
        from remote locations to the local box. If you need variable
        interpolation in copied files, use the [template] module. For Windows
        targets, use the [win_copy] module instead.

  * note: This module has a corresponding action plugin.

OPTIONS (= is mandatory):

- attributes
        Attributes the file or directory should have. To get supported flags
        look at the man page for `chattr' on the target system. This string
        should contain the attributes in the same order as the one displayed by
        `lsattr'.
        (Aliases: attr)[Default: (null)]
        version_added: 2.3

- backup
        Create a backup file including the timestamp information so you can get
        the original file back if you somehow clobbered it incorrectly.
        [Default: no]
        type: bool
        version_added: 0.7

- checksum
        SHA1 checksum of the file being transferred. Used to validate that the
        copy of the file was successful.
        If this is not provided, ansible will use the local calculated checksum
        of the src file.
```

Ansible 常用的模块及介绍可参见表 6-1。

表 6-1　Ansible 常用的模块及介绍

ping	主机连通性测试
command	在远程主机上执行命令，并返回结果
shell	在远程主机上调用 shell 解释器运行命令，支持 shell 的各种功能
copy	将文件复制到远程主机，同时支持给定内容生成文件和修改权限等
file	设置文件的属性，如创建文件、创建链接文件、删除文件等
fetch	从远程主机获取文件到本地
cron	管理远程主机的 crontab 计划任务
yum	用于软件的安装
service	用于服务程序的管理
user	用于管理远程主机的用户账号
group	用于添加或删除组
script	用于将本机的脚本在被管理端的机器上运行
setup	主要用于收集信息，是通过调用 facts 组件来实现的

6.5　Ansible Playbooks 模式

前述操作对远程执行的命令都是相同的，那么是否可以同时对不同的主机执行不同的指令呢？当然可以，这就是本节要介绍的 Ansible 的剧本 Playbooks。

Playbooks 是 Ansible 的配置、部署、编排的语言。它们可以被描述为一个需要希望远程主机执行命令的方案，或者一组 IT 程序运行的命令集合。如果 Ansible 模块是工作室中的工具，那么 Playbooks 就是设置的方案计划。

学习这个命令前先查看 ansible-playbook 的帮助命令。

```
aaron@ubuntu:~$ ansible-playbook -h
Usage: ansible-playbook [options] playbook.yml [playbook2 ...]

Runs Ansible playbooks, executing the defined tasks on the targeted hosts.

Options:
  --ask-vault-pass    ask for vault password↑
  -C, --check         don't make any changes; instead, try to predict some
                      of the changes that may occur
  -D, --diff          when changing (small) files and templates, show the
                      differences in those files; works great with --check
  -e EXTRA_VARS, --extra-vars=EXTRA_VARS
                      set additional variables as key=value or YAML/JSON, if
                      filename prepend with @
  --flush-cache       clear the fact cache for every host in inventory
```

```
--force-handlers      run handlers even if a task fails
-f FORKS, --forks=FORKS
                      specify number of parallel processes to use
                      (default=5)
-h, --help            show this help message and exit
-i INVENTORY, --inventory=INVENTORY, --inventory-file=INVENTORY
......
```

发现 ansible-playbook 命令需要一个 plauybook.yml 的文件名作为参数。那么问题又来了，什么是 yml 文件呢？

yml 文件是 yaml 语法格式的文件，我们使用 YAML 是因为它像 XML 或 JSON 那样是一种利于读写的数据格式。另外，在大多数编程语言中有使用 YAML 的库。对于 Ansible，每一个 YAML 文件都是从一个列表开始，列表中的每一项都是一个键值对，通常被称为一个"哈希"或"字典"。所以，我们需要知道如何在 YAML 中编写列表和字典。所有的 YAML 文件（无论与 Ansible 有没有关系）开始行都应该是---，这是 YAML 格式的一部分，表明一个文件的开始。列表中的所有成员都开始于相同的缩进级别，并且使用一个"-"作为开头（一个横杠和一个空格）。

示例如下：

```
---
#一个美味水果的列表
 - Apple
 - Orange
 - Strawberry
 - Mango
```

一个字典是由一个简单的键: 值的形式组成（这个冒号后面必须是一个空格）。

```
---
# 一位职工的记录
name: Example Developer
job: Developer
skill: Elite
```

字典也可以使用缩进形式来表示。

```
---
# 一位职工的记录
{name: Example Developer, job: Developer, skill: Elite}
```

Ansible 并不经常使用上面这种格式。可以通过以下格式来指定一个布尔值（true/fase）。

```
---
create_key: yes
needs_agent: no
knows_oop: True
likes_emacs: TRUE
uses_cvs: false
```

我们把目前所学到的 YAML 例子组合在一起。

```
---
# 一位职工记录
name: Example Developer
job: Developer
skill: Elite
employed: True
foods:
    - Apple
    - Orange
    - Strawberry
    - Mango
languages:
    ruby: Elite
    python: Elite
    dotnet: Lame
```

以上就是编写 Ansible playbooks 需要知道的所有 YAML 语法。

现在来写一个简单的 playbook，文件名为 myplaybook.yml。

【示例 6-6】简单的 playbook。

```
---
-shosts: master
  remote_user: aaron
  tasks:
     - name: read sys time
       shell: echo "`date +'%Y-%m-%d %T'`">time.txt
- hosts: slave
  remote_user: aaron
  tasks:
     - name: list file
       shell: ls -ltr>list.txt
```

上述 YAMLl 文件分别定义了对两组主机执行不同的 task，注意缩进格式。

现在执行 ansible-playbook myplaybook.yml 命令，结果如下。

```
aaron@ubuntu:~$ ansible-playbook myplaybook.yml

PLAY [master]
**************************************************************
*******

TASK [Gathering Facts]
***********************************************************
ok: [localhost]
ok: [192.168.0.111]

TASK [read sys time]
*************************************************************
*
changed: [localhost]
```

```
changed: [192.168.0.111]

PLAY [slave] *******************************************************************
*********

TASK [Gathering Facts] *********************************************************
ok: [192.168.0.112]

TASK [list file] ***************************************************************
*****
changed: [192.168.0.112]

PLAY RECAP *********************************************************************
**********
192.168.0.111              : ok=2    changed=1    unreachable=0    failed=0
192.168.0.112              : ok=2    changed=1    unreachable=0    failed=0
localhost                  : ok=2    changed=1    unreachable=0    failed=0
```

说明三台主机上的任务已成功执行,我们来验证一下。

```
(py37env) aaron@ubuntu:~$ ansible all -m shell -a "ls -ltr *.txt"
localhost | SUCCESS | rc=0 >>
-rw-rw-r-- 1 aaron aaron  0 Jun 14 06:57 你好.txt
-rw-rw-r-- 1 aaron aaron 20 Aug  4 21:54 time.txt

192.168.0.111 | SUCCESS | rc=0 >>
-rw-rw-r-- 1 aaron aaron  0 Aug  4 00:21 你好.txt
-rw-rw-r-- 1 aaron aaron 20 Aug  4 06:54 time.txt

192.168.0.112 | SUCCESS | rc=0 >>
-rw-rw-r-- 1 aaron aaron   0 Aug  4 00:21 你好.txt
-rw-rw-r-- 1 aaron aaron 637 Aug  4 06:54 list.txt
```

当有许多任务要执行时,可以指定并发进程数。

```
ansible-playbook myplaybook.yml -f 10    # 表示由 10 个并发的进程来执行任务
```

上述仅为 ansible-playbook 的冰山一角,ansible-playbook 还可以实现 Handlers,当在发生改变时执行相应的操作,最佳的应用场景是用来重启服务,或者触发系统重启操作。配置的 YAML 文件支持 Ansible-Pull 进行拉取配置等。详见官方文档 http://www.ansible.com.cn/docs/playbooks_intro.html。

第 7 章
定时任务模块APScheduler

APScheduler 使用起来十分方便，其提供了基于日期、固定时间间隔及 crontab 类型的任务，我们可以在主程序的运行过程中快速增加新作业或删除旧作业。如果把作业存储在数据库中，那么作业的状态会被保存，当调度器重启时，不必重新添加作业，作业会恢复原状态继续执行。APScheduler 可以当作一个跨平台的调度工具来使用，可以作为 Linux 系统 crontab 工具或 Windows 计划任务程序的替换。

注意，APScheduler 不是一个守护进程或服务，其自身不带有任何命令行工具。它主要是在现有的应用程序中运行，也就是说，APScheduler 为我们提供了构建专用调度器或调度服务的基础模块。基于这些功能，我们可以很方便地实现本章开始提到的运维需求。

7.1 安装及基本概念

7.1.1 APScheduler 的安装

安装 APScheduler 模块非常简单，没有 pip 工具的可以下载安装包，使用方法二安装。

- 方法一： pin install apscheduler 。
- 方法二：解压安装包后，执行 python setup.py install。

7.1.2 APScheduler 涉及的几个概念

- **触发器（triggers）**：触发器包含调度逻辑，描述一个任务何时被触发，有按日期、按时间间隔、按 cronjob 描述式三种触发方式。每个作业都有它自己的触发器，除了初始配置之外，触发器是完全无状态的。
- **作业存储器（job stores）**：作业存储器指定了作业被存放的位置，默认的作业存储器是内存，也可以将作业保存在各种数据库中。当作业被存放在数据库中时，它会被序列化；当被重新加载时，会反序列化。作业存储器充当保存、加载、更新和查找作业的中间商。在调度器之间不能共享作业存储。

- **执行器（executors）**：执行器是将指定的作业（调用函数）提交到线程池或进程池中运行，当任务完成时，执行器通知调度器触发相应的事件。
- **调度器（schedulers）**：任务调度器，控制器角色，通过它配置作业存储器、执行器和触发器，添加、修改和删除任务。调度器协调触发器、作业存储器、执行器的运行，通常只有一个调度程序运行在应用程序中，开发人员不需要直接处理作业存储器、执行器或触发器。配置作业存储器和执行器是通过调度器来完成的。

7.1.3 APScheduler 的工作流程

调度器的工作流程如图 7.1 所示。

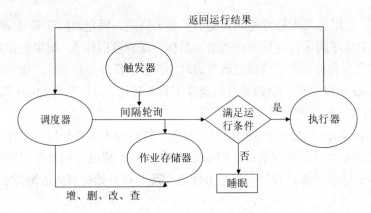

图 7.1 调度器的工作流程

下面先来看一个例子。

【示例 7-1】一个简单的间隔任务实例（ex_interval.py）。

```
1  #encoding=utf-8
2  from datetime import datetime
3  import os
4  from apscheduler.schedulers.blocking import BlockingScheduler
5
6  def tick():
7      print('Tick! The time is: %s' % datetime.now())
8
9  if __name__ == '__main__':
10     scheduler = BlockingScheduler()
11     scheduler.add_job(tick, 'interval', seconds=3)
12     print('Press Ctrl+{0} to exit'.format('Break' if os.name == 'nt' else 'C
'))
13
14     try:
15         scheduler.start()
16     except (KeyboardInterrupt, SystemExit):
17         pass
18
```

代码说明：

- 第 1 行代码声明文件内容以 utf-8 编码。
- 第 2 行导入 datetime 模块，在第 7 行用到，取当前时间。
- 第 3 行导入 os 模块，在第 12 行用到，用于判断操作系统类型。
- 第 4 行导入调度器模块 BlockingScheduler，这是比较简单的调度器，调用 start 方法后不再返回。如果希望将 apscheduler 用于独立的调度器，如守护进程，那么 BlockingScheduler 非常有用。
- 第 6 行和第 7 行定义一个作业 tick，这个任务打印出当前的时间。
- 第 9 行定义主函数入口。
- 第 10 行实例化一个 BlockingScheduler 类，不带参数表明使用默认的作业存储器-内存。默认的执行器是线程池执行器，最大线程数为 10 个（另一个是进程池执行器）。
- 第 11 行添加一个作业 tick，触发器为 interval，每隔 3 秒执行一次，另外的触发器为 date、cron。date 按特定时间点触发，cron 则按固定的时间间隔触发。
- 第 12 行打印退出方法信息。
- 第 14 行为 try 关键字，表明尝试执行下面的代码。
- 第 15 行为启用调度器 BlockingScheduler。
- 第 16 行捕捉用户中断执行和解释器退出异常
- 第 17 行为 pass 关键字，表示什么也不做。

运行结果如图 7.2 所示。

图 7.2 运行结果

将上述代码稍做修改就可以变为 cron 类的定时任务。

【示例 7-2】一个简单的间隔任务实例（ex_cron.py）。

```python
from datetime import datetime
import os
from apscheduler.schedulers.blocking import BlockingScheduler

def tick():
    print('Tick! The time is: %s' % datetime.now())

if __name__ == '__main__':
    scheduler = BlockingScheduler()
```

```
scheduler.add_job(tick, 'cron', hour=19,minute=23)
print('Press Ctrl+{0} to exit'.format('Break' if os.name == 'nt' else 'C    '))

try:
    scheduler.start()
except (KeyboardInterrupt, SystemExit):
    pass
```

定时 cron 任务也非常简单，直接给触发器 trigger 传入 'cron' 即可。hour =19,minute =23 表示每天的 19 时 23 分执行任务，这里可以填写数字，也可以填写字符串。

```
hour =19 , minute =23
hour ='19', minute ='23'
minute = '*/3' 表示每 5 分钟执行一次
hour ='19-21', minute= '23' 表示 19:23、20:23、21:23 各执行一次任务
```

从例子可以看出，APScheduler 就是这么灵活、易用、可读。

7.2 配置调度器

调度器的主循环其实就是反复检查是否有到期需要执行的任务，分以下两步进行。

（1）询问自己的每一个作业存储器，有没有到期需要执行的任务。如果有需要执行的任务，就计算这些作业中每个作业需要运行的时间点；如果时间点有多个，就做 coalesce 检查。

（2）提交给执行器按时间点运行。

在配置调度器前，首先需要选取适合应用环境场景的调度器、存储器和执行器。下面是各调度器的适用场景：

- BlockingScheduler：适用于调度程序，是进程中唯一运行的进程，调用 start 函数会阻塞当前线程，不能立即返回。
- BackgroundScheduler：适用于调度程序，在应用程序的后台运行，调用 start 后主线程不会阻塞。
- AsyncIOScheduler：适用于使用了 asyncio 模块的应用程序。
- GeventScheduler：适用于使用了 gevent 模块的应用程序。
- TwistedScheduler：适用于构建 Twisted 的应用程序。
- QtScheduler：适用于构建 Qt 的应用程序。

上述调度器可以满足绝大多数的应用环境，本节主要以两种调度器为例介绍如何进行调度器配置。

作业存储器的选择有两种：一是内存，也是默认的配置；二是数据库。具体选哪种要看我们的应用程序在崩溃时是否重启整个应用程序，如果重启整个应用程序，作业就会被重新添加到调度器中，此时选取内存作为作业存储器既简单又高效。但是，如果调度器重启或应用程序

崩溃，就需要作业从中断时恢复正常运行，我们通常选择将作业存储在数据库中，使用哪种数据库取决于在编程环境中使用了什么数据库。我们可以自由选择，PostgreSQL 是推荐的选择，因为它具有强大的数据完整性保护。

同样的，执行器的选择也取决于应用场景。通常默认的 ThreadPoolExecutor 已经足够好。如果作业负载涉及 CPU 密集型操作，那么应该考虑使用 ProcessPoolExecutor，甚至可以同时使用这两种执行器，将 ProcessPoolExecutor 执行器添加为二级执行器。

APScheduler 提供了许多不同的方法来配置调度器。可以使用字典，也可以使用关键字参数传递。首先实例化调度程序添加作业，然后配置调度器，获得最大的灵活性。

如果调度程序在应用程序的后台运行，则选择 BackgroundScheduler，并使用默认的 jobstore 和 executor。

```
1  from apscheduler.schedulers.background import BackgroundScheduler
2  scheduler = BackgroundScheduler()
```

如果想配置更多信息，就可以设置两个执行器、两个作业存储器、调整新作业的默认值，并设置不同的时区。

配置详情如下：

- 配置名为 mongo 的 MongoDBJobStore 作业存储器；
- 配置名为 default 的 SQLAlchemyJobStore（使用 SQLite）；
- 配置名为 default 的 ThreadPoolExecutor，最大线程数为 20；
- 配置名为 processpool 的 ProcessPoolExecutor，最大进程数为 5；
- UTC 作为调度器的时区；
- coalesce 默认情况下关闭；
- 作业的默认最大运行实例限制为 3。

以下三个方法是完全等同的。

方法一：

```
1   from pytz import utc
2
3   from apscheduler.schedulers.background import BackgroundScheduler
4   from apscheduler.jobstores.mongodb import MongoDBJobStore
5   from apscheduler.jobstores.sqlalchemy import SQLAlchemyJobStore
6   from apscheduler.executors.pool import ThreadPoolExecutor, ProcessPoolExecutor
7
8
9   jobstores = {
10      'mongo': MongoDBJobStore(),
11      'default': SQLAlchemyJobStore(url='sqlite:///jobs.sqlite')
12  }
13  executors = {
14      'default': ThreadPoolExecutor(20),
```

```
15      'processpool': ProcessPoolExecutor(5)
16  }
17  job_defaults = {
18      'coalesce': False,
19      'max_instances': 3
20  }
21  scheduler = BackgroundScheduler(jobstores=jobstores, executors=executors,
job_defaults=job_defaults, timezone=utc)
```

方法二:

```
1   from apscheduler.schedulers.background import BackgroundScheduler
2   scheduler = BackgroundScheduler({
3       'apscheduler.jobstores.mongo': {
4           'type': 'mongodb'
5       },
6       'apscheduler.jobstores.default': {
7           'type': 'sqlalchemy',
8           'url': 'sqlite:///jobs.sqlite'
9       },
10      'apscheduler.executors.default': {
11          'class': 'apscheduler.executors.pool:ThreadPoolExecutor',
12          'max_workers': '20'
13      },
14      'apscheduler.executors.processpool': {
15          'type': 'processpool',
16          'max_workers': '5'
17      },
18      'apscheduler.job_defaults.coalesce': 'false',
19      'apscheduler.job_defaults.max_instances': '3',
20      'apscheduler.timezone': 'UTC',
21  })
```

方法三:

```
1   from pytz import utc
2   from apscheduler.schedulers.background import BackgroundScheduler
3   from apscheduler.jobstores.sqlalchemy import SQLAlchemyJobStore
4   from apscheduler.executors.pool import ProcessPoolExecutor
5
6   jobstores = {
7       'mongo': {'type': 'mongodb'},
8       'default': SQLAlchemyJobStore(url='sqlite:///jobs.sqlite')
9   }
10  executors = {
11      'default': {'type': 'threadpool', 'max_workers': 20},
12      'processpool': ProcessPoolExecutor(max_workers=5)
13  }
14  job_defaults = {
15      'coalesce': False,
16      'max_instances': 3
17  }
```

```
18    scheduler = BackgroundScheduler()
19
20    # .. do something else here, maybe add jobs etc.
21
22    scheduler.configure(jobstores=jobstores, executors=executors,
job_defaults   =job_defaults, timezone=utc
```

以上涵盖了大多数情况下的调度器配置,在实际运行中可以试试不同的配置会有怎样不同的效果。

7.3 启动调度器

启动调度器前需要先添加作业,有两种方法可以向调度器添加作业:一是通过接口 add_job();二是通过使用函数装饰器,其中 add_job() 返回一个 apscheduler.job.Job 类的实例,用于后续修改或删除作业。

我们可以随时在调度器上调度作业。如果在添加作业时,调度器还没有启动,那么任务将不会运行,并且它的第一次运行时间在调度器启动时计算。

> 如果使用的是序列化作业的执行器或作业存储器,那么要求被调用的作业(函数)必须是全局可访问的,被调用的作业的参数是可序列化的。作业存储器中只有 MemoryJobStore 不会序列化作业;执行器中只有 ProcessPoolExecutor 序列化作业。

启动调度器只需要调用调度器的 start()方法,下面分别使用不同的作业存储器来举例说明。

方法一:使用默认的作业存储器。

【示例 7-3】使用默认的作业存储器实例(exstart_scheduler.py)。

```
1   #coding:utf-8
2   from apscheduler.schedulers.blocking import BlockingScheduler
3   import datetime
4   from apscheduler.jobstores.memory import MemoryJobStore
5   from apscheduler.executors.pool import ThreadPoolExecutor,
ProcessPoolExecutor
6
7   def my_job(id='my_job'):
8       print (id,'-->',datetime.datetime.now())
9   jobstores = {
10      'default': MemoryJobStore()
11
12  }
13  executors = {
14      'default': ThreadPoolExecutor(20),
```

```
15        'processpool': ProcessPoolExecutor(10)
16    }
17    job_defaults = {
18        'coalesce': False,
19        'max_instances': 3
20    }
21    scheduler = BlockingScheduler(jobstores=jobstores, executors=executors,
job_defaults=job_defaults)
22    scheduler.add_job(my_job,
args=['job_interval',],id='job_interval',trigger='interval',
seconds=5,replace_existing=True)
23    scheduler.add_job(my_job,
args=['job_cron',],id='job_cron',trigger='cron',month='4-8,11-12',hour='7-11',
second='*/10',\
24                    end_date='2018-05-30')
25    scheduler.add_job(my_job, args=['job_once_now',],id='job_once_now')
26    scheduler.add_job(my_job,
args=['job_date_once',],id='job_date_once',trigger='date',run_date='2018-04-05
07:48:05')
27    try:
28        scheduler.start()
29    except SystemExit:
30        print('exit')
31        exit()
```

运行结果如下：

```
job_once_now --> 2018-04-05 07:48:00.967391
job_date_once --> 2018-04-05 07:48:05.005532
job_interval --> 2018-04-05 07:48:05.954023
job_cron --> 2018-04-05 07:48:10.004431
job_interval --> 2018-04-05 07:48:10.942542
job_interval --> 2018-04-05 07:48:15.952208
job_cron --> 2018-04-05 07:48:20.007123
job_interval --> 2018-04-05 07:48:20.952202
……
```

上述代码使用内存作为作业存储器，操作比较简单，重启程序相当于第一次运行。

方法二：使用数据库作为作业存储器。

【示例7-4】使用数据库作为作业存储器示例（start_scheduler_db.py）。

```
1    #coding:utf-8
2    from apscheduler.schedulers.blocking import BlockingScheduler
3    import datetime
4    from apscheduler.jobstores.memory import MemoryJobStore
5    from apscheduler.executors.pool import ThreadPoolExecutor,
ProcessPoolExecutor
6    from apscheduler.jobstores.sqlalchemy import SQLAlchemyJobStore
7    def my_job(id='my_job'):
```

```
 8       print (id,'-->',datetime.datetime.now())
 9   jobstores = {
10       'default': SQLAlchemyJobStore(url='sqlite:///jobs.sqlite')
11   }
12   executors = {
13       'default': ThreadPoolExecutor(20),
14       'processpool': ProcessPoolExecutor(10)
15   }
16   job_defaults = {
17       'coalesce': False,
18       'max_instances': 3
19   }
20   scheduler = BlockingScheduler(jobstores=jobstores, executors=executors, job_defaults=job_defaults)
21   scheduler.add_job(my_job, args=['job_interval',],id='job_interval',trigger='interval', seconds=5,replace_existing=True)
22   scheduler.add_job(my_job, args=['job_cron',],id='job_cron',trigger='cron',month='4-8,11-12',hour='7-11',second='*/10',\
23                     end_date='2018-05-30')
24   scheduler.add_job(my_job, args=['job_once_now',],id='job_once_now')
25   scheduler.add_job(my_job, args=['job_date_once',],id='job_date_once',trigger='date',run_date='2018-04-05 07:48:05')
26   try:
27       scheduler.start()
28   except SystemExit:
29       print('exit')
30       exit()
```

代码说明：在第6行和第10行修改数据库作为作业存储器。

运行结果如下：

```
Run time of job "my_job (trigger: date[2018-04-05 07:48:05 CST], next run at: 2018-04-05 07:48:05 CST)" was missed by 0:18:28.898146
job_once_now --> 2018-04-05 08:06:34.010194
job_interval --> 2018-04-05 08:06:38.445843
job_cron --> 2018-04-05 08:06:40.154978
job_interval --> 2018-04-05 08:06:43.285941
job_interval --> 2018-04-05 08:06:48.334360
job_cron --> 2018-04-05 08:06:50.172968
job_interval --> 2018-04-05 08:06:53.281743
job_interval --> 2018-04-05 08:06:58.309952
```

提示我们有作业本应在 2018-04-05 07:48:05 运行的作业没有运行，因为现在的时间为 2018-04-05 08:06:34，错过了 0:18:28 的时间。

如果将上述代码第21~25行注释掉重新运行本程序，则4种类型的作业仍会运行。结果如下：

```
Run time of job "my_job (trigger: cron[month='4-8,11-12', hour='7-11',
second='*/10'], next run at: 2018-04-05 08:14:40 CST)" was missed by 0:00:23.680603
Run time of job "my_job (trigger: cron[month='4-8,11-12', hour='7-11',
second='*/10'], next run at: 2018-04-05 08:14:40 CST)" was missed by 0:00:13.681604
Run time of job "my_job (trigger: cron[month='4-8,11-12', hour='7-11',
second='*/10'], next run at: 2018-04-05 08:14:40 CST)" was missed by 0:00:03.681604
……
Run time of job "my_job (trigger: interval[0:00:05], next run at: 2018-04-05 08:14:38
CST)" was missed by 0:00:15.687917
Run time of job "my_job (trigger: interval[0:00:05], next run at: 2018-04-05 08:14:38
CST)" was missed by 0:00:10.687917
Run time of job "my_job (trigger: interval[0:00:05], next run at: 2018-04-05 08:14:38
CST)" was missed by 0:00:05.687917
job_interval --> 2018-04-05 08:14:33.821645
job_interval --> 2018-04-05 08:14:38.529167
job_cron --> 2018-04-05 08:14:40.150080
job_interval --> 2018-04-05 08:14:43.296188
job_interval --> 2018-04-05 08:14:48.327317
```

作业仍会运行，说明作业被添加到数据库中，程序中断后重新运行时会自动从数据库读取作业信息，而不需要重新添加到调度器中。如果不注释 21~25 行添加作业的代码，则作业会重新添加到数据库中，这样就有了两个同样的作业。为了避免出现这种情况，可以在 add_job 的参数中增加 replace_existing=True，如

```
scheduler.add_job(my_job,
args=['job_interval',],id='job_interval',trigger='interval',seconds=3,replace_
existing=True)
```

如果想运行错过运行的作业，则可以使用 misfire_grace_time。例如：

```
scheduler.add_job(my_job,args =
['job_cron',] ,id='job_cron',trigger='cron',month='4-8,11-12',hour='7-11',seco
nd='*/15',coalesce=True,misfire_grace_time=30,replace_existing=True,end_date='
2018-05-30')
```

说明：misfire_grace_time，假如一个作业本来 08:00 有一次执行，但是由于某种原因没有被调度上，现在 08:01 了，这个 08:00 的运行实例被提交时，就会检查其预订运行的时间和当下时间的差值（这里是 1 分钟），大于设置的 30 秒限制，这个运行实例将不会被执行。最常见的情形是 scheduler 被 shutdown 后重启，某个任务会积攒好几次没执行（如 5 次），待下次这个作业被提交给执行器时，就执行 5 次。设置 coalesce=True 后，只会执行一次。

其他操作如下：

```
1    scheduler.remove_job(job_id,jobstore=None)              #删除作业
2    scheduler.remove_all_jobs(jobstore=None)                #删除所有作业
3    scheduler.pause_job(job_id,jobstore=None)               #暂停作业
4    scheduler.resume_job(job_id,jobstore=None)              #恢复作业
5    scheduler.modify_job(job_id, jobstore=None, **changes)#修改单个作业属性信息
6    scheduler.reschedule_job(job_id, jobstore=None,
trigger=None,**trigger_args)#修改单个作业的触发器并更新下次运行时间
```

```
7   scheduler.print_jobs(jobstore=None, out=sys.stdout)    #输出作业信息
```

7.4 调度器事件监听

scheduler 的基本应用在前面已经介绍过了,但仔细思考一下:如果程序有异常抛出会影响整个调度任务吗?请看下面的代码,运行一下看看会发生什么情况。

```
1   # coding:utf-8
2   from apscheduler.schedulers.blocking import BlockingScheduler
3   import datetime
4
5   def aps_test(x):
6       print (1/0)
7       print (datetime.datetime.now().strftime('%Y-%m-%d %H:%M:%S'), x)
8
9   scheduler = BlockingScheduler()
10  scheduler.add_job(func=aps_test, args=('定时任务',), trigger='cron', second='*/5')
11
12  scheduler.start()
```

运行结果如下:

```
Job "aps_test (trigger: cron[second='*/5'], next run at: 2018-04-05 12:46:35 CST)"
raised an exception
Traceback (most recent call last):
  File
"C:\Users\xx\AppData\Local\Programs\python\python36\lib\site-packages\apschedu
ler\executors\base.py", line 125, in run_job
    retval = job.func(*job.args, **job.kwargs)
  File "C:/Users/xx/PycharmProjects/mysite/staff/test2.py", line 7, in aps_test
    print (1/0)
ZeroDivisionError: division by zero
Job "aps_test (trigger: cron[second='*/5'], next run at: 2018-04-05 12:46:35 CST)"
raised an exception
Traceback (most recent call last):
  File
"C:\Users\xx\AppData\Local\Programs\python\python36\lib\site-packages\apschedu
ler\executors\base.py", line 125, in run_job
    retval = job.func(*job.args, **job.kwargs)
  File "C:/Users/xx/PycharmProjects/mysite/staff/test2.py", line 7, in aps_test
    print (1/0)
ZeroDivisionError: division by zero
……
```

可以看出每 5 秒抛出一次报错信息。任何代码都可能会抛出异常,关键是如何第一时间知道发生导常事件, APScheduler 提供了事件监听来解决这一问题。

将上述代码稍做调整，加入日志记录和事件监听。

【示例 7-5】在调度器中加入事件监听（listen_event.py）。

```
1   # coding:utf-8
2   from apscheduler.schedulers.blocking import BlockingScheduler
3   from apscheduler.events import EVENT_JOB_EXECUTED, EVENT_JOB_ERROR
4   import datetime
5   import logging
6
7   logging.basicConfig(level=logging.INFO,
8                       format='%(asctime)s %(filename)s[line:%(lineno)d] %(levelname)s %(message)s',
9                       datefmt='%Y-%m-%d %H:%M:%S',
10                      filename='log1.txt',
11                      filemode='a')
12
13
14  def aps_test(x):
15      print (datetime.datetime.now().strftime('%Y-%m-%d %H:%M:%S'), x)
16
17
18  def date_test(x):
19      print(datetime.datetime.now().strftime('%Y-%m-%d %H:%M:%S'), x)
20      print (1/0)
21
22
23  def my_listener(event):
24      if event.exception:
25          print ('任务出错了！！！！！！')
26      else:
27          print ('任务照常运行...')
28
29  scheduler = BlockingScheduler()
30  scheduler.add_job(func=date_test, args=('一次性任务,会出错',), next_run_time=datetime.datetime.now() + datetime.timedelta(seconds=15), id='date_task')
31  scheduler.add_job(func=aps_test, args=('循环任务',), trigger='interval', seconds=3, id='interval_task')
32  scheduler.add_listener(my_listener, EVENT_JOB_EXECUTED | EVENT_JOB_ERROR)
33  scheduler._logger = logging
34
35  scheduler.start()
```

代码说明：

- 第 7~11 行配置日志记录信息，日志文件在当前路径，文件名为 "log1.txt"。
- 第 33 行启用 scheduler 模块的日记记录。
- 第 23~27 行定义一个事件监听，出现意外情况打印相关信息报警。

运行结果如下：

```
2018-04-05 12:59:29 循环任务
任务照常运行...
2018-04-05 12:59:32 循环任务
任务照常运行...
2018-04-05 12:59:35 循环任务
任务照常运行...
2018-04-05 12:59:38 循环任务
任务照常运行...
2018-04-05 12:59:41 一次性任务,会出错
任务出错了!!!!!!
2018-04-05 12:59:41 循环任务
任务照常运行...
2018-04-05 12:59:44 循环任务
任务照常运行...
2018-04-05 12:59:47 循环任务
任务照常运行...
```

在生产环境中,可以把出错信息换成发送一封邮件或一条短信,这样定时任务一旦出错就可以马上知道。

第 8 章

执行远程命令（Paramiko）

Paramiko 是一个 SSHv2 协议的 Python 实现，提供客户端和服务器的功能。虽然它利用了 Python C 扩展来实现低级别加密（密码学），但 Paramiko 本身就是一个纯 Python 接口，使用 Paramiko 可以方便地通过 SSH 协议执行远程主机的程序或脚本，获取输出结果和返回值。虽然我们可以使用 expect 或 SSH 授信来达到相应的执行远程主机的效果，但 Paramiko 则不需要额外的配置，使用起来更加简洁优雅，而且在运维中的调度平台将会非常实用。假如有一个调度工具想调度远程主机的程序或脚本，却又不想在远程主机上部署调度工具的 agent，就可以通过 Paramiko 来封装命令，以达到远程调度的效果。

由于 Paramiko 是使用纯 Python 实现的，所以所有 Python 支持的平台，如 Linux、Solaris、BSD、MacOS X、Windows 等，Paramiko 都可以支持。如果需要使用 SSH 从一个平台连接到另外一个平台进行一系列的操作时，paramiko 是最佳工具之一。

8.1 介绍几个重要的类

8.1.1 通道（Channel）类

通道（Channel）类是对 SSH2 Channel 的抽象类，是跨 SSH 传输的安全隧道。隧道的作用类似于套接字，并且与 Python 套接字 API 十分类似。因为 SSHv2 协议有一种流动窗口控制机制，如果停止从一个通道读取数据，并且这个通道的缓冲区已满，那么服务器将不会往此通道发送任何数据，但是这并不会影响同一传输上的其他通道（单个传输上的所有通道都是独立的流量控制通道）。类似地，如果服务器没有读取客户端发送的数据，那么客户端的发送调用可能会阻塞，除非设置了超时，这与正常的网络套接字完全一致。通道 Channel 类的实例常用于上下文管理。

通道（Channel）类提供的方法中常用的有以下几个。

- close()：关闭 Channel，关闭后任何对 Channel 的读写操作均会失败。远程节点将不能接收数据。Channel 在传输完成或垃圾收集时自动关闭。

- exec_command(*args, **kwds): 在服务端执行命令，如果服务端许可，则 Channel 将直接连接所执行命令的标准输入、标准输出及标准错误输出。当命令执行完毕后，channel 将被关闭，并不再复用。如果想执行另一个命令，则需要新开一个 Channel。当请求服务器被拒绝或 Channel 被关闭时，将抛出 SSHException 异常。
- exit_status_ready(): 该方法检查服务端进程是否退出，如果进程已经执行完并退出，则返回 True，否则返回 False。当程序不想在 recv_exit_status 方法中阻塞时，可以用此方法来拉取进程状态。
- recv_exit_status(): 从服务器上的进程返回退出状态。这对于检索 exec_command 的结果非常有用。如果命令还没有完成，这个方法将一直等到完成，或者直到通道关闭。如果 exec_command 运行结束，而服务器没有提供退出状态，则返回-1。

8.1.2 传输（Transport）类

传输（Transport）类是核心协议的实现类，SSH 传输连接到流（通常是套接字），协商加密的会话，进行身份验证，然后在会话之间创建流隧道（称为通道）。多个通道可以跨单个会话进行多路复用。Transport 类的构造函数如下：

```
__init__(sock, default_window_size=2097152, default_max_packet_size=32768,
gss_kex=False, gss_deleg_creds=True)
```

构造函数在现有套接字或类似套接字的对象上创建新的 SSH 会话。它只会创建传输对象，并不启动 SSH 会话。使用 connect 或 start_client 方法启动客户端会话，或者使用 start_server 方法启动服务器会话。参数 sock 为一个套接字对象或类套接字对象，如果 sock 不是一个真正的套接字对象，那么它至少需要有以下方法。

- send(str): 写入一定长度的字节数据到流中，返回写入流的字节数，如果流被关闭，则返回 0 或抛出 EOFError 异常。
- recv(int): 从流中读取固定字节的数据，返回读取的字符串，如果流被关闭，则返回 0 或抛出 EOFError 异常。
- close(): 关闭对象。
- settimeout(n): 设置 I/O 操作的超时时间。

为了便于使用，sock 参数还可以传入元组（主机字符串，端口），一个套接字将连接到这个地址和端口并用于通信，使用方法如下所示。

```
trans = paramiko.Transport(('192.168.195.129', 22))
```

参数 default_window_size 设置默认的传输窗口的大小，default_max_packet_size 设置默认的传输数据包的大小，这两个参数保持默认值与 OpenSSH 代码库中的值相同，并且经过严格测试，使用时一般不需要修改。

传输（Transport）类提供的 connect 方法，其函数原型为：

```
connect(hostkey=None, username='', password=None, pkey=None, gss_host=None,
```

```
gss_auth=False, gss_kex=False, gss_deleg_creds=True, gss_trust_dns=True)
```

本方法启动一个 SSH2 会话,可以选择使用公钥或用户名、密码进行身份验证。使用方法如下:

```
#方法一
trans = paramiko.Transport(('192.168.195.129', 22))
# 建立连接,使用用户名密码进行身份验证
trans.connect(username='aaron', password='aaron')
#方法二
pkey = paramiko.RSAKey.from_private_key_file('/home/aaron/.ssh/id_rsa')
#建立连接 使用公钥进行身份验证
transport = paramiko.Transport(('192.168.195.129',22))
transport.connect(username='aaron',pkey=pkey)
```

8.1.3 SSHClient 类

SSHClient 类使用 SSH 服务器的会话高级表示形式。这个类将传输类、通道类和 SFTPClient 包装起来,以处理验证和打开通道。例如:

```
client = SSHClient()
client.load_system_host_keys()
client.connect('ssh.example.com')
stdin, stdout, stderr = client.exec_command('ls -l')
```

常用的方法如下。

(1) connect 方法,原型如下:

```
connect(hostname, port=22, username=None, password=None, pkey=None,
key_filename=None, timeout=None, allow_agent=True, look_for_keys=True,
compress=False, sock=None, gss_auth=False, gss_kex=False, gss_deleg_creds=True,
gss_host=None, banner_timeout=None, auth_timeout=None, gss_trust_dns=True,
passphrase=None)
```

我们可以通过传输参数 username、password 进行身份验证,也可以传入 pkey 使用公钥进行身份验证。默认机制是尝试使用本地密钥文件或 SSH 代理(如果正在运行)进行验证。connect 方法的使用可以参考传输(Transport)类的 connect 方法。

(2) exec_command 方法,原型如下:

```
exec_command(command, bufsize=-1, timeout=None, get_pty=False, environment=None)
```

该方法在 SSH 服务器上执行命令,打开一个新通道并执行所请求的命令,该命令的输入和输出及错误输出流作为 Python 的对象 stdin、stdout 和 stderr 来返回。若想获取命令的返回值,则调用:

```
returncode = stdout.channel.recv_exit_status()
```

recv_exit_status()方法阻塞当前进程,直到 command 命令执行完成,并获取 command 的返回值。

exec_command 方法的使用实例如下所示。

```
1  stdin, stdout, stderr = client.exec_command(command)
2  data = stdout.read()
3  returncode = stdout.channel.recv_exit_status()
4  if len(data) > 0:
5      print(data.decode('utf-8').strip())
6  err = stderr.read()
7  if len(err) > 0:
8      print(err.decode('utf-8').strip())
9  print("返回值: ",returncode)
```

8.2 Paramiko 的使用

8.2.1 安装

使用 pip 安装 Paramiko 非常简单，执行下述命令即可。

```
pip instsll paramiko
```

pip 会自动安装 Paramiko 所依赖的包。如果要离线安装，则先使用 pip 下载。

```
mkdir paramiko && cd paramiko   #创建一个目录存放安装包
pip download paramiko   #下载到paramiko中，并传输至离线环境
pip install paramiko -no-index -f paramiko   #离线环境下在目录paramiko中检索安装包
```

8.2.2 基于用户名和密码的 SSHClient 方式登录

编程步骤如下：

（1）初始化一个 SSHClient 类的实例。

（2）调用 connect 方法连接远程主机。

（3）执行命令获取输出结果和返回值，关闭连接。

【示例 8-1】使用用户名密码登录远程服务并执行命令（paramiko_user_pwd.py）。

```
1  # -*- coding: utf-8 -*-
2  # File Name: paramiko_user_pwd.py
3  # Description: 使用用户名密码来登录并执行远程命令
4  import paramiko
5
6  # 建立一个sshclient对象
7  ssh = paramiko.SSHClient()
8  # 将信任的主机自动加入到host_allow列表，须放在connect方法前面
9  ssh.set_missing_host_key_policy(paramiko.AutoAddPolicy())
10 # 调用connect方法连接服务器
11 ssh.connect(hostname="192.168.195.129", port=22, username="aaron",
```

```
        password="aaron")
12      # 执行命令
13      stdin, stdout, stderr = ssh.exec_command("echo `date` && ls -ltr")
14      # 结果放到 stdout 中, 如果有错误, 就放到 stderr 中
15      print(stdout.read().decode('utf-8'))
16      #
17      returncode = stdout.channel.recv_exit_status()
18      print("returncode:",returncode)
19      # 关闭连接
20      ssh.close()
```

运行结果如下:

```
Thu Aug 23 21:57:05 CST 2018
Filesystem      Size  Used Avail Use% Mounted on
udev            708M     0  708M   0% /dev
tmpfs           147M  6.8M  140M   5% /run
/dev/sda1        19G  9.2G  8.5G  53% /
tmpfs           734M  280K  734M   1% /dev/shm
tmpfs           5.0M  4.0K  5.0M   1% /run/lock
tmpfs           734M     0  734M   0% /sys/fs/cgroup
tmpfs           147M   72K  147M   1% /run/user/1000
returncode: 0
```

本方法是传统的连接服务器、执行命令、关闭一个操作，有时候需要登录上服务器执行多个操作，如执行命令、上传/下载文件，该方法则无法实现，可以通过下面的方法来操作。

8.2.3 基于用户名和密码的 Transport 方式登录并实现上传与下载

编码步骤如下：

（1）实例化一个 Transport 的实例，并调用 connect 方法连接远程主机。

（2）实例化一个 SSHClient 的实例，指定其_transport 为步骤 1 的实例。

（3）实例化一个 sftp 对象，指定连接的通道为步骤 1 的实例。

（4）执行命令或 sftp 上传下载命令。

（5）关闭连接。

【示例 8-2】使用 transport 方式（transport_upload_download.py）。

```
1   # -*- coding: utf-8 -*-
2   #Time: 2018/8/23 22:07:12
3   #Description:
4   #File Name: transport_upload_download.py
5
6   import paramiko
7
8   trans = paramiko.Transport(('192.168.195.129', 22))
9   # 建立连接,指定 SSHClient 的_transport
10  trans.connect(username='aaron', password='aaron')
11  ssh = paramiko.SSHClient()
```

```
12  ssh._transport = trans
13  # 执行命令,与传统方法一样
14  stdin, stdout, stderr = ssh.exec_command('echo `date` && df -hl')
15  print(stdout.read().decode('utf-8'))
16
17  # 实例化一个 sftp 对象,指定连接的通道
18  sftp = paramiko.SFTPClient.from_transport(trans)
19  # 发送文件
20  sftp.put(localpath='./transport_upload_download.py',
21          remotepath='/tmp/transport_upload_download_tmp.py')
22  # 下载文件
23  # sftp.get(localpath='./transport_upload_download.py',
24  #          remotepath='/tmp/transport_upload_download_tmp.py')
25  stdin, stdout, stderr = ssh.exec_command('ls -ltr /tmp')
26  print(stdout.read().decode('utf-8'))
27  # 关闭连接
28  trans.close()
```

运行结果如下:

```
Thu Aug 23 22:19:38 CST 2018
Filesystem      Size  Used Avail Use% Mounted on
udev            708M     0  708M   0% /dev
tmpfs           147M  6.8M  140M   5% /run
/dev/sda1        19G  9.2G  8.5G  53% /
tmpfs           734M  284K  734M   1% /dev/shm
tmpfs           5.0M  4.0K  5.0M   1% /run/lock
tmpfs           734M     0  734M   0% /sys/fs/cgroup
tmpfs           147M   72K  147M   1% /run/user/1000

total 28
drwx------ 3 root  root  4096 Aug 23 21:19
systemd-private-656dd4d9ffdb4b7e8fccb68b8ef8b086-systemd-timesyncd.service-O8W
NmY
drwxrwxrwt 2 root  root  4096 Aug 23 21:19 VMwareDnD
drwx------ 2 root  root  4096 Aug 23 21:19 vmware-root
drwx------ 3 root  root  4096 Aug 23 21:19
systemd-private-656dd4d9ffdb4b7e8fccb68b8ef8b086-rtkit-daemon.service-ADfGZa
drwx------ 3 root  root  4096 Aug 23 21:19
systemd-private-656dd4d9ffdb4b7e8fccb68b8ef8b086-colord.service-wmyj3r
drwx------ 2 aaron aaron 4096 Aug 23 21:26 vmware-aaron
-rw-rw-r-- 1 aaron aaron  974 Aug 23 22:19 transport_upload_download_tmp.py
```

8.2.4 基于公钥密钥的 SSHClient 方式登录

有些场景下,两台主机已经做过 SSH 授信,此时不需要密码即可登录。例如,若主机 A 不需要密码即可登录主机 B 执行命令,则在主机 A 上使用 paramiko 时只需要指定 A 的公钥路径即可。

【示例8-3】 基于公钥密钥方式（sshclient_public_key.py）。

```
1   # -*- coding: utf-8 -*-
2   #Time: 2018/8/23 22:28:37
3   #Description: 实现公钥登录
4   #File Name: sshclient_public_key.py
5   import paramiko
6   # 指定本地的RSA私钥文件,如果建立密钥对时设置的有密码,则提供password参数即可,否则不提供
7   pkey = paramiko.RSAKey.from_private_key_file('/home/aaron/.ssh/id_rsa')
8   #建立连接
9   ssh = paramiko.SSHClient()
10  ssh.set_missing_host_key_policy(paramiko.AutoAddPolicy())
11  ssh.connect(hostname='192.168.195.129',
12              port=22,
13              username='aaron',
14              pkey=pkey)
15  # 执行命令
16  stdin, stdout, stderr = ssh.exec_command('echo `date` && df -hl')
17  # 输出
18  print(stdout.read().decode('utf-8'))
19  # 关闭连接
20  ssh.close()
```

8.2.5　基于公钥密钥的Transport方式登录

【示例8-4】 基于公钥密钥的Transport方式（sshclient_public_key.py）。

```
1   # -*- coding: utf-8 -*-
2   #Time: 2018/8/23 22:28:37
3   #Description: 实现公钥登录
4   #File Name: transport_public_key.py
5   import paramiko
6   # 指定本地的RSA私钥文件,如果建立密钥对时设置的有密码,则提供password参数即可,否则不提供
7   pkey = paramiko.RSAKey.from_private_key_file('/home/aaron/.ssh/id_rsa')
8   #建立连接
9   transport = paramiko.Transport(('192.168.195.129',22))
10  transport.connect(username='aaron',pkey=pkey)
11  ssh = paramiko.SSHClient()
12  ssh._transport = transport
13
14  # 执行命令
15  stdin, stdout, stderr = ssh.exec_command('echo `date` && df -hl')
16  # 输出
17  print(stdout.read().decode('utf-8'))
18  # 关闭连接
19  transport.close()
20
```

上述代码同样可加以入sftp的上传和下载功能，这里不再赘述。

第 9 章

分布式任务队列Celery

随着信息时代的持续发展，越来越复杂的业务需求对自动化运维的要求上了一个新的台阶，任务调度系统也由单一主机任务调度系统向分布式任务调度系统过渡。无论是业务层面的作业调度还是运维本身的作业调度需求，分布式的任务也越来越普及。本章将介绍一个非常优秀的开源分布式任务队列——Celery。Celery 是一个简单、灵活且可靠的，可以处理大量消息的分布式系统，并且提供了维护这样一个系统的必需工具。它是一个专注于实时处理的任务队列，同时也支持任务调度。

9.1 Celery 简介

Celery 是由纯 Python 编写的，但协议可以用任何语言实现。目前，已有 Ruby 实现的 RCelery、Node.js 实现的 node-celery 及一个 PHP 客户端，语言互通也可以通过 using webhooks 实现。在使用 Celery 之前，我们先来了解以下几个概念：

任务队列：简单来说，任务队列就是存放着任务的队列，客户端将要执行任务的消息放入任务队列中，执行节点 worker 进程持续监视队列，如果有新的任务，就取出来执行该任务。这种机制就像生产者、消费者模型一样，客户端作为生产者，执行节点 worker 作为消费者，它们之前通过任务队列进行传递，如图 9.1 所示。

图 9.1 任务队列

中间人（broker）：Celery 用于消息通信，通常使用中间人（broker）在客户端和 worker 之前传递，这个过程从客户端向队列添加消息开始，之后中间人把消息派送给 worker。官方给出的实现 broker 的工具可参见表 9-1。

表 9-1 实现 broker 的工具

名称	状态	监视	远程控制
RabbitMQ	稳定	是	是
Redis	稳定	是	是
Mongo DB	实验性	是	是
Beanstalk	实验性	否	否
Amazon SQS	实验性	否	否
Couch DB	实验性	否	否
Zookeeper	实验性	否	否
Django DB	实验性	否	否
SQLAlchemy	实验性	否	否
Iron MQ	第三方	否	否

在实际使用中，我们选择 RabbitMQ 或 Redis 作为中间人。

- **任务生产者**：调用 Celery 提供的 API、函数、装饰器产生任务并交给任务队列的都是任务生产者。
- **执行单元 worker**：属于任务队列的消费者，持续地监控任务队列，当队列中有新的任务时，便取出来执行。
- **任务结果存储 backend**：用来存储 worker 执行任务的结果，Celery 支持不同的方式存储任务的结果，包括 AMQP、Redis、memcached、MongoDB、SQLAlchemy 等。
- **任务调度器 Beat**：Celery Beat 进程会读取配置文件的内容，周期性的将配置中到期需要执行的任务发送给任务队列。

Celery 还有以下特性。

- **高可用性**：如果连接丢失或失败，worker 和客户端就会自动重试，并且中间人通过主/主，主/从方式来提高可用性。
- **快速**：单个 Celery 进程每分钟执行数以百万计的任务，且保持往返延迟在亚毫秒级（使用 RabbitMQ、py-librabbitmq 和优化过的设置），可以选择多进程、Eventlet 和 Gevent 三种模式并发执行。
- **灵活**：Celery 几乎所有模块都可以扩展或单独使用。可以自制连接池、序列化、压缩模式、日志、调度器、消费者、生产者、自动扩展、中间人传输或更多。
- **框架集成**：Celery 易于与 Web 框架集成，其中的一些甚至已经有了集成包，如 django-celery、pyramid_celery、celery-pylons、web2py-celery、tornado-celery。因此，学习 Celery 具有很强的实用价值。
- **强大的调度功能**：Celery Beat 进程来实现强大的调度功能，可以指定任务在若干秒后或指定一个时间点（datetime 类）来运行，也可以基于单纯的时间间隔或支持分钟、小时、每周的第几天、每月的第几天以及每年的第几个月的 crontab 表达式来使用周期任务调度。

- **易监控**：可以方便地查看定时任务的执行情况，如执行是否成功、当前状态、完成任务花费的时间等，还可以使用功能完备的管理后台或命令行添加、更新、删除任务，提供完善的错误处理机制。

9.2 安装 Celery

我们可以从 Python Package Index（PyPI）安装或者使用源代码安装 Celery，推荐使用 pip 安装。

使用 pip 安装：

```
pip install celery
```

使用源代码安装（http://pypi.python.org/pypi/celery/）。

```
$ tar xvfz celery-0.0.0.tar.gz
$ cd celery-0.0.0
$ python setup.py build
# python setup.py install  #这里如果不是在 virtualenv 中安装，就需要使用 root 权限安装
Celery 也定义了一组用于安装 Celery 和给定特性依赖的捆绑。我们可以在 requirements.txt 中指定或在 pip 命令中使用方括号。多个捆绑用逗号分隔，如下：
$ pip install celery[librabbitmq]
$ pip install celery[librabbitmq,redis,auth,msgpack]
```

以下是可用的捆绑，供使用时做参考。

（1）序列化

- celery[auth]：使用 auth 序列化。
- celery[msgpack]：使用 msgpack 序列化。
- celery[yaml]：使用 yaml 序列化。

（2）并发

- celery[eventlet]：使用 eventlet 池。
- celery[gevent]：使用 gevent 池。
- celery[threads]：使用线程池。

（3）传输和后端

- celery[librabbitmq]：使用 librabbitmq 的 C 库。
- celery[redis]：使用 Redis 作为消息传输方式或结果后端。
- celery[mongodb]：使用 MongoDB 作为消息传输方式(实验性)或结果后端(已支持)。
- celery[sqs]：使用 AmazonSQS 作为消息传输方式（实验性）。

- celery[memcache]：使用 memcache 作为结果后端。
- celery[cassandra]：使用 ApacheCassandra 作为结果后端。
- celery[couchdb]：使用 CouchDB 作为消息传输方式（实验性）。
- celery[couchbase]：使用 CouchBase 作为结果后端。
- celery[beanstalk]：使用 Beanstalk 作为消息传输方式（实验性）。
- celery[zookeeper]：使用 Zookeeper 作为消息传输方式。
- celery[zeromq]：使用 ZeroMQ 作为消息传输方式（实验性）。
- celery[sqlalchemy]：使用 SQLAlchemy 作为消息传输方式（实验性）或结果后端（已支持）。
- celery[pyro]：使用 Pyro4 消息传输方式（实验性）。
- celery[slmq]：使用 SoftLayerMessageQueue 传输（实验性）。

9.3 安装 RabbitMQ 或 Redis

这两个中间人是比较适合生产环境使用的，现在分别介绍其安装方法。

9.3.1 安装 RabbitMQ

以 Ubuntu 为例，其他操作系统可参考 RabbitMQ 官网。

首先安装 erlang。由于 RabbitMQ 需要 Erlang 语言的支持，因此在安装 RabbitMQ 之前需要安装 Erlang。执行

```
sudo apt-get install erlang-nox
```

再安装 RabbitMQ。

```
sudo apt-get update
sudo apt-get install rabbitmq-server
```

启动、关闭、重启、状态 RabbitMQ 命令。

```
sudo rabbitmq-server start        #启动
sudo rabbitmq-server stop         #关闭
sudo rabbitmq-server restart      #重启
sudo rabbitmqctl status           #查看状态
```

要使用 Celery，需要创建一个 RabbitMQ 用户和虚拟主机，并且允许用户访问该虚拟主机。

```
$ sudo rabbitmqctl add_user myuser mypassword
$ sudo rabbitmqctl add_vhost myvhost
$ sudo rabbitmqctl set_permissions -p myvhost myuser ".*" ".*" ".*"
```

RabbitMQ 是默认的中间人的 URL 位置，生产环境根据实际情况修改即可。

```
BROKER_URL = 'amqp://guest:guest@localhost:5672//'
```

9.3.2 安装 Redis

这里仍以 Ubuntu 为例。

REmote DIctionary Server（Redis）是一个由 Salvatore Sanfilippo 写的 key-value 存储系统。Redis 是一个开源的使用 ANSI C 语言编写、遵守 BSD 协议、支持网络、可基于内存亦可持久化的日志型、Key-Value 数据库，并提供多种语言的 API，通常被称为数据结构服务器，它的值（value）可以是字符串（String）、哈希（Map）、列表（list）、集合（sets）和有序集合（sorted sets）等类型。Redis 性能极高，读的速度是 110000 次/s，写的速度是 81000 次/s，非常适合作消息队列。

在 Ubuntu 系统安装 Redis 可以使用以下命令：

```
$sudo apt-get update
$sudo apt-get install redis-server
```

启动 Redis：

```
$ redis-server
```

查看 Redis 是否启动：

```
$ redis-cli
```

上面的命令将打开以下终端：

```
redis 127.0.0.1:6379>
```

其中 127.0.0.1 是本机 IP，6379 是 Redis 服务端口。现在输入 ping 命令：

```
redis 127.0.0.1:6379> ping
PONG
```

以上说明已经成功安装了 Redis。也可以通过以下源代码安装：

```
$ wget http://download.redis.io/releases/redis-4.0.11.tar.gz
$ tar xzf redis-4.0.11.tar.gz
$ cd redis-4.0.11
$ make
```

make 完后 redis-4.0.11 目录下会出现编译后的 Redis 服务程序 redis-server，以及用于测试的客户端程序 redis-cli，两个程序位于安装目录 src 目录下。

下面启动 Redis 服务：

```
$ cd src
$ ./redis-server
```

注意，这种方式启动 Redis 使用的是默认配置，也可以通过启动参数通知 Redis 使用指定配置文件。使用下面的命令启动：

```
$ cd src
$ ./redis-server ../redis.conf
```

redis.conf 是一个默认的配置文件。我们可以根据需要使用自己的配置文件。

启动 Redis 服务进程后，就可以使用测试客户端程序 redis-cli 和 Redis 服务交互了。例如：

```
$ cd src
$ ./redis-cli
redis> set foo bar
OK
redis> get foo
"bar"
```

说明安装成功。

配置 Celery 的 BROKER_URL，Redis 默认的连接 URL 如下：

```
BROKER_URL = 'redis://localhost:6379/0'
```

URL 的格式为 redis://:password@hostname:port/db_number。URL Scheme 后的所有字段都是可选的，并且默认为 localhost 的 6479 端口，使用数据库 0。

9.4 第一个 Celey 程序

我们以 Redis 为例，首先修改 Redis 配置文件 redis.conf，修改 bind = 127.0.0.1 为 bind = 0.0.0.0，意思是允许远程访问 Redis 数据库。接下来启动 Redis（以 Ubuntu 为例）：

```
service redis-server restart            #sudo apt-get 安装启动
redis-path/src/redis-server ../redis.conf    #源代码安装启动
```

启动成功后检查：

```
aaron@ubuntu:/etc$ ps -ef|grep redis
redis      2745     1  0 22:24 ?        00:00:00 /usr/bin/redis-server 0.0.0.0:6379
aaron      2752  2569  0 22:24 pts/1    00:00:00 grep --color=auto redis
```

说明已启动成功。

现在来编写第一个 Celey 程序。

【示例 9-1】第一个 Celey 程序（my_first_celery.py）。

```
1  #encoding=utf-8
2
3  from celery import Celery
4  import time
5  import socket
6
7  app = Celery('tasks', broker='redis://127.0.0.1:6379/0',backend
='redis://127.0.0.1:6379/0')
8
9  def get_host_ip():
10     """
11     查询本机 ip 地址
```

```
12      :return: ip
13      """
14      try:
15          s = socket.socket(socket.AF_INET, socket.SOCK_DGRAM)
16          s.connect(('8.8.8.8', 80))
17          ip = s.getsockname()[0]
18      finally:
19          s.close()
20      return ip
21
22
23  @app.task
24  def add(x, y):
25      time.sleep(3) # 模拟耗时操作
26      s = x + y
27      print("主机IP {}: x + y = {}".format(get_host_ip(),s))
28      return s
29
```

代码说明：第 7 行指定了中间人 broker 为本机的 Redis 数据库 0，结果后端同样使用 Redis；第 9~20 行定义了一个获取本机 IP 地址的函数，为后序分布式队列做铺垫；第 23 行到最后定义了一个模拟虚耗时的任务函数，使用 app.task 来装饰。

接下来启动任务执行单元 worker。

```
celery -A my_first_celery worker -l info
```

这里，-A 表示程序的模块名称，worker 表示启动一个执行单元，-l 是指 -level，表示打印的日志级别。可以使用 celery –help 命令查看 celery 命令的帮助文档。

如果不想使用 celery 命令启动 worker，则可直接使用文件驱动，修改 my_first_celery.py 如下所示（增加入口函数 main）。

【示例 9-2】使用入口函数启动 Celey（my_first_celery.py）。

```
#encoding=utf-8

from celery import Celery
import time
import socket

app = Celery('my_first_celery', broker='redis://127.0.0.1:6379/0',backend
='redis://127.0.0.1:6379/0' )

def get_host_ip():
    """
    查询本机ip地址
    :return: ip
    """
    try:
        s = socket.socket(socket.AF_INET, socket.SOCK_DGRAM)
        s.connect(('8.8.8.8', 80))
```

```python
        ip = s.getsockname()[0]
    finally:
        s.close()
    return ip


@app.task
def add(x, y):
    time.sleep(3) # 模拟耗时操作
    s = x + y
    print("主机IP {}: x + y = {}".format(get_host_ip(),s))
    return s

if __name__ == '__main__':
    app.start()
```

然后在命令行中执行 python my_first_celery2.py worker 即可。启动后的界面与使用命令 celery -A my_first_celery worker -l info 启动的结果是一致的。

```
aaron@ubuntu:~/project$ python my_first_celery2.py worker

 -------------- celery@ubuntu v4.2.1 (windowlicker)
---- **** -----
--- * ***  * -- Linux-4.10.0-37-generic-x86_64-with-Ubuntu-16.04-xenial 2018-08-27 22:46:00
-- * - **** ---
- ** ---------- [config]
- ** ---------- .> app:         tasks:0x7f1ce0747080
- ** ---------- .> transport:   redis://127.0.0.1:6379/0
- ** ---------- .> results:     redis://127.0.0.1:6379/0
- *** --- * --- .> concurrency: 1 (prefork)
-- ******* ---- .> task events: OFF (enable -E to monitor tasks in this worker)
--- ***** -----
 -------------- [queues]
                .> celery           exchange=celery(direct) key=celery


[tasks]
  . my_first_celery.add

[2018-08-27 22:46:00,726: INFO/MainProcess] Connected to redis://127.0.0.1:6379/0
[2018-08-27 22:46:00,780: INFO/MainProcess] mingle: searching for neighbors
[2018-08-27 22:46:02,075: INFO/MainProcess] mingle: all alone
[2018-08-27 22:46:02,125: INFO/MainProcess] celery@ubuntu ready.
```

接下来，编写程序调用任务函数 start_task.py。

```python
from my_first_celery import add #导入任务函数add
import time
result = add.delay(12,12) #异步调用，这一步不会阻塞，程序会立即往下运行
```

```python
while not result.ready():# 循环检查任务是否执行完毕
    print(time.strftime("%H:%M:%S"))
    time.sleep(1)

print(result.get()) #获取任务的返回结果
print(result.successful()) #判断任务是否成功执行
```

执行 python start_task.py 得到以下结果：

```
22:50:59
22:51:00
22:51:01
24
True
```

等待 3 秒后，任务返回了结果 24，并且成功完成。此时 worker 界面增加的信息如下：

```
[2018-08-27 22:50:58,840: INFO/MainProcess] Received task:
my_first_celery.add[a0c4bb6b-17af-474c-9eab-407d593a7807]
[2018-08-27 22:51:01,898: WARNING/ForkPoolWorker-1] 主机IP 192.168.195.128: x + y
= 24
[2018-08-27 22:51:01,915: INFO/ForkPoolWorker-1] Task
my_first_celery.add[a0c4bb6b-17af-474c-9eab-407d593a7807] succeeded in
3.067237992000173s: 24
```

其中 a0c4bb6b-17af-474c-9eab-407d593a7807 是 taskid，只要指定了 backend，根据这个 taskid 就可以随时去 backend 查找运行结果。使用方法如下：

```
>>> from my_first_celery import add
>>> taskid= 'a0c4bb6b-17af-474c-9eab-407d593a7807'
>>> add.AsyncResult(taskid).get()
24
```

或者：

```
>>> from celery.result import AsyncResult
>>> AsyncResult(taskid).get()
24
```

9.5 第一个工程项目

上节的第一个 Celery 程序非常简单，实际的项目开发应该是模块化的，程序的功能分散在多个文件中，Celery 也不例外。下面扩展第一个 Celery 程序。

新建 myCeleryProj 目录，并在 myCeleryProj 目录中新建__init__.py、app.py、settings.py、tasks.py 文件。其中__init__.py 文件保持为空即可，其作用是把目录 myCeleryProj 作为一个包让 Python 程序导入。

【示例 9-3】第一个工程项目（目录 myCeleryProj）。

app.py 是 celery worker 的入口，如下所示。

```
1   from __future__ import absolute_import
2
3   from celery import Celery
4
5   app = Celery("myCeleryProj", include=["myCeleryProj.tasks"])
6
7   app.config_from_object("myCeleryProj.settings")
8
9
10  if __name__ == "__main__":
11      app.start()
```

task.py 主要存放具体执行的任务，如下所示。

```
1   import os
2   from myCeleryProj.app import app
3   import time
4   import socket
5
6   def get_host_ip():
7       """
8       查询本机ip地址
9       :return: ip
10      """
11      try:
12          s = socket.socket(socket.AF_INET, socket.SOCK_DGRAM)
13          s.connect(("8.8.8.8", 80))
14          ip = s.getsockname()[0]
15      finally:
16          s.close()
17      return ip
18
19
20  @app.task
21  def add(x, y):
22      time.sleep(3)   # 模拟耗时操作
23      s = x + y
24      print("主机IP {}: x + y = {}".format(get_host_ip(), s))
25      return s
26
27
28  @app.task
29  def taskA():
30      time.sleep(3)
31      print("taskA")
32
33
34  @app.task
35  def taskB():
36      time.sleep(3)
37      print("taskB")
```

settings.py 存放配置信息，如下所示。

```
1
2  BROKER_URL = 'redis://127.0.0.1:6379/0'#使用 redis 作为消息代理
3
4  CELERY_RESULT_BACKEND = 'redis://127.0.0.1:6379/0' # 任务结果存在 Redis
5
6  CELERY_RESULT_SERIALIZER = 'json' # 因为读取任务结果一般性能要求不高，所以使用了可读
性更好的 JSON
7
8  CELERY_TASK_RESULT_EXPIRES = 60 * 60 * 24 # 任务过期时间，不建议直接写 86400，应该
让这样的 magic 数字表述更明显
9
```

下面运行工程项目，在 myCeleryProj 的同级目录下执行如下命令。

```
celery -A myCeleryProj.app worker -c 3 -l info
```

-c 3 表示启用三个子进程执行该队列中的任务。运行结果如下：

```
 -------------- celery@ubuntu v4.2.1 (windowlicker)
---- **** -----
--- * ***  * -- Linux-4.10.0-37-generic-x86_64-with-Ubuntu-16.04-xenial 2018-08-28 20:26:31
-- * - **** ---
- ** ---------- [config]
- ** ---------- .> app:         myCeleryProj:0x7ff1b4c17da0
- ** ---------- .> transport:   redis://127.0.0.1:6379/0
- ** ---------- .> results:     redis://127.0.0.1:6379/0
- *** --- * --- .> concurrency: 3 (prefork)
-- ******* ---- .> task events: OFF (enable -E to monitor tasks in this worker)
--- ***** -----
 -------------- [queues]
                .> celery           exchange=celery(direct) key=celery

[tasks]
  . myCeleryProj.tasks.add
  . myCeleryProj.tasks.taskA
  . myCeleryProj.tasks.taskB

[2018-08-28 20:26:32,074: INFO/MainProcess] Connected to redis://127.0.0.1:6379/0
[2018-08-28 20:26:32,130: INFO/MainProcess] mingle: searching for neighbors
[2018-08-28 20:26:33,212: INFO/MainProcess] mingle: all alone
[2018-08-28 20:26:33,259: INFO/MainProcess] celery@ubuntu ready.
```

更多启动 Celery worker 的方法如下。

- 设置处理任务队列的子进程个数为 10。

```
celery -A myCeleryProj.app worker -c10 -l info
```

- 设置处理任务队列为 web_task 。

```
celery -A myCeleryProj.app worker -Q web_task -l info
```

- 设置后台运行并指定日志文件位置。

```
celery -A myCeleryProj.app worker -logfile /tmp/celery.log -l info -D
```

 更多 celery worker 命令的帮助请使用 celery worker –help。

现在我们已经启动了 worker，从运行的打印输出可以看到有三个任务：myCeleryProj.tasks.add、myCeleryProj.tasks.taskA 和 myCeleryProj.tasks.taskB。接下来手动执行异步调用。

```
>>> from myCeleryProj.tasks import *
>>> add.delay(5,6);taskA.delay();taskB.delay()
<AsyncResult: fe7e3904-904b-4317-b1e8-74f572d1e48a>
<AsyncResult: 5dbc4b1e-53fe-4f05-8626-15b787a8c484>
<AsyncResult: c88fc0b1-66b8-4046-9e93-2cb8a516efde>
>>>
```

这里 add.delay(5,6);taskA.delay();taskB.delay()写在一行是在于同时发出异步执行的命令。worker 界面新增的信息如下：

```
[2018-08-28 20:53:58,633: INFO/MainProcess] Received task:
myCeleryProj.tasks.add[fe7e3904-904b-4317-b1e8-74f572d1e48a]
[2018-08-28 20:53:58,679: INFO/MainProcess] Received task:
myCeleryProj.tasks.taskA[5dbc4b1e-53fe-4f05-8626-15b787a8c484]
[2018-08-28 20:53:58,708: INFO/MainProcess] Received task:
myCeleryProj.tasks.taskB[c88fc0b1-66b8-4046-9e93-2cb8a516efde]
[2018-08-28 20:54:01,663: WARNING/ForkPoolWorker-3] 主机 IP 192.168.0.109: x + y = 11
[2018-08-28 20:54:01,695: INFO/ForkPoolWorker-3] Task
myCeleryProj.tasks.add[fe7e3904-904b-4317-b1e8-74f572d1e48a] succeeded in
3.035788317999959s: 11
[2018-08-28 20:54:01,725: WARNING/ForkPoolWorker-1] taskB
[2018-08-28 20:54:01,735: WARNING/ForkPoolWorker-2] taskA
[2018-08-28 20:54:01,806: INFO/ForkPoolWorker-1] Task
myCeleryProj.tasks.taskB[c88fc0b1-66b8-4046-9e93-2cb8a516efde] succeeded in
3.0824580290000085s: None
[2018-08-28 20:54:01,803: INFO/ForkPoolWorker-2] Task
myCeleryProj.tasks.taskA[5dbc4b1e-53fe-4f05-8626-15b787a8c484] succeeded in
3.075650606000181s: None
```

从 worker 界面新增的信息中可以看出，worker 在 20:53:58 同时收到了三个任务，由于并发数是 3，且三个任务都执行了等待 3 秒的模拟耗时操作，因此它们都在 20:54:01 打印了相应的信息并退出。读者可以将并发数设置为 1 再试验一下运行结果。

调用 task 的方法有以下三种。

（1）使用 apply_async(args[, kwargs[, …]])发送一个 task 到任务队列，支持更多的控制，如 add.apply_async(countdown=10) 表示执行 add 函数的时间限制最多为 10 秒；add.apply_async(countdown=10, expires=120)表示执行 add 函数的时间限制最多为 10 秒，add 函数的有效期为 120 秒；add.apply_async(expires=now + timedelta(days=2))表示执行 add 函数的

有效期为两天。使用 apply_async 还支持回调，假如任务函数如下：
```
@app.task
def add(x, y):
    return x + y
```
那么
```
add.apply_async((2, 2), link=add.s(16))
```
就相当于 (2 + 2) + 16 = 20。

（2）使用 delay(*args, **kwargs)，该方法是 apply_async 的快捷方式，提供便捷的异步调度，但是如果想要更多的控制，就必须使用方法 1。使用 delay 就像调用普通函数那样，非常简便，如下所示。
```
task.delay(arg1, arg2, kwarg1='x', kwarg2='y')
```
如果使用方法 1，则不得不写成：
```
task.apply_async(args=[arg1, arg2], kwargs={'kwarg1': 'x', 'kwarg2': 'y'})
```

（3）直接调用，相当于普通的函数调用，不在 worker 上执行。

9.6 Celery 架构

前两节对 Celery 应用程序进行了初探，对 Celery 程序有了初步的了解后，我们再来看一下 Celery 的架构，将有助于深入理解 Celery。Celery 的架构如图 9.2 所示。

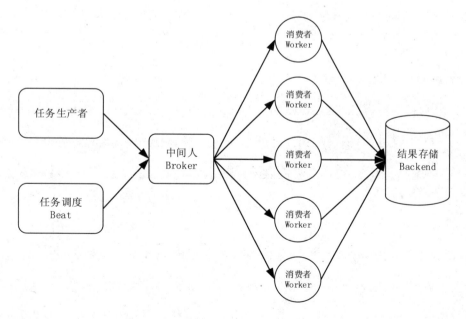

图 9.2 Celery 的架构

任务生产者产生任务并将任务发送到中间人，有多个消费者，即执行单元 worker 持续地监控消息中间人，如有属于自己队列的任务需要执行，就从中间人那里取出作业名称，查找对应的函数代码并执行，执行完成后将结果存储在 Backend。这里的 Worker 可以分布式部署，彼此之间是独立的。

任务调度器 Beat：Celery Beat 进程会读取配置文件的内容，周期性地将配置中到期需要执行的任务发送给中间人。

9.7 Celery 队列

Celery 非常容易设置和运行，它通常会使用默认名为 Celery 的队列（可以通过 CELERY_DEFAULT_QUEUE 修改）来存放任务。Celery 支持同时运行多个队列，还可以使用优先级不同的队列来确保高优先级的任务不需要等待就立即得到响应。

基于 9.5 节使用的工程源代码，我们来实现不同的队列来执行不同的任务：使任务 add 在队列 default 中运行；taskA 在队列 task_A 中运行；taskB 在队列 task_B 中运行。

【示例 9-4】定义三个队列，并将任务自动的分配到相应的队列中（myCeleryProj_2）。

首先修改配置文件 settings.py。

```
from kombu import Queue

CELERY_QUEUES = (  # 定义任务队列
    Queue("default", routing_key="task.#"),  # 路由键以"task."开头的消息都进 default 队列
    Queue("tasks_A", routing_key="A.#"),  # 路由键以"A."开头的消息都进 tasks_A 队列
    Queue("tasks_B", routing_key="B.#"),  # 路由键以"B."开头的消息都进 tasks_B 队列
)

CELERY_ROUTES = (
    [
        ("myCeleryProj.tasks.add", {"queue": "default"}),  # 将 add 任务分配至队列 default
        ("myCeleryProj.tasks.taskA", {"queue": "tasks_A"}),  # 将 taskA 任务分配至队列 tasks_A
        ("myCeleryProj.tasks.taskB", {"queue": "tasks_B"}),  # 将 taskB 任务分配至队列 tasks_B
    ],
)

BROKER_URL = "redis://127.0.0.1:6379/0"  # 使用 redis 作为消息代理

CELERY_RESULT_BACKEND = "redis://127.0.0.1:6379/0"  # 任务结果存在 Redis

CELERY_RESULT_SERIALIZER = "json"  # 读取任务结果一般性能要求不高，所以使用了可读性
```

更好的 JSON
22
23 CELERY_TASK_RESULT_EXPIRES = 60 * 60 * 24 # 任务过期时间，不建议直接写 86400，应该让这样的 magic 数字表述更明显

然后开启三个终端窗口，分别启动三个队列的 worker，执行以下命令。

```
celery -A myCeleryProj.app worker -Q default -l info
celery -A myCeleryProj.app worker -Q tasks_A -l info
celery -A myCeleryProj.app worker -Q tasks_B -l info
```

也可以一次启动多个队列。例如：

```
celery -A myCeleryProj.app worker -Q tasks_A,tasks_B -l info
```

则表示一次启动两个队列：tasks_A 和 tasks_B。

最后开启一个窗口来调用 task。

```
>>> from myCeleryProj.tasks import *
>>> add.delay(4,5);taskA.delay();taskB.delay()
<AsyncResult: 21408d7b-750d-4c88-9929-fee36b2f4474>
<AsyncResult: 737b9502-77b7-47a6-8182-8e91defb46e6>
<AsyncResult: 69b07d94-be8b-453d-9200-12b37a1ca5ab>
>>>
```

执行 add.delay(4,5);taskA.delay();taskB.delay() 后，可以看到三个窗口同时打印了相关信息，如图 9.3~图 9.5 所示。

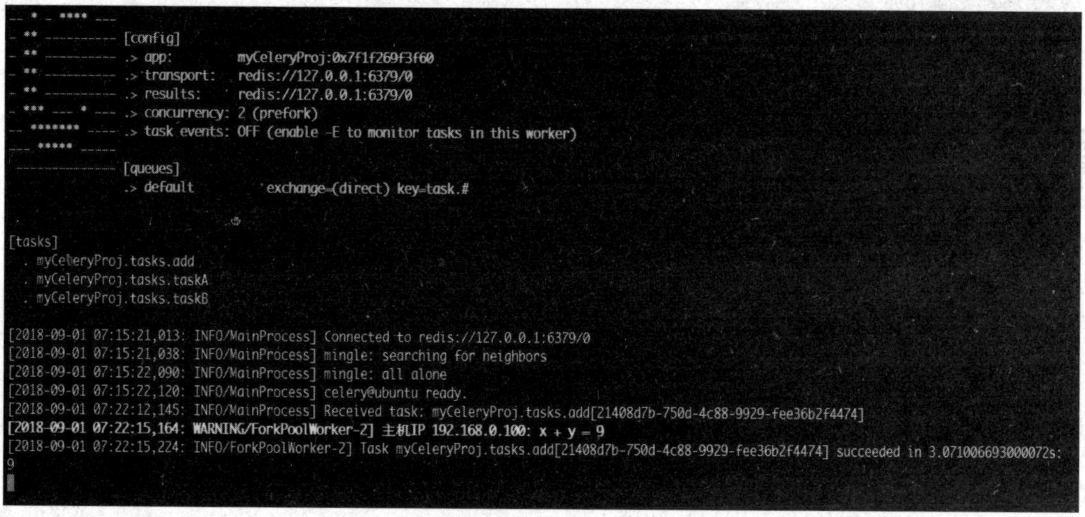

图 9.3 default 队列的执行信息

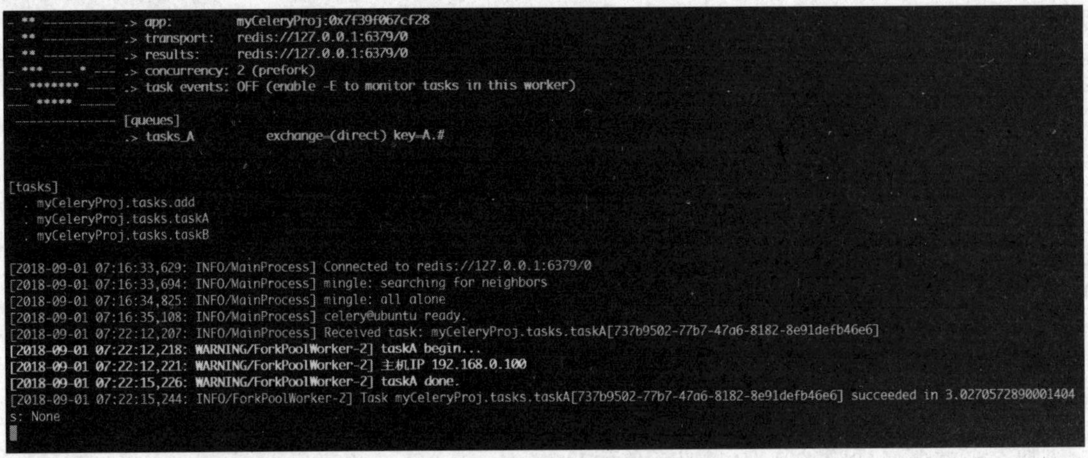

图 9.4 tasks_A 队列的执行信息

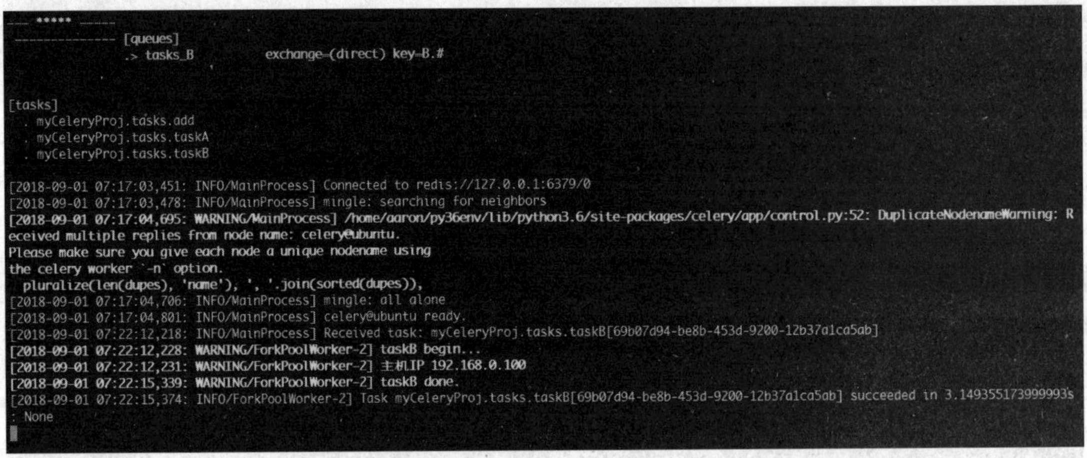

图 9.5 tasks_B 队列的执行信息

任务的路由：前述代码中决定任务具体在哪个队列运行（任务的路由）是通过下述代码所指定的。

```
CELERY_ROUTES = (
    [
        ("myCeleryProj.tasks.add", {"queue": "default"}), # 将 add 任务分配至队列
default
        ("myCeleryProj.tasks.taskA", {"queue": "tasks_A"}),# 将 taskA 任务分配至队列
tasks_A
        ("myCeleryProj.tasks.taskB", {"queue": "tasks_B"}),# 将 taskB 任务分配至队列
tasks_B
    ],
)
```

实际生产环境可能有多个任务需要路由，是否需要逐个去配置呢？当然不需要，批量分配任务到队列可以使用如下方法。

```
CELERY_ROUTES = (
```

```
    [
        ("myCeleryProj.tasks.*", {"queue": "default"}), # 将tasks模块中的所有任务分
配至队列default
    ],
)
```

还可以使用正则表达式。

```
CELERY_ROUTES = (
    [
        (
            re.compile(r"myCeleryProj\.tasks\.(taskA|taskB)"),
            {"queue": "tasks_A", "routing_key": "A.import"},
        ), # 将tasks模块中的taskA,taskB分配至队列tasks_A
        (
            "myCeleryProj.tasks.add",
            {"queue": "default", "routing_key": "task.default"},
        ), # 将tasks模块中的add任务分配至队列default
    ],
)
```

更改队列默认属性值。

```
CELERY_TASK_DEFAULT_QUEUE = "default"   # 设置默认队列名为default
CELERY_TASK_DEFAULT_EXCHANGE = "tasks"
CELERY_TASK_DEFAULT_EXCHANGE_TYPE = "topic"
CELERY_TASK_DEFAULT_ROUTING_KEY = "task.default"
```

9.8 Celery Beat 任务调度

前几节的任务调度都是手动触发的，本节将展示一下使用 Celery 的 Beat 进程自动调度任务。

Celery Beat 是 Celery 的调度器，其定期启动任务，然后由集群中的可用工作节点 worker 执行这些任务。默认情况下，Beat 进程读取配置文件中 CELERYBEAT_SCHEDULE 的设置，也可以使用自定义存储，比如将启动任务的规则存储在 SQL 数据库中。请确保每次只为调度任务运行一个调度程序，否则任务将被重复执行。使用集群的方式意味着调度不需要同步，服务可以在不使用锁的情况下运行。

先明确一个概念——时区。间隔性任务调度默认使用 UTC 时区，也可以通过时区设置来改变时区。例如：

```
CELERY_TIMEZONE = 'Asia/Shanghai'   # 通过配置文件设置
app.conf.timezone = 'Asia/Shanghai' #直接在Celery app 的源代码中设置
```

时区的设置必须加入 Celery 的 App 中，默认的调度器（将调度计划存储在 celerybeat-schedule 文件中）将自动检测时区是否改变，如果时区改变，则自动重置调度计划。其他调度器可能不会自动重置，比如 Django 数据库调度器就需要手动重置调度计划。

【示例 9-5】Celery 调度实例。

仍基于 myCeleryProj 目录下的源代码,修改 myCeleryProj/settings.py。

```
CELERY_TIMEZONE='Asia/Shanghai'
CELERYBEAT_SCHEDULE = {
    "add": {
        "task": "myCeleryProj.tasks.add",
        "schedule": timedelta(seconds=10),#定义间隔为10s 的任务
        "args": (10, 16),
    },
    "taskA": {
        "task": "myCeleryProj.tasks.taskA",
        "schedule": crontab(hour=21, minute=11),#定义间隔为对应时区下 21:11 分执行的任务
    },
    "taskB": {
        "task": "myCeleryProj.tasks.taskB",
        "schedule": crontab(hour=21, minute=8),#定义间隔为对应时区下 21:8 分执行的任务
    },
}
```

接下来启用 Celery Beat 进程处理调度任务。

```
celery -A myCeleryProj.app beat
```

最后可以在 worker 界面看到定时或间隔任务的处理情况。

9.9 Celery 远程调用

前述的任务调度均是在本机调用任务,在实际应用中可能有许多任务需要远程调用,如主机 C 上的程序需要调用主机 A 和主机 B 上的任务。本节我们仍基于 myCeleryProj 目录下的源代码来实现在主机 C 上远程调用主机 A 和主机 B 上的任务。

其中:

- 主机 C ip 地址为 192.168.0.107;
- 主机 A ip 地址为 192.168.0.111;
- 主机 B ip 地址为 192.168.0.112。

首先修改 settings.py,使任务 taskA 运行在队列 tasks_A 上,任务 taskB 运行在队列 tasks_B 上,中间人均指向主机 C 上的 redis 数据库:redis://192.168.0.107:6379/0。不一定必须在主机 C 上启用 redis 数据库,redis 数据库可以运行在任意一台主机上,只要确保其允许远程访问即可。完整的 settings.py 如下:

```
1  from kombu import Queue
2
```

```
3   CELERY_TIMEZONE='Asia/Shanghai'
4
5   CELERY_QUEUES = (     # 定义任务队列
6       Queue("default", routing_key="task.#"),   # 路由键以"task."开头的消息都进
default 队列
7       Queue("tasks_A", routing_key="A.#"),   # 路由键以"A."开头的消息都进 tasks_A 队列
8       Queue("tasks_B", routing_key="B.#"),   # 路由键以"B."开头的消息都进 tasks_B 队列
9   )
10
11
12  CELERY_ROUTES = (
13      [
14          ("myCeleryProj.tasks.add", {"queue": "default"}),   # 将 add 任务分配至队列
default
15          ("myCeleryProj.tasks.taskA", {"queue": "tasks_A"}),  # 将 taskA 任务分配至
队列 tasks_A
16          ("myCeleryProj.tasks.taskB", {"queue": "tasks_B"}),  # 将 taskB 任务分配至
队列 tasks_B
17      ],
18  )
19
20  BROKER_URL = "redis://192.168.0.107:6379/0"   # 使用 redis 作为消息代理
21
22  CELERY_RESULT_BACKEND = "redis://192.168.0.107:6379/0"   # 任务结果存在 Redis
23
24  CELERY_RESULT_SERIALIZER = "json"   #因为读取任务结果一般性能要求不高，所以使用了可读
性更好的 JSON
25
26  CELERY_TASK_RESULT_EXPIRES = 60 * 60 * 24  # 任务过期时间，不建议直接写86400，应
该让这样的 magic 数字表述更明显
```

（1）确保主机 C 上的 redis 数据库服务已经启动，如有以下信息说明已经成功启动。

```
$ps -ef|grep redis
aaron     2229  2187  0 21:43 pts/1    00:00:00 ./redis-server 0.0.0.0:6379
aaron     2452  2437  0 21:47 pts/2    00:00:00 grep --color=auto redis
```

（2）将 myCeleryProj 目录分别复制到三台主机中。

```
scp -r myCeleryProj aaron@192.168.0.111:~
scp -r myCeleryProj aaron@192.168.0.112:~
```

（3）在主机 A 上启用 worker，监控队列 tasks_A（前提是已经完成安装 Python 库 celery 和 redis）。

```
celery -A myCeleryProj.app worker -Q tasks_A -l info
```

在主机 B 上执行同样的操作：

```
celery -A myCeleryProj.app worker -Q tasks_B -l info
```

（4）在主机 C 上编写调用程序 start_tasks.py。

```
1  from myCeleryProj.tasks import taskA,taskB
2  import time
3  #异步执行 方法一
4  #resultA = taskA.delay()
5  #resultB = taskB.delay()
6
7  #异步执行 方法一
8  resultA = taskA.apply_async()
9  resultB = taskB.apply_async(args=[])
10 resultC = taskA.apply_async(queue='tasks_B') #将任务taskA路由至队列tasks_B执行
11
12 while not (resultA.ready() and resultB.ready()):# 循环检查任务是否执行完毕
13     time.sleep(1)
14
15 print(resultA.successful())  #判断任务是否成功执行
16 print(resultB.successful())  #判断任务是否成功执行
```

上述代码第9行可以通过指定queue='tasks_B'的方式在调用任务时改变taskA执行的队列，这在实用中是非常方便的。

执行 python start_tasks.py 得到如下结果。

```
aaron@ubuntu:~$ python start_tasks.py
True
True
```

主机A、主机B上worker运行情况如图9.6和图9.7所示。

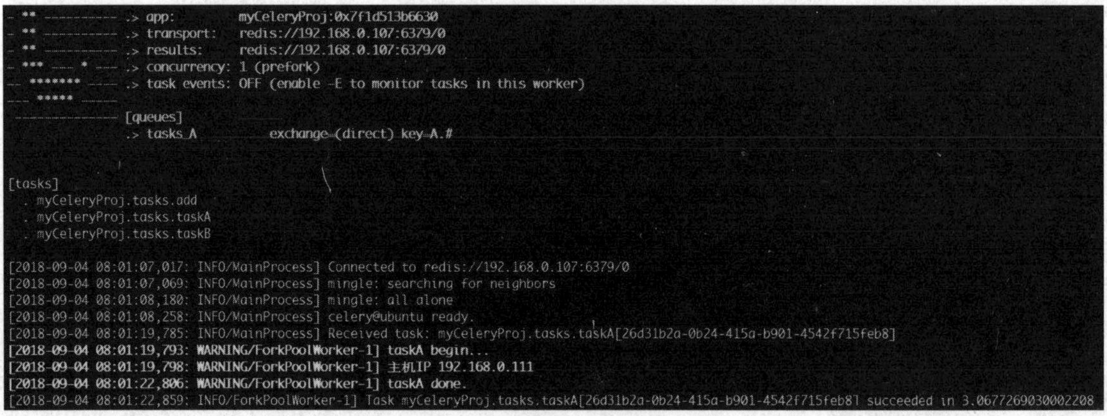

图9-6 tasks_A队列的执行信息

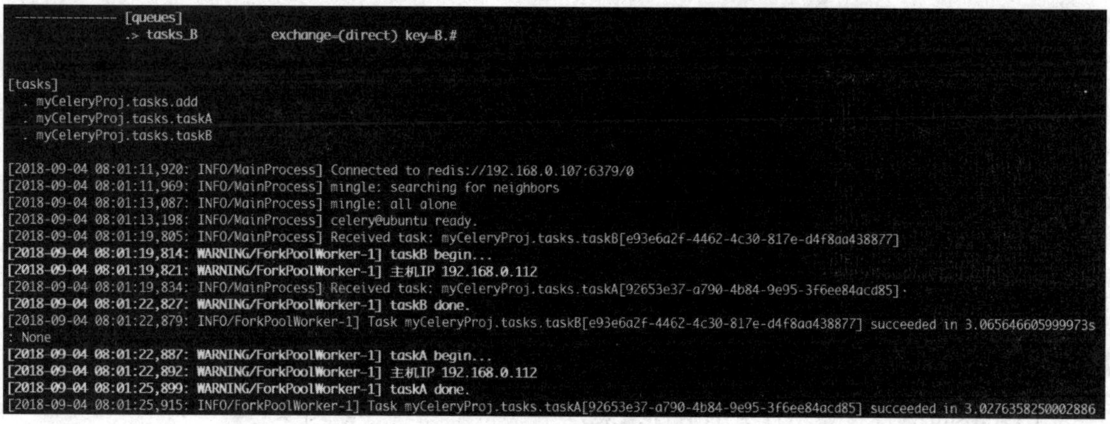

图 9.7 tasks_B 队列的执行信息

可以看到在主机 B 上运行的队列 tasks_B 中，taskA 也被执行。

9.10 监控与管理

本节介绍 Celery 的两种监控工具：命令行实用工具和 Web 实时监控工具 Flower。

9.10.1 Celery 命令行实用工具

Celery 命令行实用工具可以用来检查和管理工作节点 worker 和任务。我们可以列出所有可用的命令：

```
$ celery help
```

或者列出具体命令的帮助信息：

```
$ celery <command> --help
```

下面介绍几种常用的命令及其功能。

（1）shell 环境命令。进入含有 Celery 变量的 Python 解释器环境，Celery 变量有当前的 celery、app、Task，除非设置了 --without-tasks 标志。

```
$ celery -A myCeleryProj.app shell
Python 3.6.3 (v3.6.3:2c5fed8, Oct  3 2017, 18:11:49) [MSC v.1900 64 bit (AMD64)]
on win32
Type "help", "copyright", "credits" or "license" for more information.
(InteractiveConsole)
>>> locals().keys()
dict_keys(['app', 'celery', 'Task', 'chord', 'group', 'chain', 'chunks', 'xmap',
'xstarmap', 'subtask', 'signature', 'add', 'taskB', 'taskA', '__builtins__'])
>>> app
<Celery myCeleryProjs at 0x1c5fe6a47b8>
```

```
>>> add
<@task: myCeleryProj.tasks.add of myCeleryProj at 0x1c5fe6a47b8>
>>> taskB.delay()
<AsyncResult: 914698c7-082f-4771-93b6-c6479f89c417>
>>>
```

（2）status 命令：在这个集群中列出激活的节点。

```
$ celery -A myCeleryProj.app status
celery@AARON: OK

1 node online.
```

（3）result 命令：显示任务的执行结果。

```
$ celery -A myCeleryProj.app result -t tasks.add 4e196aa4-0141-4601-8138-7aa33db0f577
```

 只要任务不使用自定义结果后端存储结果，使用时就可以省略任务的名称。

（4）purge 命令：从所有配置的任务队列清除任务消息。

```
$ celery -A myCeleryProj.app purge
```

也可以指定要清除的任务队列。

```
$ celery -A myCeleryProj.app purge -Q default,tasks_A
```

或者排除指定的任务队列。

```
$ celery -A myCeleryProj.app purge -X tasks_B
```

 这个命令将从配置的任务队列中清除所有的消息。此项操作不可撤销，消息将被永久清除。

（5）inspect active 命令：列出激活的任务。

```
$ celery -A myCeleryProj.app inspect active
```

（6）inspect scheduled 命令：列出计划任务。

```
$ celery -A myCeleryProj.app inspect scheduled
```

（7）inspect registered 命令：列出已注册的任务。

```
$ celery -A myCeleryProj.app inspect registered
-> celery@AARON: OK
    * myCeleryProj.tasks.add
    * myCeleryProj.tasks.taskA
* myCeleryProj.tasks.taskB
```

（8）inspect stats 命令：列出 worker 的统计信息。

```
$ celery -A myCeleryProj.app inspect stats
-> celery@AARON: OK
```

```json
{
    "broker": {
        "alternates": [],
        "connect_timeout": 4,
        "failover_strategy": "round-robin",
        "heartbeat": 120.0,
        "hostname": "127.0.0.1",
        "insist": false,
        "login_method": null,
        "port": 6379,
        "ssl": false,
        "transport": "redis",
        "transport_options": {},
        "uri_prefix": null,
        "userid": null,
        "virtual_host": "0"
    },
    "clock": "7905",
    "pid": 7336,
    "pool": {
        "free-threads": 4,
        "max-concurrency": 4,
        "running-threads": 0
    },
    "prefetch_count": 16,
    "rusage": "N/A",
    "total": {
        "myCeleryProj.tasks.add": 6,
        "myCeleryProj.tasks.taskA": 5,
        "myCeleryProj.tasks.taskB": 18
    }
}
```

（9）inspect query_task 命令：通过 id 获取任务的信息。

```
$ celery -A myCeleryProj.app inspect query_task 898e9c89-d2ac-4a9c-aedc-2ff505ccab37
也可以一次查询多个任务
$ celery -A myCeleryProj.app inspect query_task id1 id2 ... idN
```

（10）control enable_events/disable_events：启用/不启用事件。

```
$ celery -A myCeleryProj.app control enable_events/disable_events
```

（11）migrate:命令：将任务由一个中间人转移至另一个中间人。

```
$ celery -A myCeleryProj.app migrate redis://localhost amqp://localhost
```

这个命令将把一个中间人上的所有任务迁移到另一个中间人上。由于这个命令是实验性的，因此在执行命令之前要确保对重要数据进行备份。

> inspect 和 control 命令默认对所有的 worker 生效，可单独指定一个 worker 或一个 worker 的列表。命令如下：
>
> ```
> $ celery -A proj inspect -d w1@e.com,w2@e.com reserved
> $ celery -A proj control -d w1@e.com,w2@e.com enable_events
> ```

9.10.2 Web 实时监控工具 Flower

Flower 是一个基于实时 Web 服务的 Celery 监控和管理工具，其后续版本正在积极开发中，但对于 Celery 监控来说已经是一个必不可少的工具。作为 Celery 推荐的监视器，它淘汰了 Django-Admin 监视器、celerymon 监视器和基于 ncurses 的监视器。

Flower 具有以下特色。

- 使用 Celery 事件来实时监控：
  - 查看任务的进度和历史信息；
  - 查看任务的详情（参数、开始时间、运行时间等）
  - 提供图表和统计信息。
- 远程控制：
  - 提供图表和统计信息；
  - 关闭和重启 worker 实例；
  - 控制 worker 的缓冲池大小和自动优化设置；
  - 查看并修改一个 worker 实例所指向的任务队列；
  - 查看目前正在运行的任务；
  - 查看定时或间隔性调度的任务；
  - 查看已保留和已撤销的任务；
  - 时间和速度限制；
  - 配置监视器；
  - 撤销或终止任务。
- 提供 HTTP 接口：
  - 列出 worker；
  - 关闭一个 worker；
  - 重启 worker 的缓冲池；
  - 增加/减少/自动定量 worker 的缓冲池；
  - 从任务队列消费（取出任务执行）；
  - 停止从任务队列消费；
  - 列出任务列表/任务类型；
  - 获取任务信息；
  - 执行一个任务；

- 按名称执行任务;
- 获得任务结果;
- 改变工作的软硬时间限制;
- 更改任务的速率限制;
- 撤销一个任务。
● OpenID 身份验证。

9.10.3 Flower 的使用方法

（1）安装 Flower，可以使用 pip 安装。

```
pip install flower
```

（2）启动 Flower。

```
$ celery -A myCeleryProj.app flower
[I 180907 22:34:43 command:139] Visit me at http://localhost:5555
[I 180907 22:34:43 command:144] Broker: redis://127.0.0.1:6379/0
[I 180907 22:34:43 command:147] Registered tasks:
    ['celery.accumulate',
    'celery.backend_cleanup',
    'celery.chain',
    'celery.chord',
    'celery.chord_unlock',
    'celery.chunks',
    'celery.group',
    'celery.map',
    'celery.starmap',
    'myCeleryProj.tasks.add',
    'myCeleryProj.tasks.taskA',
    'myCeleryProj.tasks.taskB']
[I 180907 22:34:43 mixins:224] Connected to redis://127.0.0.1:6379/0
```

从输出信息可以看出，默认的端口为 http://localhost:5555。也可以手动指定端口，命令如下：

```
$ celery -A myCeleryProj.app flower --port=5555
```

中间人的 url 也可以通过参数 --broker 来指定。

```
$ celery -A myCeleryProj.app flower --port=5555 --broker=redis://127.0.0.1:6379/0
```

打开浏览器 http://localhost:5555 可以看到 Flower 的 Web 页面，如图 9.8 所示。在 Flower-Dashboard 页面中可以看到 worker 节点的状态、激活的任务个数、已处理的任务数、失败的任务数、成功的任务数、重试的任务数，并且还可以检索。

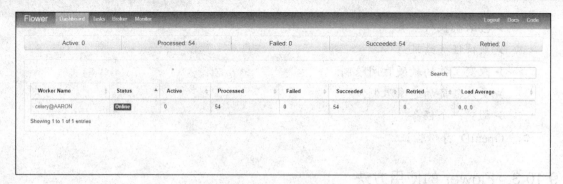

图 9.8　Flower-Dashboard 页面

如图 9.9 所示的 Flower-Tasks 页面，可以看到每一个任务更加详细的信息，包含任务的 ID、状态、参数、返回值、开始时间、结束时间等。

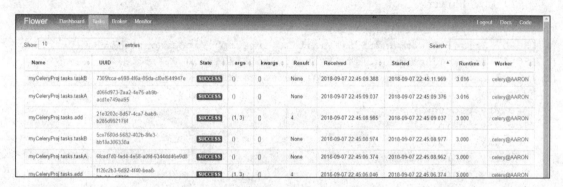

图 9.9　Flower-Tasks 页面

如图 9.10 所示的 Broker 页面，可以看到任务队列的信息。

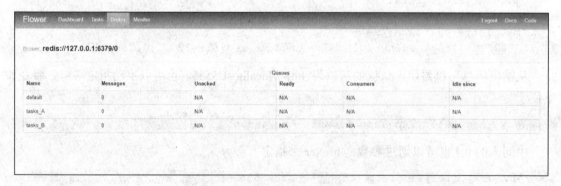

图 9.10　Flower-Broker 页面

如图 9.11 所示的 Monitor 页面，可以看到任务执行的实时情况，满足监控的需求。

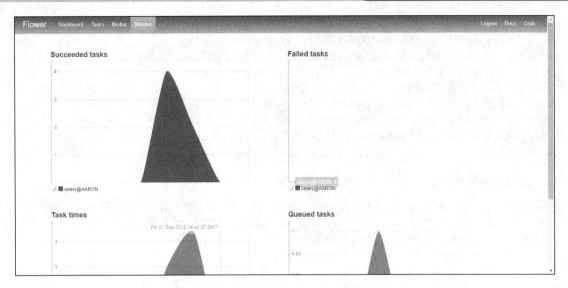

图 9.11　Flower-Monitor 页面

Flower 还有更多的功能，包括用户授权功能，更多详细信息可访问 Flower 的官方文档（https://flower.readthedocs.io/en/latest/）。

本节的实例以 Redis 作为中间人，也可以使用 redis_cli 命令从 Redis 数据库中查看相关的任务信息。

使用 redis-cli 命令列出消息队列中任务的个数。

```
$ redis-cli -h HOST -p PORT -n DATABASE_NUMBER llen QUEUE_NAME
```

结果会显示一个整数，表示当前队列中等待执行的任务个数。

如果使用 Redis 作为结果后端保存任务的运行结果，则下面命令可以查看所有相关的键信息。

```
$ redis-cli -h HOST -p PORT -n DATABASE_NUMBER keys \*
$ redis-cli.exe -n 0 keys \*
celery-task-meta-d066d973-2aa2-4e75-ab9b-acd1e749aa95
celery-task-meta-5ce7680d-5682-402b-8fe3-bb18a306338a
_kombu.binding.web_tasks
_kombu.binding.celeryev
celery-task-meta-cd653dd4-17c0-4b8f-a20d-646636b13fd7
celery-task-meta-cf5cbf03-0f4f-4943-8a8f-85a08b6fa11e
celery-task-meta-00cda690-1b53-4abd-bb15-eb2cdeb4088a
celery-task-meta-b2ba1b4d-5514-4e28-b8fb-83a95a4e0b99
celery-task-meta-84501710-a8e4-43b6-8fcb-e990b6a3a115
celery-task-meta-51927834-733f-4b72-9501-1cb118835ddf
celery-task-meta-7305fcca-e598-4f6a-85da-cf0ef544947e
celery-task-meta-333574c3-ee3f-4f27-a10f-aa08354e65db
celery-task-meta-898e9c89-d2ac-4a9c-aedc-2ff505ccab37
celery-task-meta-d409c598-cd3f-403a-a1c6-11b2b18d688f
celery-task-meta-5ff02f2f-9e7d-4269-add3-17b970a2b066
celery-task-meta-16203b22-ad2f-43e9-84c8-989afffa2628
celery-task-meta-b78b8412-4d37-4b4c-b130-17e0f7ecdc96
```

```
mykey
celery-task-meta-8cbc5121-76e4-4650-a4d1-0b8642dc38b1
celery-task-meta-14411f64-e7c5-4cab-baa3-2d14b2255b54
celery-task-meta-0ebf0a66-68cb-46f3-bb96-bf94e7653f1d
celery-task-meta-914698c7-082f-4771-93b6-c6479f89c417
celery-task-meta-c197d8a0-c94f-4b41-ba1f-60de0b4f5909
celery-task-meta-7d1025f5-60ad-4a2a-ac80-b947ecd3c2cd
celery-task-meta-1335c819-4186-442b-8f21-1a02eb646fd1
celery-task-meta-21e3202c-8d57-4ca7-bab9-b285d992176f
```

我们使用具体的键来获取任务的详细信息。

```
$ redis-cli.exe -n 0 get celery-task-meta-a5fb77c9-0175-4c5c-84e2-7380398ec045
{"status": "SUCCESS", "result": null, "traceback": null, "children": [], "task_id": "a5fb77c9-0175-4c5c-84e2-7380398ec045"}
```

第 10 章

任务调度神器 Airflow

Airflow 是 Apache 下孵化项目，是纯 Python 编写的一款非常优雅的开源调度平台。Airflow 使用 DAG（有向无环图）来定义工作流，配置作业依赖关系非常方便，豪不夸张地说：在开源的调度工具中，Airflow 是首屈一指。

10.1 Airflow 简介

Airflow 具备以下天然优势。

- 灵活易用。Airflow 本身是 Python 编写的，且工作流的定义也是 Python 编写，有了 Python 胶水的特性，没有什么任务是调度不了的，有了开源的代码，没有什么问题是无法解决的，我们可以修改源代码来满足个性化的需求，而且代码都是 --human-readable。
- 功能强大。自带的 Operators 都有 15+，也就是说本身已经支持 15+不同类型的作业，而且还可以自定义 Operators，如 shell 脚本、Python、MySQL、Oracle、Hive 等。无论是传统数据库平台还是大数据平台，统统不在话下，若对官方提供的不满足，则完全可以自己编写 Operators。
- 优雅。作业的定义简单明了，基于 Jinja 模板引擎很容易做到脚本命令参数化，Web 页面更是非常 --human-readable。
- 极易扩展。提供各种基类供扩展，以及多种执行器供选择，其中 CeleryExcutor 使用了消息队列来编排多个工作节点（worker），可分布式部署多个 worker，Airflow 可以做到无限扩展。
- 丰富的命令工具。可以直接在终端敲命令完成测试、部署、运行、清理、重跑、追数等任务，稍微熟悉 Python 的开发人员部署一个复杂的作业流是非常高效的。

Airflow 是免费的，我们可以将一些常做的巡检任务、定时脚本（如 crontab）、ETL 处理、监控等任务放在 Airflow 上集中管理，甚至都不用再写监控脚本，作业出错会自动发送日志信息到指定人员邮箱，低成本高效率地解决生产问题。在学习 Airflow 之前我们先来看一下 Airflow 有哪些组成部分。

从一个使用者的角度来看，调度工作都有以下功能。

- 系统配置（$AIRFLOW_HOME/airflow.cfg）。
- 作业管理（$AIRFLOW_HOME/dags/xxxx.py）。
- 运行监控（webserver）。
- 报警（邮件）。
- 日志查看（webserver 或$AIRFLOW_HOME/logs/***）。
- 跑批耗时分析（webserver）。
- 后台调度服务（scheduler）。

在 Airflow 的 Web 服务器上可以直接配置数据库连接来写 SQL 查询，做更加灵活的统计分析。除了以上组成部分，我们还需要知道以下要介绍的概念。

10.1.1 DAG

Linux 的 crontab 和 Windows 的"任务计划"都可以配置定时任务或间隔任务，但不能配置作业之前的依赖关系。Airflow 中 DAG 就是管理作业依赖关系的。DAG（Directed Acyclic Graphs）翻译为有向无环图，如图 10.1 所示就是一个简单的 DAG。

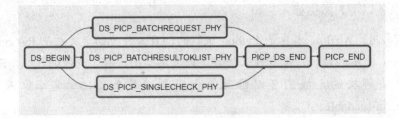

图 10.1　简单的 DAG 图形展示

在 Airflow 中，这种 DAG 是通过编写 Python 代码来实现的，DAG 的编写非常简单，官方提供了很多例子，在安装完成后，启动 webserver 即可看到 DAG 样例的源代码（其实是定义了 DAG 对象的 Python 程序），稍做修改即可成为自己的 DAG。图 10.1 中 DAG 的依赖关系通过图 10.2 所示的三行代码即可完成，非常简洁明了。

```
DS_BEGIN >> DS_PICP_BATCHREQUEST_PHY >> PICP_DS_END
DS_BEGIN >> DS_PICP_BATCHRESULTOKLIST_PHY >> PICP_DS_END
DS_BEGIN >> DS_PICP_SINGLECHECK_PHY >> PICP_DS_END >>PICP_END
```

图 10.2　定义 DAG 中任务的依赖关系

10.1.2 操作符——Operators

DAG 定义一个作业流，Operators 则定义了实际需要执行的作业。Airflow 提供了许多 Operators 来指定需要执行的作业。

- BashOperator：执行 bash 命令或脚本。
- SSHOperator：执行远程 bash 命令或脚本（原理同 paramiko 模块）。
- PythonOperator：执行 Python 函数。
- EmailOperator：发送 Email。
- HTTPOperator：发送一个 HTTP 请求。
- MySqlOperator、SqliteOperator、PostgresOperator、MsSqlOperator、OracleOperator、JdbcOperator 等：执行 SQL 任务。

还有 DockerOperator、HiveOperator、S3FileTransferOperator、PrestoToMysqlOperator、SlackOperator 等。除这些外，还可以自定义 Operators 满足个性化的任务需求。

10.1.3 时区——timezone

Airflow 默认使用 UTC 时区，日期时间信息以 UTC 格式存储在数据库中。Airflow 允许我们运行依赖时区的 DAG 任务。目前，在用户接口上，Airflow 并不将 UTC 时区转换为用户所在的时区。默认情况下，Airflow 总是显示 UTC 时区的时间。此外，操作符 Operators 中使用的模板时区也不会自动转换。时区信息是公开的，如何利用时区取决于 DAG 的作者。

如果任务分布在多个时区，并且希望根据每个任务所在的时区进行调度，那么这将非常方便。即使只在一个时区运行 Airflow，在数据库中以 UTC 存储仍然是一个很好的实践，一个主要原因是夏令时（DST）。许多国家都有 DST 系统，一般在天亮比较早的夏季人为将时间调快一小时，如果使用本地时间工作，那么在发生转换时，每年可能会遇到两次错误。对于简单的 DAG 来说，这可能并不重要，但是对于金融服务行业这就是一个问题。

时区设置在 airflow.cfg 中。默认情况下，它被设置为 UTC，但是可以将其更改为任意时区。例如查询我们使用的时区：

```
>>> import pytz
>>> pytz.country_timezones('cn')
['Asia/Shanghai', 'Asia/Urumqi']
```

可以在 airflow.cfg 中修改时区：default_timezone = 'Asia/Shanghai'。

> Airflow 1.9 之前的版本使用本地时区来定义任务开始日期，scheduler_interval 中 crontab 表达式的定时也是依据本地时区为准，但 Airflow 1.9 及后续版本将默认使用 UTC 时区来确保 Airflow 调度的独立性，以避免不同机器使用不同时区导致运行错乱。如果调度的任务集中在一个时区上或不同机器，但使用同一时区时，需要对任务的开始时间及 cron 表达式进行时区转换，或者直接使用本地时区。目前 Airflow1.9 的稳定版还不支持时区配置，后续版本会加入时区配置，以满足使用本地时区的需求。

10.1.4 Web 服务器——webserver

webserver 是 Airflow 的页面展示，可显示 DAG 视图、控制作业的启停、清除作业状态重跑、数据统计、查看日志、管理用户及数据连接等。不运行 webserver 并不影响 Airflow 作业的调度。

10.1.5 调度器——schduler

调度器 schduler 负责读取 DAG 文件，计算其调度时间。当满足触发条件时，则开启一个执行器的实例来运行相应的作业，必须持续运行，不运行则作业不会跑批。

10.1.6 工作节点——worker

当执行器为 CeleryExecutor 时，需要开启一个 worker。

10.1.7 执行器——Executor

执行器有 SequentialExecutor、LocalExecutor 和 CeleryExecutor。

- SequentialExecutor 为顺序执行器，默认使用 SQLite 作为知识库。由于 SQLite 数据库的原因，因此任务之间不支持并发执行，常用于测试环境，无须额外配置。
- LocalExecutor 为本执行器，不能使用 SQLite 作为知识库，可以使用 mysql、PostgreSQL、DB2、Oracle 等各种主流数据库，任务之间支持并发执行，常用于生产环境，需要配置数据库连接 URL。
- CeleryExecutor 为 Celery 执行器，需要安装 Celery。Celery 是基于消息队列的分布式异步任务调度工具，需要额外启动工作节点 worker。使用 CeleryExecutor 可将作业运行在远程节点上。

10.2 Airflow 安装与部署

截止目前，Apache Airflow 的最新稳定版本为 1.10.0，我们以 Ubuntu 16.04 为例，其他 Linux 操作系统可类比参考。

由于下载的软件包比较多，如果使用默认的 pip 源，则下载速度较慢，为提高下载速度，我们使用国内的源。

首先修改 pip 源，提高下载速度。如果已经修改为国内源，则无须再次修改。修改文件 ~/.pip/pip.conf，如果没有就新建一个。填写以下内容：

```
[global]
index-url = https://pypi.tuna.tsinghua.edu.cn/simple
```

安装前检查 Python 环境下导入 ssl、SQLite3，如果不报错，如下：

```
>>> import ssl,sqlite3
>>>
```

如果是自己手动编译安装的 Python，则可能会导致 ssl 模块报错；如果报错，则按以下方法安装相应的软件包，并重新编译安装 Python 即可。安装完成后再次检查导入，确保导入 ssl 及 SQLite3 不报错。

```
$sudo apt-get install libssl-dev
$sudo apt-get install libssl-dev
$./configure --prefix=yourpath && make test && make && make install
```

10.2.1 在线安装

联网环境下，安装软件变更非常简单，无须考虑依赖包，pip 会自动为你解决。执行下面的命令安装最新稳定版的 Airflow。

```
pip install apache-airflow
```

也可以安装额外功能，如 Hive、PostgreSQL 等。

```
pip install apache-airflow[postgres,hive]
```

也可以安装所有已知功能。

```
pip install apache-airflow[all]
```

这里我们选择安装所有已知功能，这样后续如需要使用新功能就无须单独下载安装，毕竟 Python 的库都很小，不会占用太多磁盘空间，因此推荐全部安装。

默认情况下，Apache Airflow 的一个依赖项引入了 GPL 库（unidecode）。如果出现这种情况，则可以通过执行 export SLUGIFY_USES_TEXT_UNIDECODE=yes 来强制使用非 GPL 库，然后继续正常安装。请注意，这需要在每次升级时指定。

如果安装过程中出现以下错误：

```
RuntimeError: By default one of Airflow's dependencies installs a GPL dependency
(unidecode). To avoid this dependency set SLUGIFY_USES_TEXT_UNIDECODE=yes in your
environment when you install or upgrade Airflow. To force installing the GPL version
set AIRFLOW_GPL_UNIDECODE
```

可在终端执行

```
export SLUGIFY_USES_TEXT_UNIDECODE=yes
```

来设置环境变量的值，即可继续安装。

安装过程中可能会出现下列错误，请按对应的方法解决即可。

（1）OSError: mysql_config not found 的错误。

```
Traceback (most recent call last):
    File "<string>", line 1, in <module>
    File "/tmp/pip-install-2meuvf5n/mysqlclient/setup.py", line 18, in <module>
```

```
    metadata, options = get_config()
    File "/tmp/pip-install-2meuvf5n/mysqlclient/setup_posix.py", line 53, in
get_config
    libs = mysql_config("libs_r")
    File "/tmp/pip-install-2meuvf5n/mysqlclient/setup_posix.py", line 28, in
mysql_config
    raise EnvironmentError("%s not found" % (mysql_config.path,))
OSError: mysql_config not found
```

意思是 MySQL 的配置文件没有找到，安装 libmysqlclient-dev 即可。

```
sudo apt install libmysqlclient-dev
```

（2）pymssql 安装错误。

```
Traceback (most recent call last):
    File "<string>", line 1, in <module>
    File "/tmp/pip-download-qa2zmm8z/pymssql/setup.py", line 477, in <module>
    ext_modules = ext_modules(),
    File
"/home/aaron/projectA_env/lib/python3.6/site-packages/setuptools/__init__.py",
line 128, in setup
    _install_setup_requires(attrs)
    File
"/home/aaron/projectA_env/lib/python3.6/site-packages/setuptools/__init__.py",
line 123, in _install_setup_requires
    dist.fetch_build_eggs(dist.setup_requires)
    ……
    return cmd.easy_install(req)
    File
"/home/aaron/projectA_env/lib/python3.6/site-packages/setuptools/command/easy_
install.py", line 667, in easy_install
    raise DistutilsError(msg)
  distutils.errors.DistutilsError: Could not find suitable distribution for
Requirement.parse('setuptools_git')
  setup.py: platform.system() => 'Linux'
  setup.py: platform.architecture() => ('64bit', 'ELF')
  setup.py: platform.linux_distribution() => ('debian', 'stretch/sid', '')
  setup.py: platform.libc_ver() => ('glibc', '2.9')
  setup.py: Using bundled FreeTDS in
/tmp/pip-download-qa2zmm8z/pymssql/freetds/nix_64
  setup.py: include_dirs =
['/tmp/pip-download-qa2zmm8z/pymssql/freetds/nix_64/include',
'/usr/local/include']
  setup.py: library_dirs =
['/tmp/pip-download-qa2zmm8z/pymssql/freetds/nix_64/lib', '/usr/local/lib']
```

解决方法：设置环境变量，手动安装 pymssql。

```
pip install setuptools_git
pip download pymssql
tar -zxvf pymssql-2.1.3.tar.gz
```

```
cd pymssql-2.1.3
export PYMSSQL_BUILD_WITH_BUNDLED_FREETDS=1
python setup.py install
```

以上步骤可确保 pymssql 成功安装，再执行 pip install apache-airflow[all]即可完成剩余部分的安装。

> 如果仍有无法解决的错误，如缺少 C 语言的头文件，这种比较难以解决，可以在搜索引擎上寻找帮助。如果最终仍无法解决，推荐使用：
> ```
> pip install apache-airflow
> ```
> 进行安装，后续若需要使用其他功能，则单独安装相应的包即可，这样既省时又省力。

目前，任务都在生产环境运行，如果想在生产环境安装 Airflow，则需要先在外网下载 Airflow 的安装包和依赖包，再传输至生产环境进行安装部署，这就是离线安装。

10.2.2 离线安装

先在联网环境下载安装包，联网的计算机操作系统和 Python 版本最好与生产环境一致，如果不一致，则需要为 pip 指定操作系统和 Python 版本。

```
$ mkdir airflow
$ cd airflow
$ pip download apache-airflow[all]
```

请等待下载完成，然后将上述文件打包传输至生产环境解压，进入 airflow 目录，执行：

```
$cd airflow
$ pip install apache-airflow[all] --no-index -f ./
```

以上过程如有报错，请参考在线安装时的错误解决方法。

10.2.3 部署与配置（以 SQLite 为知识库）

（1）设置 $AIRFLOW_HOME 的环境变量并初始化数据库。

```
echo "export AIRFLOW_HOME=~/airflow" >> ~/.bashrc #此步可省略，默认的路径就是~/airflow
source ~/.bashrc
airflow initdb
```

这一步会创建 Airflow 的知识库。运行结果如下：

```
(py36env) aaron@ubuntu:~$ airflow initdb
[2018-09-12 21:03:10,335] {__init__.py:51} INFO - Using executor
SequentialExecutor
DB: sqlite:////home/aaron/airflow/airflow.db
[2018-09-12 21:03:12,391] {db.py:338} INFO - Creating tables
INFO [alembic.runtime.migration] Context impl SQLiteImpl.
INFO [alembic.runtime.migration] Will assume non-transactional DDL.
```

```
INFO  [alembic.runtime.migration] Running upgrade  -> e3a246e0dc1, current schema
INFO  [alembic.runtime.migration] Running upgrade e3a246e0dc1 -> 1507a7289a2f,
create is_encrypted
/home/aaron/py36env/lib/python3.6/site-packages/alembic/util/messaging.py:69:
UserWarning: Skipping unsupported ALTER for creation of implicit constraint
  warnings.warn(msg)
INFO  [alembic.runtime.migration] Running upgrade 1507a7289a2f -> 13eb55f81627,
maintain history for compatibility with earlier migrations
INFO  [alembic.runtime.migration] Running upgrade 13eb55f81627 -> 338e90f54d61,
More logging into task_isntance
INFO  [alembic.runtime.migration] Running upgrade 338e90f54d61 -> 52d714495f0,
job_id indices
INFO  [alembic.runtime.migration] Running upgrade 52d714495f0 -> 502898887f84,
Adding extra to Log
INFO  [alembic.runtime.migration] Running upgrade 502898887f84 -> 1b38cef5b76e,
add dagrun
INFO  [alembic.runtime.migration] Running upgrade 1b38cef5b76e -> 2e541a1dcfed,
task_duration
INFO  [alembic.runtime.migration] Running upgrade 2e541a1dcfed -> 40e67319e3a9,
dagrun_config
INFO  [alembic.runtime.migration] Running upgrade 40e67319e3a9 -> 561833c1c74b,
add password column to user
INFO  [alembic.runtime.migration] Running upgrade 561833c1c74b -> 4446e08588,
dagrun start end
INFO  [alembic.runtime.migration] Running upgrade 4446e08588 -> bbc73705a13e, Add
notification_sent column to sla_miss
INFO  [alembic.runtime.migration] Running upgrade bbc73705a13e -> bba5a7cfc896,
Add a column to track the encryption state of the 'Extra' field in connection
INFO  [alembic.runtime.migration] Running upgrade bba5a7cfc896 -> 1968acfc09e3,
add is_encrypted column to variable table
INFO  [alembic.runtime.migration] Running upgrade 1968acfc09e3 -> 2e82aab8ef20,
rename user table
INFO  [alembic.runtime.migration] Running upgrade 2e82aab8ef20 -> 211e584da130,
add TI state index
INFO  [alembic.runtime.migration] Running upgrade 211e584da130 -> 64de9cddf6c9,
add task fails journal table
INFO  [alembic.runtime.migration] Running upgrade 64de9cddf6c9 -> f2ca10b85618,
add dag_stats table
INFO  [alembic.runtime.migration] Running upgrade f2ca10b85618 -> 4addfa1236f1,
Add fractional seconds to mysql tables
INFO  [alembic.runtime.migration] Running upgrade 4addfa1236f1 -> 8504051e801b,
xcom dag task indices
INFO  [alembic.runtime.migration] Running upgrade 8504051e801b -> 5e7d17757c7a,
add pid field to TaskInstance
INFO  [alembic.runtime.migration] Running upgrade 5e7d17757c7a -> 127d2bf2dfa7,
Add dag_id/state index on dag_run table
INFO  [alembic.runtime.migration] Running upgrade 127d2bf2dfa7 -> cc1e65623dc7,
add max tries column to task instance
INFO  [alembic.runtime.migration] Running upgrade cc1e65623dc7 -> bdaa763e6c56,
Make xcom value column a large binary
INFO  [alembic.runtime.migration] Running upgrade bdaa763e6c56 -> 947454bf1dff,
```

```
add ti_job_id index
INFO [alembic.runtime.migration] Running upgrade 947454bf1dff -> d2ae31099d61,
Increase text size for MySQL (not relevant for other DBs' text types)
INFO [alembic.runtime.migration] Running upgrade d2ae31099d61 -> 0e2a74e0fc9f,
Add time zone awareness
INFO [alembic.runtime.migration] Running upgrade d2ae31099d61 -> 33ae817a1ff4,
kubernetes_resource_checkpointing
INFO [alembic.runtime.migration] Running upgrade 33ae817a1ff4 -> 27c6a30d7c24,
kubernetes_resource_checkpointing
INFO [alembic.runtime.migration] Running upgrade 27c6a30d7c24 -> 86770d1215c0,
add kubernetes scheduler uniqueness
INFO [alembic.runtime.migration] Running upgrade 86770d1215c0, 0e2a74e0fc9f ->
05f30312d566, merge heads
INFO [alembic.runtime.migration] Running upgrade 05f30312d566 -> f23433877c24,
fix mysql not null constraint
INFO [alembic.runtime.migration] Running upgrade f23433877c24 -> 856955da8476,
fix sqlite foreign key
INFO [alembic.runtime.migration] Running upgrade 856955da8476 -> 9635ae0956e7,
index-faskfail
Done.
```

这一步会使用 SQLite3 作为 Airflow 的知识库来存储调度相关的信息，同时在~/airflow 的目录下生成如图 10.3 所示的文件及目录。

图 10.3 Airflow 初始化生成的文件及目录

其中：

- airflow.cfg 是 Airflow 的所有默认的配置信息。
- airflow.db 是 Airflow 的默认数据库，是 SQLite3 数据库，仅适用于 SequentialExecutor。
- logs 存储调度 scheduler 的日志信息。
- unittests.cfg 是 Airflow 单元测试的配置信息，一般使用过程中很少使用。

前面已经讲过 Airflow 默认使用 UTC 时区，如果有 crontab 类型的定时任务，我们就需要做相应的转换，但 Web 页面仍显示 UTC 时间。由于大多数场景下我们运行的任务均在一个时区上，因此修改 airflow.cfg 的时区使用本地时区是比较方便的。

修改 airflow.cfg 文件，找到时区设置部分。

```
default_timezone = 'Asia/Shanghai'
```

保持其他配置不变，启动 webserver。

从图 10.4 中可以看到服务的默认端口为 8080，dag 文件的路径指向 /home/aaron/airflow/dags，超时 120 秒。我们可以在启动 webserver 时指定相应的端口，如：

```
airflow scheduler -p 8080
```

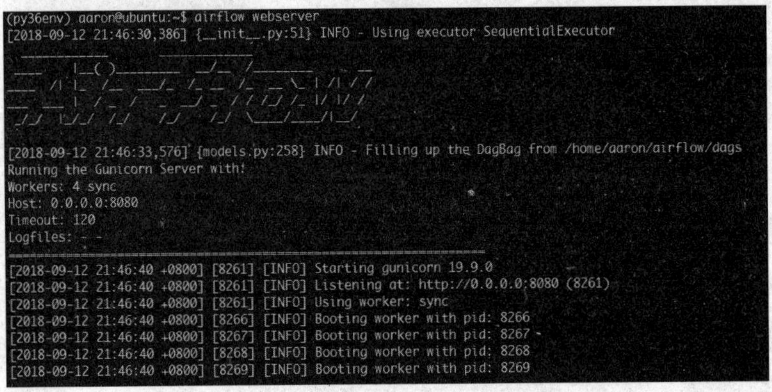

图 10.4　启动 Airflow webserver

在浏览器中输入 http://服务器 IP:8080，可以访问到如图 10.5 所示的页面。

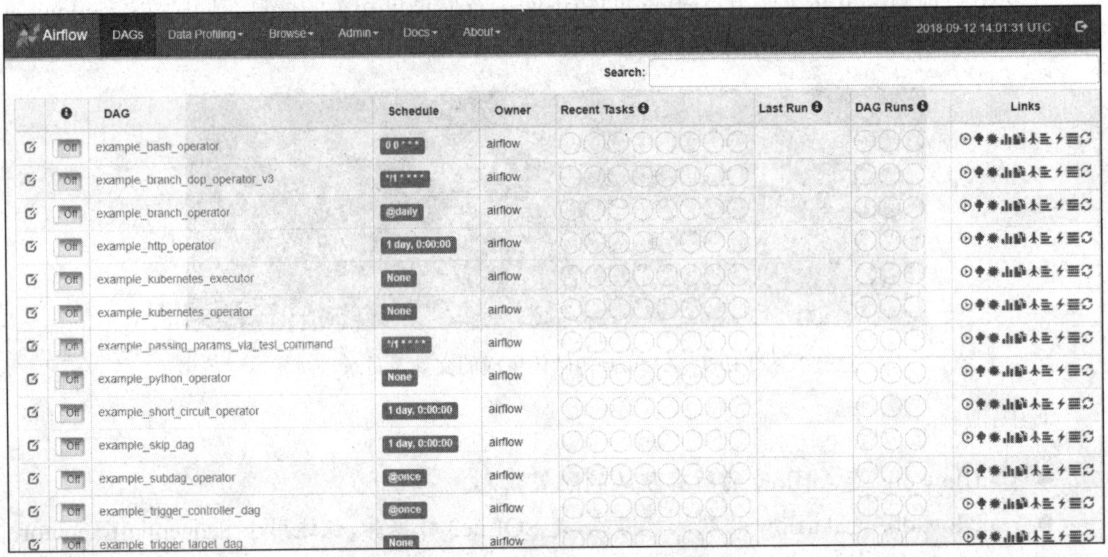

图 10.5　Airflow webserver

我们从 webserver 的截图中看到一些 Airflow 的 DAG 样例，可以在设计自己的 DAG 时作为参考，也可以修改 airflow.cfg 中的配置禁止载入 DAG 样例。

```
load_examples = False #关闭 DAG 样例
```

在 DAG 视图下，可以查看当前 DAG 的运行状态、历史成功/失败次数，页面右侧是一些功能按钮，如触发 DAG 运行、查看树结构、查看图结构、任务持续时间、任务执行次数、任务耗时分析、干特图、查看 DAG 代码、查看日志、刷新 DAG 等。

(2) 运行第一个 DAG。

我们首先从 Airflow 提供的 DAG 样例中复制一个到 airflow 目录下的 dag 目录，执行如下命令。

```
cd py36env/lib/python3.6/site-packages/airflow/example_dags/
cp tutorial.py /home/aaron/airflow/dag/mytutorial.py
```

然后修改 mytutorial.py 中的 DAG，其定义如下：

```
dag = DAG(
    'mytutorial',
    default_args=default_args,
    description='A simple tutorial DAG',
    schedule_interval=timedelta(days=1)
```

其他地方保持不变，目的是为了与样例区分。上述代码中：

```
schedule_interval=timedelta(days=1)
```

表示调度的时间间隔为一天，也可以定义 crontab 类型的任务，如：

```
schedule_interval="0 9 * * *"
```

表示每天 9 点开始执行作业。

现在已经编写好了第一个 DAG 任务，它有三个任务，分别是 t1、t2、t3。任务 t1 的定义如下：

```
t1 = BashOperator(
    task_id='print_date',
    bash_command='date',
    dag=dag)
```

任务 t1 使用 BashOperator，可以执行 shell 命令，这里的 bash_command='date'代表执行 shell 命令中的 date。任务 t2 和任务 t1 类似，让当前 shell 命令暂停 5 秒。任务 t3 如下：

```
t3 = BashOperator(
    task_id='templated',
    depends_on_past=False,
    bash_command=templated_command,
    params={'my_param': 'Parameter I passed in'},
    dag=dag)
```

任务 t3 仍使用 BashOperator，但使用了模板。模板的定义如下：

```
templated_command = """
{% for i in range(5)%}
    echo "{{ ds }}"
    echo "{{ macros.ds_add(ds, 7)}}"
    echo "{{ params.my_param }}"
{% endfor %}
"""
```

这里使用了 Jinja 模板引擎，使用标签 for 来循环执行命令，使用双大括号来引用参数，其中 ds 是日期宏变量，ds_add 是计算日期相加的宏函数，可以直接使用。而 params 是自定义的变量，通过向 BashOperator 传递参数 params={'my_param': 'Parameter I passed in'}来传入模板中的变量，可以看出 Airflow 模板使用起来非常灵活。

10.2.4 指定依赖关系

指定依赖关系的代码如下：

```
t2.set_upstream(t1)
t3.set_upstream(t1)
```

表示任务 t2 和 t3 均依赖于任务 t1，只有任务 t1 结束后，任务 t2 和 t3 才可以开始运行。也可以使用下面的方式指定依赖关系：

```
t1>>t2
t1>>t3
```

后面这种方式是非常简洁明了的，推荐使用。

10.2.5 启动 scheduler

要想让刚才编写的 mytutorial.py 中的三个任务得到执行，需要启动 scheduler。直接启动 scheduler，执行结果如图 10.6 所示。

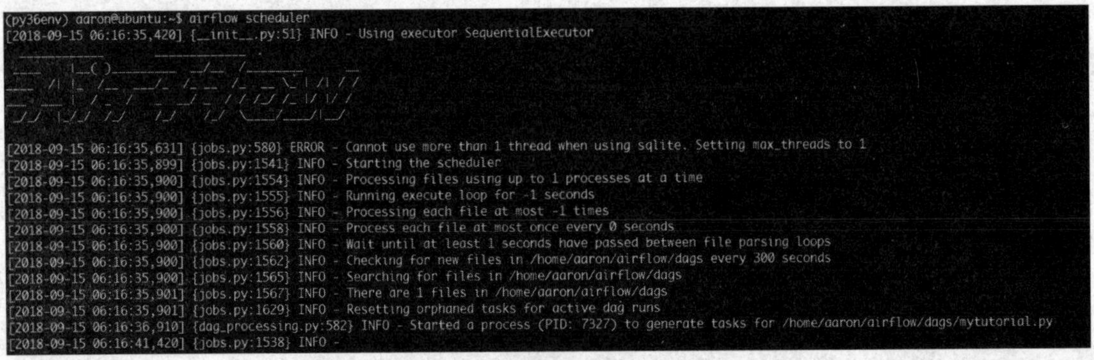

图 10.6　启动 scheduler

可以看到日志信息的第一行有一条错误提示：当使用 SQLite 时无法使用多线程，设置最大线程数为 1。这个是可以理解的，SQLite 不能并发访问，而且本来默认的就是 SequentialExecutor。在实际应用中，要想确保 scheduler 持续运行，可以使用 airflow scheduler -D 命令启动 scheduler 守护进程，在后台持续运行。

启动 scheduler 成功后，我们再次打开 webserver 的 Web 页面（http://服务器 IP:8080），可以看到 mytutorial 任务已经出现在列表中，如图 10.7 所示。

图 10.7　DAG 列表

将其左边的开关置于 On 状态，表示启动调度器调度任务。高度器会检查 DAG 文件中的触发条件，如果条件满足而没运行 DAG，就将其置为 On，如图 10.8 所示。

图 10.8　DAG 运行情况展示

至此，一个基于 SQLite 数据库的 Airflow 调度服务已经启动，并且可以添加任务运行，执行器为 SequentialExecutor，这种部署方式非常简单，也是最接近默认配置的，常用于测试环境。

10.3　Airflow 配置 MySQL 知识库和 LocalExecutor

Airflow 使用 SQLite 数据库作为元数据库（知识库），元数据库存放一些 DAG 相关信息、连接信息、日志信息等。我们可以使用 sqlite3 命令查看 Airflow 知识库所包含的表清单，如图 10.9 所示。

```
sqlite> .tables
alembic_version    import_error          sla_miss
chart              job                   slot_pool
connection         known_event           task_fail
dag                known_event_type      task_instance
dag_pickle         kube_resource_version users
dag_run            kube_worker_uuid      variable
dag_stats          log                   xcom
sqlite> select * from dag where dag_id = 'mytutorial';
mytutorial|1|0|1|2018-09-17 22:43:34.443861|||||/home/aaron/airflow/dags/mytutorial.py|airflow
sqlite>
```

图 10.9　Airflow 的知识库

SQLite 是一个轻量级的文件型数据库，读操作可以并发执行，但增、删、改操作时会有锁，即同一时刻只有一个进程/线程来进行写操作。由于生产环境往往是高并发的，因此 SQLite 可用作 Airflow 的测试环境，生产环境还是要使用支持并发写的数据库，如 MySQL、Oracle 等。本节介绍如何配置 Airflow 使用 MySQL 作为知识库。

在 Web 应用方面，MySQL 是最好的 RDBMS（Relational Database Management System：关系数据库管理系统）应用软件之一，使用 MYSQL 作为 Airflow 的知识库也是非常合适的。下面我们一步步来配置 MySQL 作为 Airflow 的知识库。

第一步：安装 MySQL。

```
$ sudo apt-get update #更新源
$ sudo apt-get install mysql-server #安装
$ sudo mysql_secure_installation #安全配置
```

验证：

```
$ sudo netstat -tap | grep mysql
tcp        0      0 localhost:mysql         0.0.0.0:*               LISTEN      12793/mysqld
```

说明安装成功，mysql 服务已自动启动。下面连接 MySQL：

```
$ mysql -u root -p
Enter password:
ERROR 1698 (28000): Access denied for user 'root'@'localhost'
```

如果出现上面的错误，就切换到 root 用户，查看用户表的详情。

```
$ su - root
Password:
root@ubuntu:~# mysql
Welcome to the MySQL monitor.  Commands end with ; or \g.
Your MySQL connection id is 22
Server version: 5.7.23-0ubuntu0.18.04.1 (Ubuntu)

Copyright (c) 2000, 2018, Oracle and/or its affiliates. All rights reserved.

Oracle is a registered trademark of Oracle Corporation and/or its
affiliates. Other names may be trademarks of their respective
owners.

Type 'help;' or '\h' for help. Type '\c' to clear the current input statement.

mysql> use mysql;
Reading table information for completion of table and column names
You can turn off this feature to get a quicker startup with -A

Database changed
mysql> select user,plugin from user;
+------------------+-----------------------+
```

```
| user              | plugin                |
+-------------------+-----------------------+
| root              | auth_socket           |
| mysql.session     | mysql_native_password |
| mysql.sys         | mysql_native_password |
| debian-sys-maint  | mysql_native_password |
+-------------------+-----------------------+
4 rows in set (0.00 sec)
```

查看一下 user 表，错误的起因就在这里，root 的 plugin 被修改成了 auth_socket，用密码登录的 plugin 应该是 mysql_native_password。关于 auth_socket 方式登录，查看官方文档：https://dev.mysql.com/doc/mysql-security-excerpt/5.5/en/socket-authentication-plugin.html。

现在我们需要在本地使用密码登录，修改 root 用户的 plugin 即可。执行 SQL 如下：

```
mysql> update mysql.user set authentication_string=PASSWORD('你的密码'),
plugin='mysql_native_password' where user='root';
Query OK, 1 row affected, 1 warning (0.00 sec)
Rows matched: 1  Changed: 1  Warnings: 1
```

再重新启动一下服务，问题即可得到解决。

```
$ sudo service mysql stop
$ sudo service mysql start
$ mysql -u root -p
Enter password:
Welcome to the MySQL monitor.  Commands end with ; or \g.
Your MySQL connection id is 2
Server version: 5.7.23-0ubuntu0.18.04.1 (Ubuntu)

Copyright (c) 2000, 2018, Oracle and/or its affiliates. All rights reserved.

Oracle is a registered trademark of Oracle Corporation and/or its
affiliates. Other names may be trademarks of their respective
owners.

Type 'help;' or '\h' for help. Type '\c' to clear the current input statement.

mysql>
```

第二步：创建数据库并分配用户和权限。

使用 root 用户进入 MySQL 数据库，创建数据库 airflow。

```
mysql> show databases;
+--------------------+
| Database           |
+--------------------+
| information_schema |
| mysql              |
| performance_schema |
| sys                |
```

```
+--------------------+
4 rows in set (0.05 sec)
mysql> create database airflow;
Query OK, 1 row affected (0.00 sec)

mysql> show databases;
+--------------------+
| Database           |
+--------------------+
| information_schema |
| airflow            |
| mysql              |
| performance_schema |
| sys                |
+--------------------+
5 rows in set (0.00 sec)
```

分配 airflow 的权限给用户 aaron。

```
mysql> grant all privileges on airflow.* to 'aaron'@'localhost' identified by 
'Aaron123=';
Query OK, 0 rows affected, 1 warning (0.03 sec)
mysql>flush privileges;
Query OK, 0 rows affected (0.00 sec)
```

第三步：修改 Airflow 的配置文件并初始化。

创建好数据库 airflow 后，需要通知 Airflow 我们创建好的数据库。如果想要更好的并发效果，则修改 executor。

执行步骤如下：

（1）进入$AIRFLOW_HOME/airflow 目录，修改 airflow.cfg 文件（如果未设置环境变量，则配置文件的默认位置为~/airflow/airflow.cfg）。

修改 sql_alchemy_conn 的值为：

```
sql_alchemy_conn = mysql://aaron:Aaron123=@localhost/airflow
```

这里连接 URL 的字段解释如下：

```
dialect+driver://username:password@host:port/database
```

如果想要更好的并发效果，则修改 executor。

```
executor = LocalExecuto
```

（2）初始化数据库生成元数据库的表信息。

```
$ airflow initdb
```

这里如果是使用 Python 3 的读者可能会遇到如图 10.10 所示的报错信息。

第 10 章 任务调度神器 Airflow

```
Traceback (most recent call last):
  File "/home/aaron/py36env/bin/airflow", line 21, in <module>
    from airflow import configuration
  File "/home/aaron/py36env/lib/python3.6/site-packages/airflow/__init__.py", line 36, in <module>
    from airflow import settings
  File "/home/aaron/py36env/lib/python3.6/site-packages/airflow/settings.py", line 233, in <module>
    configure_orm()
  File "/home/aaron/py36env/lib/python3.6/site-packages/airflow/settings.py", line 178, in configure_orm
    engine = create_engine(SQL_ALCHEMY_CONN, **engine_args)
  File "/home/aaron/py36env/lib/python3.6/site-packages/sqlalchemy/engine/__init__.py", line 391, in create_engine
    return strategy.create(*args, **kwargs)
  File "/home/aaron/py36env/lib/python3.6/site-packages/sqlalchemy/engine/strategies.py", line 80, in create
    dbapi = dialect_cls.dbapi(**dbapi_args)
  File "/home/aaron/py36env/lib/python3.6/site-packages/sqlalchemy/dialects/mysql/mysqldb.py", line 110, in dbapi
    return __import__('MySQLdb')
ModuleNotFoundError: No module named 'MySQLdb'
```

图 10.10　找不到 MySQLdb 模块

Python 3 中不再使用 MySQLdb，取而代之的是 pymysql。解决方法是，修改上图中标注的文件/home/aaron/.local/lib/python3.6/site-packages/airflow/__init__.py，即在开始处加入：

```
import pymysql
pymysql.install_as_MySQLdb()
```

如图 10.11 所示。

```
26 """
27 import pymysql
28 pymysql.install_as_MySQLdb()
29
30 from builtins import object
31 from airflow import version
32 from airflow.utils.log.logging_mixin import LoggingMixin
33
34 __version__ = version.version
35
36 import sys
```

图 10.11　在 Airflow 中导入 pymysql

再次运行 airflow initdb 命令即可完成元数据库的初始化。因为 MySQL 数据库的配置不同，所以继续运行 airflow initdb 命令，有可能会报下述错误：

```
Exception: Global variable explicit_defaults_for_timestamp needs to be on (1) for mysql
```

如果报这种错误，则说明 MySQL 数据库要设置全局变量 explicit_defaults_for_timestamp=true，修改/etc/mysql/my.cnf 加入以下内容即可。

```
[mysqld]
explicit_defaults_for_timestamp=true
```

再继续运行 airflow initdb 命令即可完成元数据库表的创建。

```
aaron@ubuntu:~$ airflow initdb
[2018-09-20 07:04:55,088] {settings.py:174} INFO - setting.configure_orm(): Using pool settings. pool_size=5, pool_recycle=1800
[2018-09-20 07:04:55,228] {__init__.py:51} INFO - Using executor SequentialExecutor
DB: mysql://aaron:***@localhost/airflow
[2018-09-20 07:04:55,372] {db.py:338} INFO - Creating tables
INFO  [alembic.runtime.migration] Context impl MySQLImpl.
INFO  [alembic.runtime.migration] Will assume non-transactional DDL.
```

```
INFO [alembic.runtime.migration] Running upgrade  -> e3a246e0dc1, current schema
INFO [alembic.runtime.migration] Running upgrade e3a246e0dc1 -> 1507a7289a2f, create is_encrypted
INFO [alembic.runtime.migration] Running upgrade 1507a7289a2f -> 13eb55f81627, maintain history for compatibility with earlier migrations
INFO [alembic.runtime.migration] Running upgrade 13eb55f81627 -> 338e90f54d61, More logging into task_isntance
INFO [alembic.runtime.migration] Running upgrade 338e90f54d61 -> 52d714495f0, job_id indices
INFO [alembic.runtime.migration] Running upgrade 52d714495f0 -> 502898887f84, Adding extra to Log
INFO [alembic.runtime.migration] Running upgrade 502898887f84 -> 1b38cef5b76e, add dagrun
INFO [alembic.runtime.migration] Running upgrade 1b38cef5b76e -> 2e541a1dcfed, task_duration
INFO [alembic.runtime.migration] Running upgrade 2e541a1dcfed -> 40e67319e3a9, dagrun_config
INFO [alembic.runtime.migration] Running upgrade 40e67319e3a9 -> 561833c1c74b, add password column to user
INFO [alembic.runtime.migration] Running upgrade 561833c1c74b -> 4446e08588, dagrun start end
INFO [alembic.runtime.migration] Running upgrade 4446e08588 -> bbc73705a13e, Add notification_sent column to sla_miss
INFO [alembic.runtime.migration] Running upgrade bbc73705a13e -> bba5a7cfc896, Add a column to track the encryption state of the 'Extra' field in connection
INFO [alembic.runtime.migration] Running upgrade bba5a7cfc896 -> 1968acfc09e3, add is_encrypted column to variable table
INFO [alembic.runtime.migration] Running upgrade 1968acfc09e3 -> 2e82aab8ef20, rename user table
INFO [alembic.runtime.migration] Running upgrade 2e82aab8ef20 -> 211e584da130, add TI state index
INFO [alembic.runtime.migration] Running upgrade 211e584da130 -> 64de9cddf6c9, add task fails journal table
INFO [alembic.runtime.migration] Running upgrade 64de9cddf6c9 -> f2ca10b85618, add dag_stats table
INFO [alembic.runtime.migration] Running upgrade f2ca10b85618 -> 4addfa1236f1, Add fractional seconds to mysql tables
INFO [alembic.runtime.migration] Running upgrade 4addfa1236f1 -> 8504051e801b, xcom dag task indices
INFO [alembic.runtime.migration] Running upgrade 8504051e801b -> 5e7d17757c7a, add pid field to TaskInstance
INFO [alembic.runtime.migration] Running upgrade 5e7d17757c7a -> 127d2bf2dfa7, Add dag_id/state index on dag_run table
INFO [alembic.runtime.migration] Running upgrade 127d2bf2dfa7 -> cc1e65623dc7, add max tries column to task instance
INFO [alembic.runtime.migration] Running upgrade cc1e65623dc7 -> bdaa763e6c56, Make xcom value column a large binary
INFO [alembic.runtime.migration] Running upgrade bdaa763e6c56 -> 947454bf1dff, add ti job_id index
INFO [alembic.runtime.migration] Running upgrade 947454bf1dff -> d2ae31099d61, Increase text size for MySQL (not relevant for other DBs' text types)
```

```
INFO [alembic.runtime.migration] Running upgrade d2ae31099d61 -> 0e2a74e0fc9f,
Add time zone awareness
INFO [alembic.runtime.migration] Running upgrade d2ae31099d61 -> 33ae817a1ff4,
kubernetes_resource_checkpointing
INFO [alembic.runtime.migration] Running upgrade 33ae817a1ff4 -> 27c6a30d7c24,
kubernetes_resource_checkpointing
INFO [alembic.runtime.migration] Running upgrade 27c6a30d7c24 -> 86770d1215c0,
add kubernetes scheduler uniqueness
INFO [alembic.runtime.migration] Running upgrade 86770d1215c0, 0e2a74e0fc9f ->
05f30312d566, merge heads
INFO [alembic.runtime.migration] Running upgrade 05f30312d566 -> f23433877c24,
fix mysql not null constraint
INFO [alembic.runtime.migration] Running upgrade f23433877c24 -> 856955da8476,
fix sqlite foreign key
INFO [alembic.runtime.migration] Running upgrade 856955da8476 -> 9635ae0956e7,
index-faskfail
Done.
```

登录 MySQL 数据库查询表清单，如图 10.12 所示。

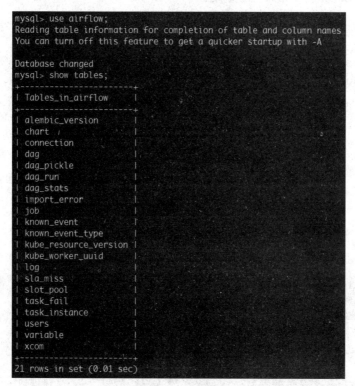

图 10.12　MySQL 数据库

第四步：启动 Airflow。

启动 webserver 守护进程。

```
$ airflow webserver -D
```

启动 scheduler 守护进程。

```
$ airflow scheduler -D
```

即可运行一个执行器为 LocalExecutor 的 Airflow 调度系统，用于生产环境。现在我们可以添加 DAG 任务跑批了。

10.4　Airflow 配置 Redis 和 CeleryExecutor

CeleryExecutor 使用让 Celery 作为 Task 执行的引擎，具有极强的扩展性。使用 Redis 数据库作为消息中间人（broker）来配置 CeleryExecutor 也是一种常见的生产环境级别的配置。

Celery 是分布式任务队列，在第 9 章已经介绍过，与调度工具 Airflow 强强联合，可实现复杂的分布式任务调度，这就是 CeleryExecutor。有了 CeleryExecutor，我们可以调度本地或远程机器上的作业，实现分布式任务调度。

下面是具体的操作步骤。

第一步：安装 Celery。

CeleryExecutor 需要 Python 环境安装有 Celery，为启动 worker 做准备。

```
pip install celery
```

Celery 需要一个发送和接受消息的传输者 broker。RabbitMQ 和 Redis 是官方推荐的生产环境级别的 broker，这里我们使用 Redis，因为安装和使用都非常方便，而 RabbitMQ 的安装需要 Erlang 支持。如果在生产环境选择使用 RabbitMQ，可参考 RabbitMQ 官方网站的安装和配置方法。

第二步：安装 Redis。

先从 https://redis.io/download 下载稳定版本，目前是 redis-4.0.11.tar.gz。

```
$ tar -zxvf redis-4.0.11.tar.gz
$ cd redis-4.0.11
$ make       #编译
$ make test  #验证
$ cp redis.conf src/   #将配置文件复制，可以执行文件同一目录
$ cd src
$ ./redis-server redis.conf #按默认方式启动 redis-server，仅监听 127.0.0.1，若监听其他 $ ip，则修改为 bind 0.0.0.0
```

启动 Redis 数据库后的输出如图 10.13 所示。

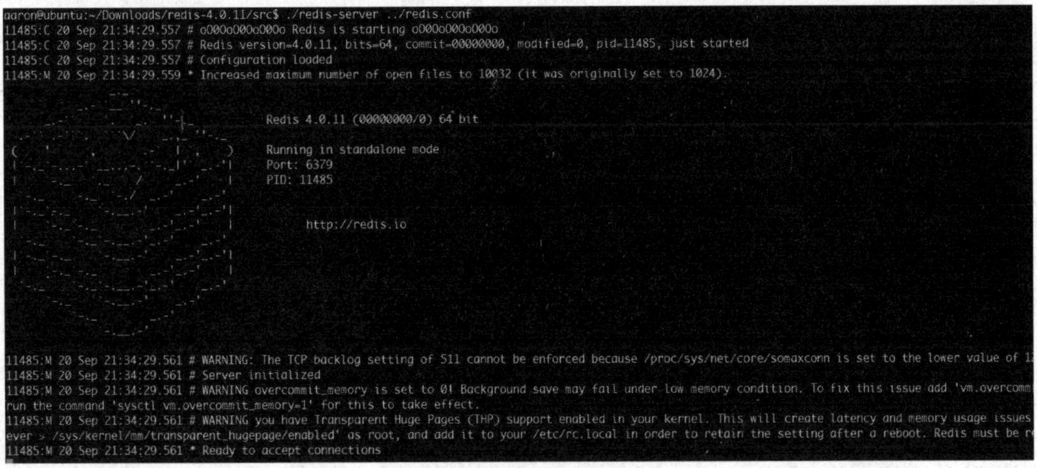

图 10.13 启动 Redis 数据库

实际应用时需要在后台持续运行。

```
nohup ./redis-server redis.conf 2>1&
```

第三步：修改 Airflow 配置文件。

我们需要修改配置文件告诉 Airflow Redis 数据库的连接字符串。如果想把运行结果修改为 Redis，就需要指向 Redis 数据库。

```
#修改 3 处：
executor = CeleryExecutor
broker_url = redis://127.0.0.1:6379/0
celery_result_backend = redis://127.0.0.1:6379/0
```

第四步：启动 Airflow 相关进程。

```
#启动 webserver
#后台运行  airflow webserver -p 8080 -D
airflow webserver -p 8080
#启动 scheduler
#后台运行  airflow scheduler -D
airflow scheduler
#启动 worker
#后台运行  airflow worker -D
#若提示 addres already use，则查看 worker_log_server_port = 8793 是否被占用，如是就修
改为 8974 等
#未被占用的端口
airflow worker
#启动 flower -- 可以不启动
#后台运行  airflow flower -D
airflow flower
```

说明：

（1）运行 airflow worker 可以指定队列名称，默认为 default。

```
$ airflow worker --help
```

```
[2018-09-20 21:56:51,822] {settings.py:174} INFO - setting.configure_orm(): Using
pool settings. pool_size=5, pool_recycle=1800
[2018-09-20 21:56:52,178] {__init__.py:51} INFO - Using executor CeleryExecutor
usage: airflow worker [-h] [-p] [-q QUEUES] [-c CONCURRENCY]
                      [-cn CELERY_HOSTNAME] [--pid [PID]] [-D]
                      [--stdout STDOUT] [--stderr STDERR] [-l LOG_FILE]

optional arguments:
  -h, --help            show this help message and exit
  -p, --do_pickle       Attempt to pickle the DAG object to send over to the
                        workers, instead of letting workers run their version
                        of the code.
  -q QUEUES, --queues QUEUES
                        Comma delimited list of queues to serve
  -c CONCURRENCY, --concurrency CONCURRENCY
                        The number of worker processes
  -cn CELERY_HOSTNAME, --celery_hostname CELERY_HOSTNAME
                        Set the hostname of celery worker if you have multiple
                        workers on a single machine.
  --pid [PID]           PID file location
  -D, --daemon          Daemonize instead of running in the foreground
  --stdout STDOUT       Redirect stdout to this file
  --stderr STDERR       Redirect stderr to this file
  -l LOG_FILE, --log-file LOG_FILE
                        Location of the log file
```

例如，运行 worker 在队列 web_task 上。

```
$ airflow worker -q web_task
```

在其他节点也安装 Airflow，只运行 worker。在 DAG 任务中指定任务队列即可实现分布式任务调度。

（2）在运行 airflow flower 时请先安装 Flower。

```
pip install flower
```

再启动 airflow flower。

```
$ airflow flower
```

Flower 的启动默认端口为 5555，也可以通过指定端口号来修改它。

```
$ airflow flower --port 5555
```

10.5 Airflow 任务开发 Operators

部署 Airflow 的目的是为了更好地使用，使用 Airflow 离不开作业流 DAGs 的编写，而作业流都是由一个个任务组成的，即各种 Operator。本节介绍如何使用 Airflow 提供的 Operators 及如何自定义 Operator。

10.5.1 Operators 简介

Operators 允许生成特定类型的任务,这些任务在实例化时成为 DAG 中的任务节点。所有的 Operator 均派生自 BaseOperator,并以这种方式继承许多属性和方法。

Operator 主要有以下三种类型。

- 执行一项操作或在远程机器上执行一项操作。
- 将数据从一个系统移动到另一个系统。
- 类似传感器,是一种特定类型 Operator,它将持续运行,直到满足某种条件。例如在 HDFS 或 S3 中等待特定文件到达,在 Hive 中出现特定的分区或一天中的特定时间,继承自 BaseSensorOperator。

10.5.2 BaseOperator 简介

所有 Operator 都是从 BaseOperator 派生而来的,并通过继承获得更多功能。这也是引擎的核心,所以有必要花些时间来理解 BaseOperator 的参数,以了解 Operator 基本特性。

先来看一下构造函数的原型。

```
class airflow.models.BaseOperator(task_id, owner='Airflow', email=None,
email_on_retry=True, email_on_failure=True, retries=0,
retry_delay=datetime.timedelta(0, 300), retry_exponential_backoff=False,
max_retry_delay=None, start_date=None, end_date=None, schedule_interval=None,
depends_on_past=False, wait_for_downstream=False, dag=None, params=None,
default_args=None, adhoc=False, priority_weight=1, weight_rule=u'downstream',
queue='default', pool=None, sla=None, execution_timeout=None,
on_failure_callback=None, on_success_callback=None, on_retry_callback=None,
trigger_rule=u'all_success', resources=None, run_as_user=None,
task_concurrency=None, executor_config=None, inlets=None, outlets=None, *args,
**kwargs)
```

这里有很多参数,可查阅官方文档了解详细的解释,这里不再详述。需要注意的是,参数 start_date 决定了任务第一次运行的时间,最好的实践是设置 start_date 在 schedule_interval 附近。比如每天跑的任务开始日期设为 '2018-09-21 00:00:00',每小时跑的任务设置为 '2018-09-21 05:00:00',airflow 将 start_date 加上 schedule_interval 作为执行日期。任务的依赖需要及时排除,如任务 A 依赖任务 B,但由于两者 start_date 不同导致执行日期不同,那么任务 A 的依赖永远不会被满足。如果需要执行一个日常任务,比如每天下午 2 点开始执行,就可以在 DAG 中使用 cron 表达式。

```
schedule_interval="0 14 * * *"
```

或者考虑使用 TimeSensor 或 TimeDeltaSensor。由于所有 Operator 都继承自 BaseOperator,因此 BaseOperator 的参数也是其他 Operator 的参数。

10.5.3 BashOperator 的使用

官方提供的 DAG 示例——tutorial 就是一个典型的 BashOperator,调用 bash 命令或脚本,传递模板参数就可以参考 tutorial。

```python
"""
### Tutorial Documentation
Documentation that goes along with the Airflow tutorial located
[here](http://pythonhosted.org/airflow/tutorial.html)
"""
import airflow
from airflow import DAG
from airflow.operators.bash_operator import BashOperator
from datetime import timedelta


# these args will get passed on to each operator
# you can override them on a per-task basis during operator initialization
default_args = {
    'owner': 'airflow',
    'depends_on_past': False,
    'start_date': airflow.utils.dates.days_ago(2),
    'email': ['airflow@example.com'],
    'email_on_failure': False,
    'email_on_retry': False,
    'retries': 1,
    'retry_delay': timedelta(minutes=5),
    # 'queue': 'bash_queue',
    # 'pool': 'backfill',
    # 'priority_weight': 10,
    # 'end_date': datetime(2016, 1, 1),
    # 'wait_for_downstream': False,
    # 'dag': dag,
    # 'adhoc':False,
    # 'sla': timedelta(hours=2),
    # 'execution_timeout': timedelta(seconds=300),
    # 'on_failure_callback': some_function,
    # 'on_success_callback': some_other_function,
    # 'on_retry_callback': another_function,
    # 'trigger_rule': u'all_success'
}

dag = DAG(
    'tutorial',
    default_args=default_args,
    description='A simple tutorial DAG',
    schedule_interval=timedelta(days=1))

# t1, t2 and t3 are examples of tasks created by instantiating operators
t1 = BashOperator(
    task_id='print_date',    #这里也可以是一个 bash 脚本文件
    bash_command='date',
    dag=dag)

t1.doc_md = """\
#### Task Documentation
You can document your task using the attributes `doc_md` (markdown),
`doc` (plain text), `doc_rst`, `doc_json`, `doc_yaml` which gets
rendered in the UI's Task Instance Details page.
![img](http://montcs.bloomu.edu/~bobmon/Semesters/2012-01/491/import%20soul.png)
"""
```

```
dag.doc_md = doc

t2 = BashOperator(
    task_id='sleep',
    depends_on_past=False,
    bash_command='sleep 5',
    dag=dag)

templated_command = """
{% for i in range(5) %}
    echo "{{ ds }}"
    echo "{{ macros.ds_add(ds, 7)}}"
    echo "{{ params.my_param }}"
{% endfor %}
"""

t3 = BashOperator(
    task_id='templated',
    depends_on_past=False,
    bash_command=templated_command,
    params={'my_param': 'Parameter I passed in'},
    dag=dag)

t2.set_upstream(t1)
t3.set_upstream(t1)
```

这里 t1 和 t2 都很容易理解，直接调用的是 bash 命令，其实也可以传入带路径的 bash 脚本；t3 使用了 Jinja 模板，"{%%}"内部是 for 标签，用于循环操作。"{{}}"内部是变量，其中 ds 是执行日期，也是 airflow 的宏变量，params.my_param 是自定义变量。根据官方网站提供的模板，稍加修改即可满足我们的日常工作所需。

10.5.4 PythonOperator 的使用

PythonOperator 可以调用 Python 函数，Python 基本可以调用任何类型的任务，如果实在找不到合适的 Operator，就将任务转为 Python 函数，再使用 PythonOperator。

下面是官方文档给出的 PythonOperator 使用的样例。

```
from __future__ import print_function
from builtins import range
import airflow
from airflow.operators.python_operator import PythonOperator
from airflow.models import DAG

import time
from pprint import pprint

args = {
    'owner': 'airflow',
    'start_date': airflow.utils.dates.days_ago(2)
}

dag = DAG(
    dag_id='example_python_operator', default_args=args,
    schedule_interval=None,
```

```python
def my_sleeping_function(random_base):
    """This is a function that will run within the DAG execution"""
    time.sleep(random_base)


def print_context(ds, **kwargs):
    pprint(kwargs)
    print(ds)
    return 'Whatever you return gets printed in the logs'

run_this = PythonOperator(
    task_id='print_the_context',
    provide_context=True,
    python_callable=print_context,
    dag=dag)

# Generate 10 sleeping tasks, sleeping from 0 to 9 seconds respectively
for i in range(10):
    task = PythonOperator(
        task_id='sleep_for_' + str(i),
        python_callable=my_sleeping_function,
        op_kwargs={'random_base': float(i) / 10},
        dag=dag)

    task.set_upstream(run_this)
```

通过以上代码可以看到，任务 task 及依赖关系都是可以动态生成的，这在实际应用中会减少代码编写数量，逻辑也非常清晰，使用非常方便。PythonOperator 与 BashOperator 基本类似，不同的是 python_callable 传入的是 Python 函数，而后者传入的是 bash 指令或脚本。通过 op_kwargs 可以传入 N 个参数。

10.5.5 SSHOperator 的使用

在实际的任务调度中，任务大多分布在多台机器上，如何调用远程机器的任务呢，这时可以简单地使用 SSHOperator 来调用远程机器上的脚本任务。SSHOperator 使用 ssh 协议与远程主机通信，需要注意的是，SSHOperator 调用脚本时并不会读取用户的配置文件，最好在脚本中加入以下代码，以便脚本被调用时会自动读取当前用户的配置信息。

```
. ~/.profile
#或
. ~/.bashrc
```

下面是一个 SSHOperator 的任务示例。

```
task_crm = SSHOperator(
    ssh_conn_id='ssh_crmetl', # 指定 conn id
    task_id='crmetl-filesystem-check',
    command='/home/crmetl/bin/monitor/filesystem_monitor.sh', # 远程机器上的脚本文件
    dag=dag
)
```

这里 ssh_crmetl 是一个连接 ID，是在 airflowwebserver 界面配置的。配置方法如下：

（1）首先打开 webserver，单击 Admin 菜单下的 Connections 项，如图 10.14 所示。

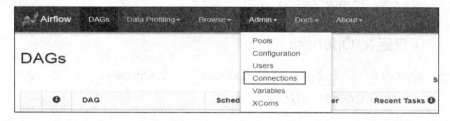

图 10.14　配置 airflow 的连接

（2）然后选择 Create 来新建一个 ssh 连接，输入连接 id、IP 地址、用户名密码等信息，如图 10.15 所示。

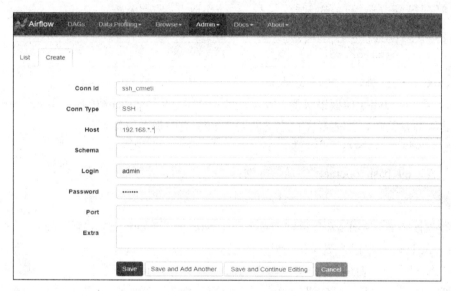

图 10.15　创建 ssh 连接

保存之后，就可以使用 ssh_crmetl 来调用对应主机上的脚本了。

10.5.6　HiveOperator 的使用

Hive 是基于 Hadoop 的一个数据仓库工具，可以将结构化的数据文件映射为一张数据库表，并提供简单的 SQL 查询功能，也可以将 SQL 语句转换为 MapReduce 任务并运行。在 Airflow 中调用 Hive 任务，首先需要安装依赖：

```
pip install apache-airflow[hive]
```

下面是使用示例。

```
t1 = HiveOperator(
    task_id='simple_query',
    hql='select * from cities',
```

```
dag=dag)
```

常见的 Operator 还有 DockerOperator、OracleOperator、MysqlOperator、DummyOperator、SimpleHttpOperator 等，使用方法类似，不再一一介绍。

10.5.7 如何自定义 Operator

如果官方的 Operator 仍不能满足需求，就自己开发一个 Operator。开发 Operator 比较简单，继承 BaseOperator 并实现 execute 方法即可。

```
from airflow.models import BaseOperator

class MyOperator(BaseOperator):

    def __init__(*args, **kwargs):
        super(MyOperator, self).__init__(*args, **kwargs)

    def execute(self, context):
        ###do something here
```

除了 execute 方法外，还可以实现 on_kill 方法（在 task 被 kill 时执行）。

Airflow 是支持 Jinjia 模板语言的，那么如何在自定义的 Operator 中加入 Jinjia 模板语言的支持呢？其实非常简单，只需要在自定义的 Operator 类中加入属性即可。

```
template_fields = (attributes_to_be_rendered_with_jinja)
```

例如，官方的 bash_operator 中是这样的：

```
template_fields = ('bash_command', 'env')
```

在任务执行之前，Airflow 会自动渲染 bash_command 或 env 中的属性。

总结：Airflow 官方已经提供了足够多、足够实用的 Operator，涉及数据库、分布式文件系统、HTTP 连接、远程任务等，可以参考 Airflow 的 Operator 源代码，已基本满足日常工作需求。个性的任务可以通过自定义 Operator 来实现，更为复杂的任务可以通过 restful api 的形式提供接口，然后使用 SimpleHttpOperator 来实现任务的调用。

10.6 Airflow 集群、高可用部署

集群部署将为我们的 Apache-Airflow 系统带来更多计算能力和高可用性。本节详细介绍如何搭建 Apache-Airflow 集群系统。

10.6.1 Airflow 的四大守护进程

Airflow 系统在运行时有许多守护进程，它们一起提供了 Airflow 的全部功能。守护进程包括 Web 服务器 webserver、调度程序 scheduler、执行单元 worker、消息队列监控工具 Flower

等。下面是 Apache-Airflow 集群、高可用部署的主要守护进程。

（1）Web 服务器 webserver：webserver 是一个守护进程，它接受 HTTP 请求，允许我们通过 Python Flask Web 应用程序与 Airflow 进行交互。webserver 提供了以下功能：

- 中止、恢复、触发任务。
- 监控正在运行的任务，断点续跑任务。
- 执行 ad-hoc 命令或 SQL 语句来查询任务的状态、日志等详细信息。
- 配置连接，包括不限于数据库、ssh 的连接等。

webserver 守护进程使用 Gunicorn 服务器（相当于 Java 中的 Tomcat）处理并发请求，可通过修改{AIRFLOW_HOME}/airflow.cfg 文件中 workers 的值来控制处理并发请求的进程数。例如：

```
workers = 4 #表示开启 4 个 gunicorn worker(进程)处理 web 请求
```

启动 webserver 守护进程。

```
$ airfow webserver -D
```

（2）scheduler 是一个守护进程，其周期性地轮询任务的调度计划，以确定是否触发任务执行。

```
$ airfow scheduler -D
```

（3）worker 是一个守护进程，其启动一个或多个 Celery 的任务队列，负责执行具体的 DAG 任务。当 Airflow 的 executors 设置为 CeleryExecutor 时才需要开启 worker 守护进程。推荐在生产环境使用 CeleryExecutor：

```
executor = CeleryExecutor
```

启动一个 worker 守护进程，默认的队列名为 default。

```
$ airfow worker -D
```

（4）Flower 是一个守护进程，用于监控 Celery 消息队列。启动守护进程命令如下：

```
$ airflow flower -D
```

默认的端口为 5555，可以在浏览器地址栏中输入 http://hostip:5555 来访问 Flower，对 celery 消息队列进行监控。

10.6.2 Airflow 的守护进程是如何一起工作的

Airflow 的守护进程彼此之间是独立的，它们并不相互依赖，也不相互感知。每个守护进程在运行时只处理分配到自己身上的任务，它们一起提供了 Airflow 的全部功能。

调度器 scheduler 会间隔性地轮询元数据库（Metastore）已注册的 DAG（可理解为作业流）是否需要被执行。如果一个具体的 DAG 根据其调度计划需要被执行，scheduler 守护进程就会先在元数据库创建一个 DagRun 实例，并触发 DAG 内部的具体任务（task）。触发其实并不是真正的执行任务，而是推送 task 消息至消息队列（broker）中，每一个 task 消息都包含此 task 的 DAGID、taskID 及具体需要被执行的函数。如果 task 是要执行 bash 脚本，那么 task 消息还会包含 bash 脚本的代码。

用户可能在 webserver 上控制 DAG，比如手动触发一个 DAG 去执行。当用户这样做的时候，一个 DagRun 的实例将在元数据库被创建，scheduler 使用同样的方法触发 DAG 中具体的 task。

worker 守护进程将会监听消息队列，如果有消息，就从消息队列中取出消息，当取出任务消息时，它会更新元数据中 DagRun 实例的状态为正在运行，并尝试执行 DAG 中的 task。如果 DAG 执行成功，则更新 DagRun 实例的状态为成功，否则更新状态为失败。

10.6.3　Airflow 单节点部署

将以上所有守护进程运行在同一台机器上即可完成 Airflow 的单节点部署，架构如图 10.16 所示。

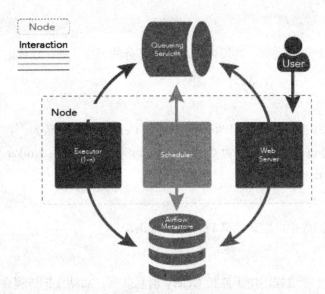

图 10.16　Airflow 单节点部署

10.6.4　Airflow 多节点（集群）部署

在稳定性要求较高的场景，如金融交易系统中，一般采用集群、高可用的方式来部署。Apache-Airflow 同样支持集群、高可用的部署，Airflow 的守护进程可分布在多台机器上运行，架构如图 10.17 所示。

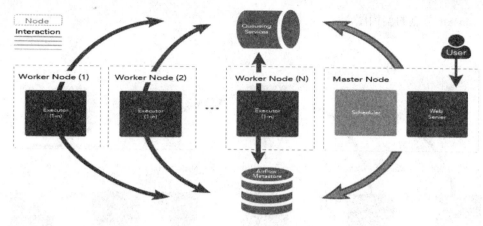

图 10.17　Airflow 集群部署

这样做有以下好处。

- 高可用：如果一个 worker 节点崩溃或离线时，集群仍可以被控制，同时其他 worker 节点的任务仍会被执行。
- 分布式处理：如果工作流中有一些内存密集型的任务，最好是分布在多台机器上运行，以便得到更快的执行。

10.6.5　扩展 worker 节点

扩展 worker 节点有以下两种方式。

- 水平扩展：可以通过向集群中添加更多 worker 节点来水平扩展集群，并使这些新节点指向同一个元数据库，从而分发处理过程。由于 worker 不需要在任何守护进程注册即可执行任务，因此 worker 节点可以在不停机、不重启服务的情况下进行扩展，也就是说可以随时扩展。
- 垂直扩展：可以通过增加单个 worker 节点的守护进程数来垂直扩展集群。可以通过修改 Airflow 的配置文件-{AIRFLOW_HOME}/airflow.cfg 中 celeryd_concurrency 的值来实现。例如：

```
celeryd_concurrency = 30
```

我们可以根据实际情况，如集群上运行的任务性质、CPU 的内核数量等，增加并发进程的数量以满足实际需求。

10.6.6　扩展 Master 节点

还可以向集群中添加更多主节点，以扩展主节点上运行的服务。我们可以扩展 webserver 守护进程，以防止太多的 HTTP 请求出现在一台机器上，或者想为 webserver 的服务提供更高的可用性。需要注意的是，每次只能运行一个 scheduler 守护进程，如果有多个 scheduler 运行，就有可能一个任务被执行多次，将会导致工作流因重复运行而出现一些问题。如图 10.18 所示为扩展 Master 节点的架构图。

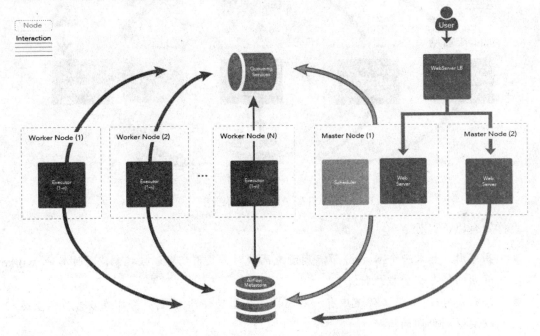

图 10.18 扩展 Master 节点

看到这里,可能会有人问,scheduler 不能同时运行两个,那么运行 scheduler 的节点一旦出现问题,任务不就停止运行了吗?

这是一个非常好的问题,现在已经有解决方案了,我们可以在两台机器上部署 scheduler,只运行一台机器上的 scheduler 守护进程,一旦运行 scheduler 守护进程的机器出现故障,立刻启动另一台机器上的 scheduler。我们可以借助第三方组件 airflow-scheduler-failover-controller 实现 scheduler 的高可用,具体步骤如下。

第一步:下载 failover。

```
git clone
https://github.com/teamclairvoyant/airflow-scheduler-failover-controller
```

第二步:使用 pip 进行安装。

```
cd {AIRFLOW_FAILOVER_CONTROLLER_HOME}
pip install -e .
```

第三步:初始化 failover。

```
scheduler_failover_controller init
```

 由于 failover 初始化时会向 airflow.cfg 中追加内容,因此需要先安装 Airflow 并初始化。

第四步:配置 failover。

```
scheduler_nodes_in_cluster= host1,host2
```

host name 可以通过 scheduler_failover_controller get_current_host 命令获得。

第五步：配置安装 failover 机器之间的免密登录，配置完成后，可以使用如下命令进行验证。

```
scheduler_failover_controller test_connection
```

第六步：启动 failover。

```
scheduler_failover_controllerstart
```

因此，更为健壮的架构图如图 10.19 所示。

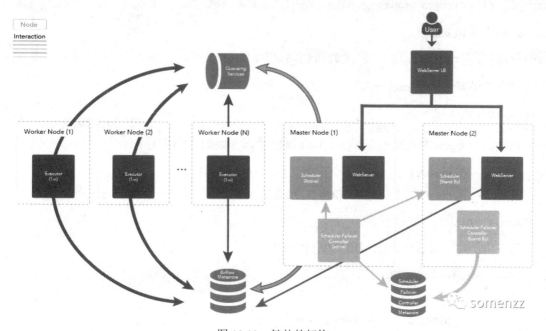

图 10.19　健壮的架构

10.6.7　Airflow 集群部署的具体步骤

假定各节点运行的守护进程如下。

- master1 节点运行 webserver、scheduler。
- master2 节点运行 webserver。
- worker1 节点运行 worker。
- worker2 节点运行：worker。

假定队列服务已启动并处于运行中（RabbitMQ、Redis,etc）（安装 RabbitMQ 方法可参见 :http://site.clairvoyantsoft.com/installing-rabbitmq/），如果正在使用 RabbitMQ，则推荐 RabbitMQ 也做成高可用的集群部署，并为 RabbitMQ 实例配置负载均衡。

具体步骤如下：

第一步:在所有需要运行守护进程的机器上安装 apache-airflow。

第二步:修改{AIRFLOW_HOME}/airflow.cfg 文件,确保所有机器使用同一份配置文件。

修改 Executor 为 CeleryExecutor。

```
executor = CeleryExecutor
```

指定元数据库(metestore)。

```
sql_alchemy_conn = mysql://{USERNAME}:{PASSWORD}@{MYSQL_HOST}:3306/airflow
```

设置中间人(broker)。如果使用 RabbitMQ:

```
broker_url = amqp://guest:guest@{RABBITMQ_HOST}:5672/
```

如果使用 Redis:

```
broker_url = redis://{REDIS_HOST}:6379/0  #使用数据库 0
```

设置结果存储后端 backend。

```
celery_result_backend =
db+mysql://{USERNAME}:{PASSWORD}@{MYSQL_HOST}:3306/airflow  #当然您也可以使用
Redis :celery_result_backend =redis://{REDIS_HOST}:6379/1
```

第三步:在 master1 和 master2 上部署工作流(DAGs)。

第四步:在 master1 上初始 Airflow 的元数据库。

```
$ airflow initdb
```

第五步:在 master1 上启动相应的守护进程。

```
$ airflow webserver
$ airflow scheduler
```

第六步:在 master2 上启动 Web Server。

```
$ airflow webserver
```

第七步:在 worker1 上和 worker2 上启动 worker。

```
$ airflow worker
```

第八步:使用负载均衡处理 webserver,可以使用 Nginx、AWS 等服务器处理 webserver 的负载均衡,不在此详述。至此,所有均已集群或高可用部署,Apache-Airflow 系统已坚不可摧。

如果想了解更多详细信息,则可参考官方文档。

- 官方网站:https://airflow.incubator.apache.org/。
- 安装文档:https://airflow.incubator.apache.org/installation.html。
- GitHub 仓库:https://github.com/apache/incubator-airflow。

第三篇

高级运维

第三篇

言語政策

第 11 章 Docker容器技术介绍

本章介绍 Docker 容器技术。Docker 重新定义了程序开发测试、交付和部署的过程。在 Docker 之前，部署一套应用需要经过应用本身的安装、依赖软件的安装、配置、所有服务的启动等一系列复杂过程，有了 Docker 后，我们可以将应用及其依赖的软件一起打包至容器中，实现一次部署到处运行的效果。当应用切换服务器时，再次部署仅相当于复制一个文件的操作，可以节省大量的安装部署时间。可以做这样的类比：容器是集装箱，我们的应用都被打包到集装箱里，Docker 是搬运工，帮我们把应用运输到世界各地，可以直接运行，而且速度非常快，与虚拟机相比更节省系统资源。Docker 已是现代化运维不可或缺的技术之一。

11.1 Docker 概述

随着云计算技术的深入发展，使用虚拟服务器代替传统的物理服务器越来越普遍。服务器虚拟化的思想是在性能强劲的服务器上运行多个虚拟机，每个虚拟机运行独立的操作系统与相应的软件。通过虚拟机管理器（Virtual Machine Manager）可以隐藏真实机器的具体物理配置，将其作为一个资源池，动态地为虚拟机分配 CPU、内存、磁盘等资源，以此达到提高利用率的目的。其中虚拟机中运行的操作系统称为客户操作系统（Guest OS），服务器运行的操作系统称为主机操作系统（Host OS）。

物理服务器运行着主机操作系统；虚拟机管理器进行硬件虚拟化，向虚拟机提供 CPU、内存、网络、显卡等虚拟设备；虚拟机运行着客户操作系统和应用程序。尽管服务器虚拟化了虚拟服务器的管理，但物理服务器大部分的开销还是在硬件虚拟化和虚拟机客户操作系统的运行上。

有一种技术不进行硬件虚拟化，就能让虚拟机直接使用物理服务器的 CPU、存储、网络等，即容器技术。在一台物理服务器上安装 Linux 操作系统，通过容器技术创建多个虚拟服务器，这些虚拟服务器和物理服务器共用 Linux 内核；每个虚拟服务器的文件系统使用物理服务器的文件系统，但做了隔离，看上去每个虚拟服务器都有自己独立的文件系统；在物理服务器上建立了虚拟网桥设备，每个虚拟服务器通过虚拟网桥设备连接网络。虚拟服务器直接使用物理服务器的 CPU、内存和硬盘。由于没有了硬件虚拟化和 Guest OS 的开销，因此每一台虚拟服务器的性能接近于一台物理服务器的性能。

先在服务器上运行 KVM 虚拟机，虚拟机再运行用户的应用程序，一台服务器 80%的资源开销花费在硬件虚拟化层和虚拟机操作系统 Guest OS 层上。Docker 容器技术共享服务器的

Linux 操作系统内核和文件系统，性能得到了极大的提高，它并不像虚拟机那样模拟一个完整的操作系统，却提供虚拟机一样的效果。如果说虚拟机是操作系统级别的隔离，那么容器就是进程级别的隔离，可以想象这种级别隔离的优点，无疑是快速的、节省资源的。

Docker 是对 Linux 容器的封装，提供简单实用的用户接口，是目前比较流行的 Linux 容器解决方案。

Docker 是开源的应用容器引擎，让开发者可以打包他们的应用及依赖包到一个可移植的容器中，然后发布到任何流行的 Linux 机器上，也可以实现虚拟化。容器是完全使用沙箱机制，相互之间不会有任何接口。

11.2 Docker 解决什么问题

（1）解决虚拟机资源消耗问题。

服务器操作系统上运行着虚拟机，虚拟机上运行着客户操作系统，客户操作系统上运行着用户的应用程序，一台服务器 80%的资源开销都花费在了硬件虚拟化和客户机操作系统本身。

如图 11.1 所示，如果采用 Docker 容器技术，容器上运行着虚拟服务器，虚拟服务器中运行着用户的应用程序，虚拟服务器和服务器操作系统使用同一内核，虚拟服务器的文件系统使用物理服务器的文件系统，但做了隔离，看上去每个虚拟服务器都有自己独立的文件系统；在物理服务器上建立了虚拟网桥设备，每个虚拟服务器通过虚拟网桥设备连接网络。由于虚拟服务器并不对硬件进行虚拟化，因此没有硬件虚拟化和客户机操作系统占用的资源消耗，每一台虚拟服务器的性能大大提升。

一台普通家用电脑运行一个 Linux 虚拟机可能非常卡顿，却可以使用 Docker 虚拟出几十甚至上百台虚拟的 Linux 服务器。如果换成性能强劲的服务器，使用 Docker 就可以提供私有云服务了。

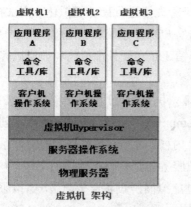
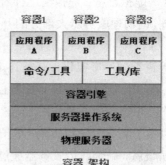

图 11.1　虚拟机架构与容器架构区别

（2）快速部署。

软件开发的难题在于环境配置，在自己电脑上运行的软件，换一台机器可能就无法运行，除非保证操作系统的设置正确,以及各种组件和库的正确安装。比如部署一个 Java 开发的 Web 系统,计算机必须安装 Java 和正确的环境变量,可能还需要安装 Tomcat、Nginx。换一台机器就要重新部署一次。

使用 Docker 可以将应用程序及依赖打包在一个文件里(Docker 镜像文件),运行这个文件就会启动虚拟服务器,在虚拟服务器启动应用程序或服务,就像在真实物理机上运行一样。有了 Docker,就可以一次部署处处运行,也可以用于自动化发布。

(3)提供一次性的环境。

本地测试他人的软件、持续集成时提供单元测试和构建的环境,启动或关闭一个虚拟服务器就像启动或关闭一个进程一样简单、快速。

(4)提供弹性的云服务。

因为 Docker 容器可以随开随关,所以很适合动态扩容和缩容。

(5)组建微服务架构。

通过多个容器,一台机器可以跑很多个虚拟服务器,因此在一台机器上就可以模拟出微服务架构,也可以模拟出分布式架构。

11.3 Docker 的安装部署与使用

本节主要介绍在 Ubuntu 18.04 系统下 Docker 的安装与使用。其他操作系统请参考官方文档:https://docs.docker.com/。

11.3.1 安装 Docker 引擎

获取最新版本的 Docker 安装包。

```
aaron@ubuntu:~$ wget -qO- https://get.docker.com/ | sh
```

执行上述命令,输入当前用户密码,即可下载最新版的 Docker 安装包并自动安装。安装完成后有一个提示:

```
If you would like to use Docker as a non-root user, you should now consider
adding your user to the "docker" group with something like:

 sudo usermod -aG docker aaron

Remember that you will have to log out and back in for this to take effect!

WARNING: Adding a user to the "docker" group will grant the ability to run
         containers which can be used to obtain root privileges on the
         docker host.
         Refer to
https://docs.docker.com/engine/security/security/#docker-daemon-attack-surface
         for more information.
```

以非 root 用户直接运行 Docker 时,需要执行:

```
sudo usermod -aG docker aaron
```

将用户 aaron 添加到 docker 用户组中，然后重新登录，否则会报下面的错误。

```
docker: Got permission denied while trying to connect to the Docker daemon socket
at unix:///var/run/docker.sock: Post
http://%2Fvar%2Frun%2Fdocker.sock/v1.38/containers/create: dial unix
/var/run/docker.sock: connect: permission denied.
See 'docker run --help'.
```

执行下列命令启动 Docker 引擎。

```
aaron@ubuntu:~$ sudo service docker start
```

安装成功后已默认设置开机启动并自动启动。如果要手动设置，则执行下面的命令：

```
sudo systemctl enable docker
sudo systemctl start docker
```

测试运行。

```
aaron@ubuntu:~$ sudo docker run hello-world
```

11.3.2 使用 Docker

使用之前先来了解一下 Docker 的架构，如图 11.2 所示。

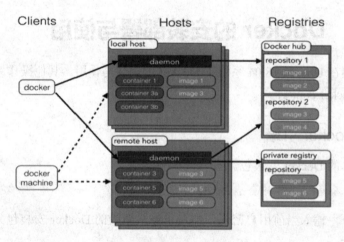

图 11.2 Docker 的架构

其中：

- Docker 镜像（image）是存放在 Docker 仓库（Registry）的文件，用于创建 Docker 容器的模板。
- Docker 容器是独立运行的一个或一组应用，可以理解为前面介绍的虚拟服务器。
- Docker 主机是一个物理或虚拟的机器，用于执行 Docker 守护进程和容器。
- Docker 客户端通过命令行或其他工具使用 DockerAPI 与 Docker 的守护进程通信。

作为用户，我们直接使用的是 Docker 客户端。

11.3.3 Docker 命令的使用方法

（1）查看 Docker 命令的帮助信息。

```
docker --help              #docker 全部命令帮助信息
docker COMMAND --help      #docker 具体命令 COMMAND 的帮助信息
```

（2）查看 Docker 信息。

```
docker info
```

这条命令可以看到容器的池、已用数据大小、总数据大小、基本容器大小、当前运行容器数量等。

（3）搜索镜像，从网络中搜索别人做好的容器镜像。

```
docker search ubuntu
docker search centos
```

运行结果如图 11.3 所示。

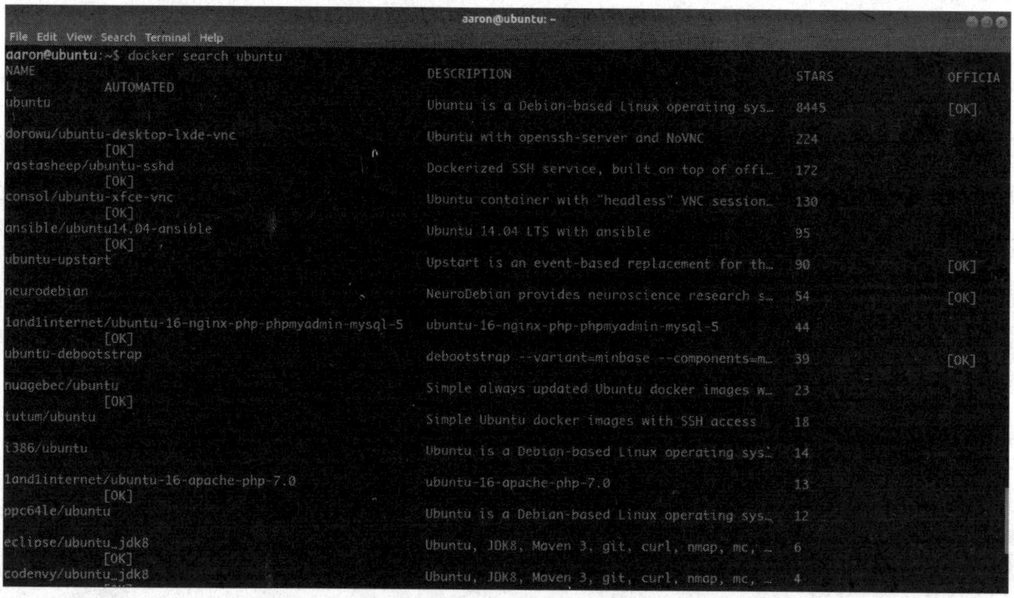

图 11.3　docker search 结果

从这里可以看出有的镜像已经集成了 PHP、Java、Ansible 等应用，我们也可以制作包含自己应用或服务的镜像文件，将此文件传给别人，别人即可直接使用 Docker 打开容器，不需要任何额外的操作，也不会像虚拟机那样消耗资源，非常方便。

（4）从网络中下载别人做好的容器镜像。

```
docker pull centos
docker pull ubuntu
```

（5）导入下载好的容器镜像文件。

```
docker load < image_xxx.tar
```

（5）查看所有镜像。

```
docker images
docker images -a
```

（6）检查镜像。

```
docker inspect ubuntu
```

可以看到容器镜像的基本信息。

（7）删除镜像，通过镜像的名称或 id 来指定删除。

```
docker rmi ubuntu
```

（8）删除全部镜像。

```
docker rmi $(docker images -q)
```

（9）显示镜像历史。

```
docker history ubuntu
```

（10）运行容器。

```
docker run ubuntu #docker run 容器名称
```

Docker 容器可以理解为在沙盒中运行的进程，这个沙盒包含了该进程运行所必需的资源，包括文件系统、系统类库、shell 环境等。但这个沙盒默认是不会运行任何程序的，需要在沙盒中运行一个进程来启动某一个容器。因为这个进程是该容器的唯一进程，所以当该进程结束时，容器也会完全停止。

运行 Ubuntu 容器并进入交互式环境。

```
aaron@ubuntu:~$ docker run -i --name="ubuntu1" --hostname="ubuntu1" ubuntu /bin/sh
cat /etc/hosts
127.0.0.1 localhost
::1 localhost ip6-localhost ip6-loopback
fe00::0 ip6-localnet
ff00::0 ip6-mcastprefix
ff02::1 ip6-allnodes
ff02::2 ip6-allrouters
172.17.0.2 ubuntu1
whoami
root
uname -a
Linux ubuntu1 4.15.0-34-generic #37-Ubuntu SMP Mon Aug 27 15:21:48 UTC 2018 x86_64 x86_64 x86_64 GNU/Linux
```

上述命令创建了一个名为 ubuntu1 的容器，设置容器的主机名为 ubuntu1。执行/bin/sh 命令后，我们打印了 hosts 文件的内容，并查看了内核版本（与本机操作系统版本一致）。这里可以使用各种 Linux 命令，就像在新的操作系统中使用命令一样。利用同样的方法，在新的终端创建一个名为 ubuntu2 的容器，并使用

```
docker ps
```

查看正在运行的容器。输入 exit 退出容器，执行

```
docker run -d ubuntu
```

表示在后台运行 ubuntu 容器，执行后会出现一组字母和数字组成的字符串，为容器的 id。注意，容器必须要有持续运行的进程存在，否则容器会很快自动退出。

（11）运行容器并指定 MAC 地址。

```
docker run -d --name='centos3' --hostname='centos3'
--mac-address="02:42:AC:11:00:24" docker-centos6.10-hadoop-spark
```

（12）列出所有的容器。

```
docker ps -a
```

（13）列出最近一次启动的容器。

```
docker ps -l
```

（14）检查容器。

```
docker inspect centos1
```

可以获取容器的相关信息。

（15）获取容器 CID。

```
docker inspect -f '{{.Id}}' centos1
```

（16）获取容器 PID。

```
docker inspect -f '{{.State.Pid}}' centos1
```

（17）获取容器 IP。

```
docker inspect -f '{{.NetworkSettings.IPAddress}}' centos1
```

（18）获取容器网关。

```
docker inspect -f '{{.NetworkSettings.Gateway}}' centos1
```

（19）获取容器 MAC。

```
docker inspect -f '{{.NetworkSettings.MacAddress}}' centos1
```

（20）查看容器 IP 地址。

```
docker inspect -f '{{.NetworkSettings.IPAddress}}' centos1
```

（21）连接容器。

```
ssh 容器的 IP 地址
```

输入密码（123456）即可进入虚拟服务器。

容器运行后，可以通过另一种方式进入容器内部。

```
docker exec -it centos /bin/sh
```

（22）查看容器运行过程中的日志。

```
docker logs centos1
```

(23）列出一个容器里面被改变的文件或目录。

```
docker diff centos1
```

列表会显示出三个事件：A 增加的；B 删除的；C 被改变的和初始容器镜像项目。用户或系统增加/修改/删除了哪些目录文件，都可以查看到。

(24）查看容器里占用资源较多的进程。

```
docker top centos1
```

(25）复制容器里的文件/目录到本地服务器。

```
docker cp centos1:/etc/passwd /tmp/
ls /tmp/passwd
```

通过网络 IP 地址也可以将容器的文件复制到服务器，这种方式比较方便。

(26）停止容器。

```
docker stop centos1
```

(27）停止所有容器。

```
docker kill $(docker ps -a -q)
```

(28）启动容器。

```
docker start centos1
```

(29）删除单个容器。

```
docker stop centos1
docker rm centos1
```

删除容器之前要先停止该容器的运行。

(30）删除所有容器。

```
docker kill $(docker ps -a -q)
docker rm $(docker ps -a -q)
```

11.4 卷的概念

为了能够保存（持久化）数据及共享容器之间的数据，Docker 提出了卷的概念。卷（Volume）就是容器的特定目录，该目录下的文件保存在宿主机上，而不是容器的文件系统内。

数据卷是可供一个或多个容器使用的特殊目录，它绕过容器默认的文件系统，可以提供很多有用的特性。

(1）数据卷可以在容器之间共享和重用。

(2）对数据卷的修改会立刻生效。

(3）对数据卷的更新，不会影响镜像。

（4）数据卷默认会一直存在，即使容器被删除。

 数据卷的使用，类似于 Linux 下对目录进行挂载 mount，容器中被指定为挂载点的文件（目录中）会隐藏掉，能显示是挂载的数据卷。

创建并使用数据卷。

```
mkdir -p /root/volume1
mkdir -p /root/volume2
docker run -d -v /volume1 --name='centos5' docker-centos6.10-hadoop-spark
docker run -d -v /root/volume1:/volume1 --name='centos6' docker-centos6.10-hadoop-spark
docker run -d -v /root/volume1:/volume1 -v /root/volume2:/volume2 --name='centos7' docker-centos6.10-hadoop-spark
docker run -d -v /root/volume1:/volume1:ro --name='centos8' docker-centos6.10-hadoop-spark
```

使用 docker run 命令创建容器，指定-v 标记创建一个数据卷并挂载到容器里，可以挂载多个数据卷，也可以设置卷的只读属性，还可以不指定服务器映射的目录，由系统自动指定目录，通过 docker inspect 查看映射的路径。分别进入这些容器，查看/volume1、/volume2 目录，创建文件并验证。

11.5 数据卷共享

如果要授权一个容器访问另一个容器的数据卷，就可以使用-volumes-from 参数来执行。如果有一些持续更新的数据需要在容器之间共享，那么最好创建数据卷容器。

数据卷容器，其实就是一个正常的容器，是专门用来提供数据卷供其他容器挂载的。

（1）创建一个名为 dbdata 的数据卷容器。

```
docker run -d -v /dbdata --name dbdata docker-centos6.10-hadoop-spark
```

（2）在其他容器中使用-volumes-from 来挂载 dbdata 容器中的数据卷。

```
docker run -d --volumes-from dbdata --name db1 docker-centos6.10-hadoop-spark
docker run -d --volumes-from dbdata --name db2 docker-centos6.10-hadoop-spark
```

这样就可以实现容器之间的数据共享了。

11.6 自制镜像并发布

（1）保存容器并修改，提交一个新的容器镜像。

```
docker commit centos1 centos111
```

将现有的容器提交形成一个新的容器镜像，使用 docker images 可以看到 centos111 镜像。

通过该方法，可以创建一个新的容器镜像。

```
docker images
REPOSITORY    TAG      IMAGE ID        CREATED          SIZE
centos111    latest   d691a75ee371    23 minutes ago   501.5 MB
```

（2）根据新容器镜像创建容器并运行。

```
docker run -d --name='centos111' centos111
```

（3）检查容器，查看信息。

```
docker inspect centos111
```

（4）导出和导入镜像。

当把一台机器上的镜像迁移到另一台机器上时，需要导出与导入镜像。

机器 A：

```
docker save docker-centos6.10-hadoop-spark > docker-centos6.10-hadoop-spark2.tar
```

或

```
docker save -o docker-centos6.10-hadoop-spark docker-centos6.10-hadoop-spark2.tar
```

接下来使用 scp 命令与其他方式将 docker-centos6.10-hadoop-spark2.tar 复制到机器 B 上。

机器 B：

```
docker load < docker-centos6.10-hadoop-spark2.tar
```

或

```
docker load -i docker-centos6.10-hadoop-spark2.tar
```

（5）发布容器镜像。

```
docker push centos6.8-lamp1
```

可将容器发布到网络中。

11.7 Docker 网络

Docker 启动时会在宿主机器上创建一个名为 docker0 的虚拟网络接口，它会从 RFC1918 定义的私有地址中随机选择一个主机不冲突的地址和子网掩码，并将其分配给 docker0。例如，当启动 Docker 后选择 docker0 了 172.17.0.1/16，一个 16 位的子网掩码给容器提供了 65534 个 IP 地址。

docker0 并不是正常的网络接口，它只是一个在绑定到这上面的其他网卡之间自动转发数据包的虚拟以太网桥，可以使容器与主机相互通信、容器与容器相互通信。

Docker 每创建一个容器，就会创建一对对等接口（PeerInterface），类似于一个管子的两端，在一边可以收到另一边发送的数据包。Docker 会将对等接口中的一个作为 eth0 接口连接到容器上，并使用类似 vethAQI2QT 这样的唯一名称来持有另一个，该名称取决于主机的命名空间。通过将所有 veth*接口绑定到 docker0 桥接网卡上，Docker 在主机和所有 Docker 容器间创建一个共享的虚拟子网。

11.7.1 Docker 的网络模式

Docker 提供了以下 4 种网络模式。

（1）host 模式，使用–net=host 指定。
（2）container 模式，使用–net=container:NAME_or_ID 指定。
（3）none 模式，使用–net=none 指定。
（4）bridge 模式，使用–net=bridge 指定，默认设置。

下面分别简单介绍一下这 4 种网络模式。

- **host 模式：** 如果启动容器时使用 host 模式，那么这个容器将与宿主机共用一个 Network Namespace。容器将不会虚拟出自己的网卡、配置自己的 IP 等，而是使用宿主机的 IP 和端口进行通信。但是容器的其他方面，如文件系统、进程列表等还是与宿主机隔离的。
- **container 模式：** container 模式指定新创建的容器和已经存在的容器共享一个 Network Namespace，而不是与宿主机共享。新创建的容器不会创建自己的网卡、配置自己的 IP，而是与一个指定的容器共享 IP、端口范围等。同样，两个容器除了网络方面，其他的如文件系统、进程列表等还是隔离的。两个容器的进程可以通过 lo 网卡设备通信。
- **none 模式：** 使用 none 模式，Docker 容器就会拥有自己的 Network Namespace，但是并不为 Docker 容器进行任何网络配置。也就是说，这个 Docker 容器没有网卡、IP、路由等信息，需要我们自己为 Docker 容器添加网卡、配置 IP 等。
- **bridge 模式：** bridge 模式是 Docker 默认的网络设置，为每一个容器分配 Network Namespace、设置 IP 等，并将主机上的 Docker 容器连接到虚拟网桥 docker0 上。

Docker 自身的网络功能比较简单，不能满足很多复杂的应用场景。因此，有很多开源项目用来改善 Docker 的网络功能，如 pipework、Weave、Flannel 等。

pipework 是由 Docker 的工程师 Jérôme Petazzoni 开发的一个 Docker 网络配置工具，由两百多行 shell 实现，方便易用，使用方法如下。

（1）安装 pipework。

```
git clone https://github.com/jpetazzo/pipework
cp pipework/pipework /bin/
```

（2）运行容器。

```
docker run -d --net='none' --name='centos9' docker-centos6.10-hadoop-spark
```

使用 pipework 配置容器 centos9 并连到网桥 docker0 上，IP 地址后面加@指定网关。

```
pipework docker0 centos9 172.17.0.100/16@172.17.0.1
```

11.7.2　Docker 网络端口映射

如果容器使用 docker0 虚拟网络，那么容器的网络是 172.17.0.0/16，容器可以通过 NAT 方式访问外网，但外网不能访问内网。如果容器使用 br0 虚拟网络，那么容器和服务器可以在同一个网络地址段，容器可以访问外网，外网也可以访问容器网络。

对于使用 docker0 虚拟网络的容器，可以通过端口映射的方式让外网访问容器某些端口。

（1）运行容器。

```
docker run -d -p 38022:22 --name='centos10' docker-centos6.10-hadoop-spark
```

（2）连接容器。

```
ssh localhost -p 38022
```

在其他服务器上通过访问物理服务器加端口即可访问容器，可以一次映射多个端口。运行容器：

```
docker run -d -p 38022:22 -p 38080:80 --name='centos11' docker-centos6.10-hadoop-spark
```

其实现原理是在服务器上通过 iptables 转发，也可以通过 iptables 转发整个容器 IP 地址。

11.8　Docker 小结

由于容器是进程级别的，相比虚拟机有很多优势。

（1）启动快。

容器里面的应用直接就是底层系统的一个进程，而不是虚拟机内部的进程。启动容器相当于启动本机的一个进程，而不是启动一个操作系统，速度就会快很多。

（2）资源占用少。

容器只占用需要的资源，不占用没有用到的资源，而虚拟机由于是完整的操作系统，不可避免要占用所有资源。另外，多个容器可以共享资源，虚拟机都是独享资源。

（3）体积小。

容器只要包含用到的组件即可，而虚拟机是整个操作系统的打包，所以容器文件比虚拟机文件要小很多。

容器类似于轻量级的虚拟机，能够提供虚拟化的环境，成本开销却小得多。